Mathematical Optimization: Solving Problems using Gurobi and Python

Mikio Kubo, João Pedro Pedroso, Masakazu Muramatsu, Abdur Rais

あたらしい数理最適化
Pythonᦣとᦢ Gurobi で解く

久保 幹雄・J.P.ペドロソ・村松 正和・A.レイス

共著

近代科学社

◆ 読者の皆さまへ ◆

　小社の出版物をご愛読くださいまして，まことに有り難うございます．

　おかげさまで，㈱近代科学社は1959年の創立以来，2009年をもって50周年を迎えることができました．これも，ひとえに皆さまの温かいご支援の賜物と存じ，衷心より御礼申し上げます．

　この機に小社では，全出版物に対してUD（ユニバーサル・デザイン）を基本コンセプトに掲げ，そのユーザビリティ性の追究を徹底してまいる所存でおります．

　本書を通じまして何かお気づきの事柄がございましたら，ぜひ以下の「お問合せ先」までご一報くださいますようお願いいたします．

　　　　　お問合せ先：reader@kindaikagaku.co.jp

　なお，本書の制作には，以下が各プロセスに関与いたしました：

・企画：小山 透
・編集：大塚浩昭
・組版：L^AT_EX／大日本法令印刷
・印刷：大日本法令印刷
・製本：大日本法令印刷
・資材管理：大日本法令印刷
・カバー・表紙デザイン：樋口真美
・広報宣伝・営業：冨髙琢磨，山口幸治

・本書の複製権・翻訳権・譲渡権は株式会社近代科学社が保有します．
・ JCOPY 〈(社)出版者著作権管理機構 委託出版物〉
本書の無断複写は著作権法上での例外を除き禁じられています．
複写される場合は，そのつど事前に(社)出版者著作権管理機構
（電話 03-3513-6969，FAX 03-3513-6979，e-mail: info@jcopy.or.jp）の
許諾を得てください．

はじめに

数理計画（最適化）[1]とは，半世紀以上の歴史をもつ応用数学の一分野であり，応用の豊富さや理論のエレガントさから，応用数学の女王と呼ばれている．本書では，旧式の数理最適化の基礎理論や，手作業で問題を解くための手法の紹介ではなく，手法が組み込まれた「最適化ソルバー」を自由に使いこなし，実際の問題を解くコツを紹介することを目的とする．

以前は，数理最適化で実際問題を解決するためには，大規模な数値計算を必要とするので，計算機に精通し，さらには計算機に問題を入力するためにモデリングを行うための特殊なプログラミング言語に精通し，加えて数理最適化のアルゴリズムの中身にも精通している必要があった．したがって，そのためのハードルは非常に高く，実際問題の解決に数理最適化を駆使できる人材は極めて少なかった．

しかし最近では，数理最適化問題は，（高性能な）数理最適化ソルバー[2]を使えば，お手軽に解けるようになってきた．また，数理最適化ソルバーの中には，超高水準プログラミング言語[3]から，直接呼び出して使えるものも増えてきた．そのため，複雑な実際問題でさえ，いとも簡単にモデル化でき，高性能な数理最適化ソルバーと超高水準プログラミング言語を使えば，あっと言う間に解決が可能になってきた．

著者らは，そのようなパラダイムの変化に応えるため，新しいタイプの数理最適化の入門書を書くことを思い立った．内容としては，旧来の複雑な理論の解説は極力抑え，実務に役に立つものだけに限定して記述することにした．数理最適化ソルバーは，ほぼブラックボックスとして用いても差し障りがなく，その中身をすべて知る必要はないと判断したためである．それでも実務の問題はほとんどが $\mathcal{NP}$-困難と呼ばれる組合せ的に難しい問題のクラスに属し，非常に時間がかかる可能性があることは避けられない．そのため，問題を記述する際には，多少のコツとともに，理論の理解が必要となる．本書では，基礎理論を例を用いて解説するとともに，正しくかつ高速に動くプログラムを示すことによって，実務家が実際問題を解く際のお手本を示すことを心がけた．本書が，数理最適化の新しい時代の幕開けを告げる入門書になることを期待したい．

本書の内容は，以下の通り．

第1章では，数理最適化の用語と基礎の導入部分である．まず，数理最適化問題の分類と

---

[1] 最近，数理計画学会 (mathematical programming society) が学会員の投票の結果，数理最適化学会 (mathematical optimization society) に改名したことと，コンピュータ用語のプログラミングと区別するために，以下では（本書を通して）数理最適化という用語を用いるものとする．
[2] 本書では Zonghao Gu, Edward Rothberg, Robert Bixby によって最近開発された Gurobi を用いる．
[3] お気楽プログラミング言語とも呼ばれる．本書では Python を用いる．

最も基本的な線形最適化問題の用語について解説し，その後，例題を通して定式化の仕方と本書で用いる数理最適化ソルバーの使用法を学ぶ．例とするのは簡単な線形最適化問題，鶴亀蛸算，輸送問題，多品種輸送問題，混合問題，分数最適化問題，多制約ナップサック問題，栄養問題である．輸送問題の節では，双対性の概念についても解説する．双対性は線形最適化を理解し，さらには実際問題に応用する際の基礎となる理論である．多制約ナップサック問題の節では，数理最適化ソルバーの基本的な求解手法である分枝限定法について解説する．栄養問題の節では，最適解が存在しない場合（実行不可能，非有界）に対する対処法について解説する．

第2章では，整数最適化問題の定式化を行う際の注意点を，容量制約付き施設配置問題，k-メディアン問題，k-センター問題を例として解説する．

第3章では，詰め込み型の問題の定式化について考える．ここで考える問題は，箱詰め問題と切断問題である．切断問題に対しては，列生成法と呼ばれる双対性を利用した解法を紹介する．

第4章では，グラフに関連した組合せ最適化問題について考える．ここで考える問題は，グラフ分割問題，最大安定集合問題，グラフ彩色問題である．グラフ彩色問題の節では，対称性を有する問題に対する定式化の工夫について述べる．

第5章では，巡回路問題について述べる．ここで考える問題は，巡回セールスマン問題，時間枠付き巡回セールスマン問題，容量制約付き配送計画問題の3つであり，定式化による計算時間や計算容量の違いについて考察する．また，巡回セールスマン問題の節では，切除平面法（分枝カット法）や持ち上げ操作を紹介する．

第6章では，スケジューリング問題について考える．ここでは，様々なタイプの定式化を示し，問題もしくは問題例に依存して定式化をどのように選択すれば良いのかについて解説する．

第7章では，動的ロットサイズ決定問題を考え，複数品目ロットサイズ決定問題と多段階ロットサイズ決定問題に対する定式化を示す．

第8章では，非線形関数を区分的線形関数の集まりとして近似するテクニックについて考える．また，特殊順序集合（Special Ordered Set: SOS）と呼ばれる制約の使用法について述べる．さらに，幾つかの例を用いて，区分的線形近似による定式化を示す．ここで用いた例題は，複数品目の経済発注量問題，凹費用関数をもつ施設配置問題，安全在庫配置問題の3つである．

第9章では，複数の目的をもつ数理最適化（多目的最適化）問題について考える．まず，多目的最適化の基礎理論を述べた後，多目的巡回セールスマン問題を例としてGurobi/Pythonを用いて多目的を1目的の問題に帰着させる方法を紹介する．また，スタッフのスケジューリング問題を例として，実務にあらわれる複数の目的をもった問題をどのように処理するか，そのコツについて述べる．

第10章では，二次錐最適化問題を扱う．二次錐最適化問題は，非線形な凸二次制約を直接扱う問題であり，現代的な手法を用いて効率良く解けるとともに，応用も広いので現在注目を

浴びている．ここでは二次錐最適化問題を導入するとともに，いくつかの応用を示す．

　付録では，超高水準プログラミング言語 Python，数理最適化ソルバー Gurobi，制約最適化ソルバー SCOP，スケジューリング最適化ソルバー OptSeq について簡単にまとめる．

　付録 A では，Python について解説を行う．Python についての詳細については，http://www.python.org/（英語），http://www.python.jp/Zope（日本語）を参照されたい．

　付録 B では，Gurobi について解説を行う．Gurobi の言語仕様の詳細については，http://www.gurobi.com/を参照されたい．

　付録 C では，制約最適化ソルバー SCOP II について述べる．SCOP II (Solver for COnstraint Programing：スコープ) は，大規模な制約最適化問題を高速に解くためのソルバーである．制約最適化は，数理最適化を補完する最適化理論の体系であり，SCOP II は Gurobi と同様に Python から呼び出して使うことができる．SCOP II の詳細については，http://www.logopt.com/scop.htm を参照されたい．

　付録 D では，スケジューリング最適化ソルバー OptSeq II を紹介する．OptSeq II は，スケジューリング問題に特化した最適化ソルバーである．OptSeq II の詳細については，http://www.logopt.com/OptSeq/OptSeq.htm を参照されたい．

　さらに，Gurobi を使いこなすのに必要な数理最適化の基礎知識と簡単な歴史については，欄外ゼミナールと称して囲み記事として記述した．

　なお，本書で使用したプログラム，スライド，関連リンク，ならびに本書で示したプログラムの実験結果などの情報は，次の URL にリンクがある．

$$\text{http://www.logopt.com/book/}$$

なお，本文ではすべての個人名の敬称を省略させていただきましたことをお断り致します．

2012 年　10 月

久保 幹雄，J. P. ペドロソ，村松 正和，A. レイス

目 次

第 1 章 数理最適化入門   1
    1.1 数理最適化とは   2
    1.2 線形最適化問題   3
    1.3 整数最適化問題   9
    1.4 輸送問題   11
    1.5 双対問題   15
    1.6 多品種輸送問題   19
    1.7 混合問題   23
    1.8 分数最適化   25
    1.9 多制約 0-1 ナップサック問題   29
    1.10 栄養問題   35

第 2 章 施設配置問題   41
    2.1 容量制約付き施設配置問題   42
    2.2 強い定式化と弱い定式化   46
    2.3 k-メディアン問題   47
    2.4 k-センター問題   49

第 3 章 箱詰め問題と切断問題   55
    3.1 問題の定義   56
    3.2 箱詰め問題の定式化   57
    3.3 切断問題に対する列生成法   60

第 4 章 グラフ最適化問題   67
    4.1 グラフ分割問題   68
    4.2 最大安定集合問題   71
    4.3 グラフ彩色問題   72

第 5 章 巡回路問題   79
    5.1 巡回セールスマン問題   80

	5.1.1	部分巡回路除去定式化	81
	5.1.2	Miller -TuckerZemlin（ポテンシャル）定式化	87
	5.1.3	単一品種フロー定式化	90
	5.1.4	多品種フロー定式化	92
5.2	時間枠付き巡回セールスマン問題	93
	5.2.1	ポテンシャル定式化	93
	5.2.2	2添え字ポテンシャル定式化	95
5.3	容量制約付き配送計画問題	96

第6章 スケジューリング問題　101

6.1	1機械リリース時刻付き重み付き完了時刻和問題	102
	6.1.1 離接定式化	103
	6.1.2 完了時刻定式化	106
	6.1.3 時刻添え字定式化	110
6.2	1機械総納期遅れ最小化問題	112
	6.2.1 時刻添え字定式化	112
	6.2.2 線形順序付け定式化	113
6.3	順列フローショップ問題	114
6.4	資源制約付きスケジューリング問題	117

第7章 ロットサイズ決定問題　123

7.1	容量制約付き複数品目ロットサイズ決定問題	124
	7.1.1 標準定式化	124
	7.1.2 施設配置定式化	127
	7.1.3 妥当不等式	128
7.2	多段階ロットサイズ決定問題	132
	7.2.1 単純な定式化	132
	7.2.2 エシェロン在庫を用いた定式化	134

第8章 非線形関数の区分的線形近似　137

8.1	凸関数の最小化	139
8.2	凹関数の最小化	141
	8.2.1 特殊順序集合を用いた凸結合定式化	141
	8.2.2 整数変数を用いた凸結合定式化	141
	8.2.3 対数個の0-1変数を用いた定式化	143
	8.2.4 多重選択定式化	146
8.3	一般の区分的線形関数の最小化	147

	8.4	経済発注量問題	149
	8.5	凹費用関数をもつ施設配置問題	152
		8.5.1 特殊順序集合を用いた凸結合定式化	153
		8.5.2 整数変数を用いた凸結合定式化	154
		8.5.3 多重選択定式化	154
	8.6	安全在庫配置問題	156

第 9 章　多目的最適化　159

9.1	多目的最適化の基礎理論	160
9.2	多目的巡回セールスマン問題	162
	9.2.1 線形和によるスカラー化	163
	9.2.2 最小ノルムによるスカラー化	165
	9.2.3 制約を移動させることによる方法	166
9.3	スタッフスケジューリング	167

第 10 章　二次錐最適化問題　171

10.1	Weber 問題	173
10.2	二次錐制約と二次錐最適化問題	176
10.3	ロバスト最適化	179
10.4	ポートフォリオ最適化問題	183
	10.4.1 Markowitz モデル	184
	10.4.2 損をする確率を押さえるモデル	186
10.5	凹費用関数をもつ単一ソース制約付き施設配置問題	189

付録 A　Python 概説　191

A.1	なぜ Python か？	192
A.2	データ型	193
	A.2.1 数	193
	A.2.2 文字列	193
	A.2.3 リスト	194
	A.2.4 タプル	194
	A.2.5 辞書	195
	A.2.6 集合	196
A.3	演算子	196
A.4	制御フロー	197
	A.4.1 分岐	197
	A.4.2 反復	197

A.5	関数	200
A.6	クラス	201
A.7	モジュール	204

付録B　数理最適化ソルバー Gurobi 概説　　207

B.1	オブジェクト	208
	B.1.1　モデル	208
	B.1.2　変数	209
	B.1.3　制約	210
	B.1.4　線形表現	210
	B.1.5　二次表現	211
	B.1.6　特殊順序集合	212
	B.1.7　列	212
B.2	パラメータ	213
B.3	属性	214
B.4	モデル記述のための拡張	215

付録C　制約最適化ソルバー SCOP 概説　　217

C.1	制約充足問題	218
C.2	オブジェクト	218
	C.2.1　モデル	219
	C.2.2　変数	219
	C.2.3　線形制約	220
	C.2.4　二次制約	221
	C.2.5　相異制約	222
C.3	パラメータ	223
C.4	属性	224
C.5	例	224
	C.5.1　仕事の割当1	224
	C.5.2　仕事の割当2	227
	C.5.3　仕事の割当3	229

付録D　スケジューリング最適化ソルバー OptSeq 概説　　231

D.1	資源制約付きスケジューリング問題	232
D.2	オブジェクト	232
	D.2.1　モデル	233
	D.2.2　活動	235

	D.2.3 モード	235
	D.2.4 資源	237
	D.2.5 時間制約	237
	D.2.6 状態	238
D.3	パラメータ	238
D.4	属性	238
D.5	例	240

関連図書 245

索引 246

欄外ゼミナール

1	〈線形計画（線形最適化）〉	8
2	〈双対問題〉	17
3	〈分枝限定法〉	33
4	〈線形最適化の小技〉	50
5	〈数理最適化と制約最適化〉	70
6	〈切除平面法と分枝カット法〉	85
7	〈離接制約と論理条件〉	105
8	〈最適化 ≡ 分離〉	111
9	〈スケジューリング最適化〉	120
10	〈半正定値行列と凸二次関数〉	175
11	〈主双対内点法と二次錐最適化問題〉	179

モデリングのコツ

1	デバッグのためには，小さい問題例から始めよ．	33
2	大きな数 M はなるべく小さな値に設定しなければならない．	46
3	最大値を最小化するタイプの目的関数は避けよ．	51
4	変数の数が非常に多いときには列生成法を使え．	63
5	解が対称性をもつ場合には，対称性を除く制約を付加せよ．	74
6	1つ（連続する2つ）が正の値をとる変数群には特殊順序集合を使え．	75
7	制約の数が非常に多いときには切除平面法もしくは分枝カット法を使え．	86
8	弱い式は持ち上げを使って強くせよ．	90
9	問題にあった定式化を行え．	121

第 1 章 数理最適化入門

　本章はイントロダクションであり，2 章以降への助走である．ここでは，数理最適化の概要について解説し，本書で用いる数理最適化ソルバーの紹介を，幾つかの簡単な例題を通して行う．

　本章の構成は以下の通り．

- 1.1 節　数理最適化の基礎と分類について述べる．
- 1.2 節　簡単な線形最適化問題の例題を数理最適化ソルバー Gurobi（プログラミング言語は Python；以下では Gurobi/Python と略す）によって求解する．
- 1.3 節　鶴亀蛸算と名付けた日本の中学入試問題の拡張を例として，変数に整数条件を付加した整数最適化の導入を行う．
- 1.4 節　線形最適化問題の特殊形である輸送問題を用いて，Gurobi/Python によるモデル化を関数として実現する方法について述べる．
- 1.5 節　輸送問題を例として，線形最適化の重要な理論背景である双対性について解説をする．
- 1.6 節　輸送問題の拡張である多品種輸送問題を紹介し，疎なデータを Gurobi/Python で扱う方法について述べる．
- 1.7 節　線形最適化の応用例として混合問題を紹介する．
- 1.8 節　分数型の目的関数をもつ問題を線形の問題に帰着させる 2 通りの方法を示す．
- 1.9 節　整数最適化問題の例として多制約ナップサック問題を考え，定式化の確認（デバッグ）の方法を紹介する．
- 1.10 節　栄養問題を例として，最適化問題が解ももたない場合に対する対処法について考える．

1.1 数理最適化とは

最初に**数理最適化** (mathematical optimization) とは何かについて説明しておこう．数理最適化とは，実際の問題を数式として書き下すことを経由して，最適解，もしくはそれに近い解を得るための方法論である．通常，数式は1つの目的関数と幾つかの満たすべき条件を記述した制約式から構成される．つまり，数理最適化問題は，

$$\text{目的関数（通常は最小化か最大化のいずれかが選ばれる）}$$
$$\text{条件} \quad \text{制約式 1, 制約式 2, ...}$$

という形をしている．目的関数とは，対象とする問題の総費用や総利益などを表す数式であり，総費用のように小さい方が嬉しい場合には最小化，総利益のように大きい方が嬉しい場合には最大化を目的とする．問題の本質は最小化でも最大化でも同じである．（最大化は目的関数にマイナスの符号をつければ最小化になる．）

本書では，以下の書式で問題を記述する．

$$\begin{aligned} &\text{minimize or maximize} \quad &&\text{目的関数} \\ &\text{subject to} \quad &&\text{制約式 1, 制約式 2, ...} \end{aligned}$$

ここで，minimize は最小化を表し，maximize は最大化を表し，subject to は，制約条件の始まりを表す．

数理最適化問題の種類にはいろいろなものがあるが，最も基本的でかつ簡単なものとして，**線形最適化** (linear optimization)[1] がある．線形最適化問題とは，目的関数およびすべての制約式が線形式（グラフにすると直線を表す式）である数理最適化問題を指す．たとえば，

$$\begin{aligned} \text{minimize} \quad & 3x + 4y \\ \text{subject to} \quad & 5x + 6y \geq 10 \\ & 7x + 5y \geq 5 \\ & x, y \geq 0 \end{aligned}$$

は線形最適化の一例である．

線形最適化問題の特徴はその解き易さにある．通常の数理最適化法のテキストには，長々と線形最適化問題の解き方が記述されているが，極論を言えば，ほとんどの実務家にとっては，線形最適化問題の解き方はあまり気にする必要はない．（どんな解法があるかについては，8ページの欄外ゼミナール1を参照されたい．）数理最適化のためのソフトウェアパッケージのほとんどは線形最適化に対応しており，問題をきちんと記述するだけで，ほとんどの実際問題の最適解（最も良い答えであることが保証された解）を極めて短時間で求めることができる．

---

[1]「はじめに」でも書いたように，ちょっと前までは線形計画問題 (linear programming) とよばれ，LP と略記されていたが，これからは LO と略すようになるのかも知れない．

残念なことに，我々が実務で出会う問題が，すべて線形最適化問題として記述できる訳ではない．実務で発生する複雑な条件を的確に表現するためには，線形の式だけでは不十分なのである．一般に，線形でない式を含んだ最適化問題を**非線形最適化** (nonlinear optimization) 問題と呼ぶ．実際には，非線形最適化問題は安定して解くことが難しい場合が多く，本書で扱う数理最適化ソルバー Gurobi では，二次の関数（$x^2 + xy$ などの二乗までの多項式を含む関数）に限定した**二次最適化** (quadratic optimization) 問題を扱うことができる．

一方，より難しい（専門的な用語を使うと $\mathcal{NP}$-困難[2]な）問題として，求めたい変数が特定の整数であるという制限をつけた問題がある．このような問題は，**整数最適化** (integer optimization) 問題とよばれ，工夫次第で様々な実際問題を表現することが可能になる．また，一部の変数が整数に限定されている場合を，**混合整数最適化** (mixed integer optimization) 問題と呼ぶ．数理最適化ソルバー Gurobi は，一般の非線形最適化には対応していないが，混合整数最適化を使うことによって任意の非線形関数を近似することができる．そのような工夫（区分的線形近似）については，第 8 章で詳述する．

1.2 線形最適化問題

ここでは，最初の例題として簡単な線形最適化問題を考える．目標は最適化の用語を解説することである．

$$
\begin{array}{rrrrrl}
\text{maximize} & 15x_1 & +18x_2 & +30x_3 & & \\
\text{subject to} & 2x_1 & +x_2 & +x_3 & \leq & 60 \\
& x_1 & +2x_2 & +x_3 & \leq & 60 \\
& & & x_3 & \leq & 30 \\
& & & x_1, x_2, x_3 & \geq & 0
\end{array}
$$

ここで，x_1, x_2, x_3 は，色々変えて良い値を求めるために導入された数であるので，**変数** (variable) と呼ばれる．最初の式は最大化したい関数を定義している．これを**目的関数** (objective function) と呼ぶ．

2 番目以降の式は，変数 x_1, x_2, x_3 の範囲を**制約**するための**式**であるので，一般に**制約式**もしくは単に**制約** (constraint) と呼ばれる．変数が 0 以上であることを表す式（$x_1, x_2, x_3 \geq 0$）を，特に**非負制約** (non-negative constraint) と呼ぶ．このように，（非負の）実数全体をとることができる変数を，**実数変数** (real variable) もしくは**連続変数** (continuous variable) と呼ぶ．

この問題は，目的関数も制約式も，変数 x_1, x_2, x_3 を定数倍したものを足したり引いたりしたものから構成されている．このような関数を**線形** (linear) と呼ぶ．何本かの線形な制約式の下で，線形の目的関数を最大化（もしくは最小化）する問題が，**線形最適化問題** (linear

---
[2] おそらく組合せ的に難しいことが示されている問題のクラス．

optimization problem) である．

変数の組 x_1, x_2, x_3 を**解** (solution) と呼び，すべての制約式を満たす解を**実行可能解** (feasible solution) と呼ぶ．実行可能解の中で目的関数を最大化（もしくは最小化）するものを**最適解** (optimal solution) と呼ぶ．一般には最適解は複数ある可能性があるが，通常は最適解のうちの1つを求めることが目的となる．最適解における目的関数の値を，**最適目的関数値** (optimal objective function value) または単に**最適値** (optimal value) と呼ぶ．

早速，例題を数理最適化ソルバー Guribi によって求解していこう．Gurobi とは，Zonghao Gu, Edward Rothberg, Robert Bixby によって開発された数理最適化ソルバーである．Gurobi は，様々なプログラミング言語[3]から呼び出して使用することができるが，ここでは超高水準プログラミング言語 Python から呼び出して使うものとする．Python, Gurobi の詳細については，それぞれ付録 A, B を参照されたい．

最初に行うことは，Gurobi のモジュール（Python のプログラムで書かれた他のファイル）を読み込むことである．Python の1つの特徴は，モジュール（他人の書いたプログラム）を読み込めば何でも[4]できるということである．モジュールを読み込むためには，import というコマンドを使うが，ここでは Gurobi のモジュール（ファイル名は gurobipy）のすべてを自分のプログラムから呼び出して使えるようにするために，以下のように最初に記述しておく．

from gurobipy import ∗

これは gurobipy モジュールからすべてを import せよという意味である（計算機プログラムの世界では ∗（アスタリスク）は，「すべて」を意味する）．

次に，モデルを定義する．正確に言うと，モデルのオブジェクトを生成するのであるが，これは，モデルクラス Model にモデル名を引数として渡すことによってできる．

model = Model("lo1")

ここで model というのがモデルのオブジェクト（正確にはオブジェクトへの参照）である．また，"lo1" というのがモデルにつけた名前であるが，これは何でもかまわないし，省略しても大丈夫である．

次に変数 x_1, x_2, x_3（プログラム内では x1,x2,x3）を定義する．変数を生成するには，上で作成したモデルオブジェクト model の addVar メソッド（クラスに付随する関数のことである）を用いる．たとえば，変数 x1 を生成するには，以下のように記述する．

x1 = model.addVar(vtype='C',name="x1")

正確に言うと x1 は変数オブジェクトへの参照を保持する．addVar の後ろの小括弧内に書かれているのがメソッドの引数である．Python の引数には何通りかの記述方法があるが，一

---

[3] Python の他には，C(++), Java, .NET に対応している．
[4] 「何でも」というのはもちろん誇張である．マサチューセッツ工科大学の Python の講義のホームページに，import antigravity（無重力をインポート）と書くと空も飛べるというジョークが載っていたが，それくらい様々なモジュールが準備されている．

番分かりやすいのは名前付き引数といって，「引数の名前=引数の値」と書く方法である．ここでは，vtype="C"は変数の種類が連続変数 (continuous variable) であること，name="x1"は変数の名前が"x1"という文字列であることを表している．また，vtype は"C"と書く代わりに GRB.CONTINUOS と書いてもかまわない．GRB は Gurobi の定数を保管したクラスで，その中身をみると GRB.CONTINUOS="C"と定義されている．以下では覚えやすくかつ短い"C"の記法を用いることにする．

addVar メソッドの引数には，他にも，変数の種類，目的関数の係数 (obj)，下限 (lb)，上限 (ub) がある．これらの引数を決められた順番に書く方法でも変数を生成できる．たとえば変数 x1 は，

x1 = model.addVar(0,GRB.INFINITY,15,GRB.CONTINUOUS,"x1")

と書いても同じである．引数は順に，下限，上限，目的関数の係数，変数のタイプ，名前である．ここで GRB.INFINITY は大きな数を表す Gurobi の定数である．Python においては，名前付き引数で省略された引数には規定値が適用される．下限 (lb) の規定値は 0，上限 (ub) の規定値は GRB.INFINITY なので，名前付き引数の場合には省略して記述しても問題はない（ただし決められた順番で引数を書く場合には省略できない）．

実は変数のタイプも連続変数が規定値であるので，以下のようにより簡潔に書くこともできる．

x1 = model.addVar(name="x1")

後で変数名を参照する必要がない場合には，すべての引数を省略しても良い．

x1 = model.addVar()

他の変数も同様に生成しておく．

x2 = model.addVar(name="x2")
x3 = model.addVar(ub=30,name="x3")

3 本目の制約 $x_3 \leq 30$ は，変数 x_3 の上限制約なので，変数の宣言と同時に ub=30 と記述していることに注意されたい．変数の宣言が終了したら，必ず以下のように update メソッドを実行する．

model.update()

これは，Gurobi にモデルが変更されたことを伝えるメソッドで，制約を追加する前には必ず行わなくてはならない．これは**怠惰な更新** (lazy update) とよばれ，モデルが変更されるたびに Gurobi 内のデータ構造を変更していると時間を要するために導入された Gurobi の重要な仕様である．

続いて制約の記述に入る．制約 $2x_1 + x_2 + x_3 \leq 60$ は，addConstr メソッドを用いて，以下

のように記述する.

```
model.addConstr(2*x1 + x2 + x3 <= 60)
```

上の方式は Gurobi のバージョン 4.6 以降で導入された書式である．本書では主にこの書式を用いて解説するが，念のため以前のバージョンでも通用する（万能の）書式も説明しておく．

制約 $2x_1 + x_2 + x_3 \leq 60$ は，左辺が $2x_1 + x_2 + x_3$，右辺が 60，制約の向きが「以下」であると分解できる．まず，左辺を**線形表現** (linear expression) を表すクラス LinExpr を用いて，以下のように生成する．

```
L1 = LinExpr([2,1,1],[x1,x2,x3])
```

LinExpr の引数は 2 つのリスト [2,1,1] と [x1,x2,x3] である．ここで**リスト** (list) とは，Python の基本的なデータ構造であり，要素を並べて保管するために用いられる（リストについての詳細は付録 A.2.3 を参照）．リストは大括弧[5][ ] の中に要素をカンマ (,) で区切って入力することによって生成される．最初のリストは線形表現の係数のリストで 2 番目のリストは対応する変数のリストを表す．

この線形表現は，以下のように生成しても良い．

```
1  L1 = LinExpr()
2  L1.addTerms(2,x1)
3  L1.addTerms(1,x2)
4  L1.addTerms(1,x3)
```

まず 1 行目で空の線形表現のオブジェクト L1 を 1 行目で作り，2,3,4 行目で各項 $2x_1, x_2, x_3$ を addTerms メソッドで追加する．addTerms メソッドの最初の引数は，項の係数であり，2 番目の引数は変数である．

この線形表現が 60 以下であることを表す制約式をモデルに追加するには，addConstr メソッドを用いて，以下のように記述する．

```
model.addConstr(L1,"<",60)
```

最初の引数は左辺 (lhs) で，次の引数は制約の向き (sense) で，最後の引数が右辺 (rhs) である．向き"<"は Gurobi の定数クラス GRB を用いて GRB.LESS_EQUAL と書いても良い．また，名前付き引数を用いて，

```
model.addConstr(lhs=L1,sense="<",rhs=60)
```

としても大丈夫である（というよりこちらの方が分かりやすい）．

---
[5]大括弧 [ ] はブラケット (brackets) ともよばれ，数学では行列や（閉）区間を表すのに用いられる．リストは区間に似ているので，大括弧を用いると考えると覚えやすい．

同様に，制約 $x_1 + 2x_2 + x_3 \leq 60$ は，以下のように記述できる．

```
model.addConstr(x1 + 2*x2 + x3 <= 60)
```

もしくは

```
L2 = LinExpr([1,2,1],[x1,x2,x3])
model.addConstr(L2,"<",60)
```

目的関数は `setObjective` メソッドを用いて記述する．

```
model.setObjective(15*x1 + 18*x2 + 30*x3, GRB.MAXIMIZE)
```

`setObjective` メソッドの最初の引数は，線形（もしくは二次）表現であり，2番目の引数は目的関数の方向を表す Gurobi の定数である．ここでは，GRB.MAXIMIZE と最大化を指定している（最小化の場合には GRB.MINIMIZE と指定する）．なお，目的関数の方向を省略した場合には，

```
model.ModelSense = -1
```

とモデルの向き (ModelSense) を最大化 (−1) に変更しておく必要がある (ModelSense の既定値は最小化 (+1) である)．

最適化を行うには，モデルオブジェクトの optimize メソッドを使い

```
model.optimize()
```

とする．optimize メソッドの実行前には，自動的に update メソッドを行うので，最適化の前にモデルの更新を Gurobi に伝える必要はない．

求解が終わった後に，目的関数値を出力するには，モデルの ObjVal 属性を用いて

```
print "Opt. Value=",model.ObjVal
```

とする．また最適解を出力したい場合には，getVars メソッドで変数のオブジェクトのリストを呼び出し，その要素 v に対し変数名の属性 (VarName) や最適値の属性 (X) を使って，以下のようにすれば良い．

```
for v in model.getVars():
    print v.VarName,v.X
```

上のプログラムを実行すると

```
Opt. Value= 1230.0
x1 10.0
x2 10.0
x3 30.0
```

と画面に出力される．

プログラム全体を記述すると以下のようになる．

```
1   from gurobipy import *
2   model = Model("lo1")
3   x1 = model.addVar(name="x1")
4   x2 = model.addVar(name="x2")
5   x3 = model.addVar(ub=30, name="x3")
6   model.update()
7   model.addConstr(2*x1 + x2 + x3 <= 60)
8   model.addConstr(x1 + 2*x2 + x3 <= 60)
9   model.setObjective(15*x1 + 18*x2 + 30*x3, GRB.MAXIMIZE)
10  model.optimize()
11  print "Opt. Value=",model.ObjVal
12  for v in model.getVars():
13      print v.VarName,v.X
```

欄外ゼミナール 1

〈線形計画（線形最適化）〉

　　線形計画 (linear programming) はノーベル賞に輝く 3 人の経済学者 Wassily Leontief, Leonid Kantrovich, Tjalling Koopmans の仕事をもとに，1947 年に George Dantzig によって産み出された．当時の呼び名は線形構造下の計画 (optimization in linear structure) と長ったらしいものであったが，1948 年に線形計画と改名され，その後この名前が定着した．Dantzig の開発した**単体法** (simplex method) は，長い間，線形最適化問題に対するほとんど唯一のアルゴリズムであったが，理論的には非常に長い時間を要する可能性があることが指摘されていた．線形最適化問題が理論的な意味で効率的に解けるか（言い換えれば多項式時間のアルゴリズムが存在するか）否かの問いは，1979 年に旧ソビエトの Leonid Khachiyan(Khaian) が提案した**楕円体法** (ellipsoid method) によって肯定的に解決された．しかし，Khachiyan の解決はあくまで理論的なものであり，実際的には単体法の王座は揺るがなかった．しかし，1984 年に Narendra Karmarkar が提案し，その後大きく発展した**内点法** (interior point method)[6]は，理論的に効率的であることが証明されているばかりではなく，実際的にも単体法と同等かそれ以上の性能を有することが分かった．現在市販されている最適化ソルバーは，単体法（ならびにその双対バージョンである双対単体法）と内点法の両者を装備し，ユーザーが使い分けることができるように設計されている．

---

[6]**障壁法** (barrier method) と呼ばれることもある．Gurobi ではこちらの用語を採用しているが，本質的には同じ解法である．

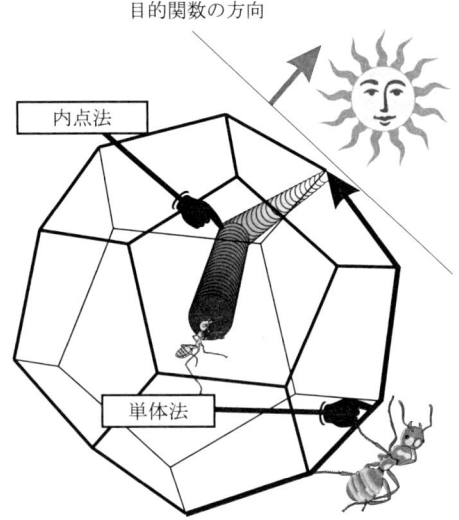

図 1.1 単体法と内点法の概念図．単体法では蟻が（太陽のある）暖かい方向へ多面体の縁を辿ってたどり着くが，内点法では多面体の中心を食い破って暖かい方向へ向かう．

1.3 整数最適化問題

昔の日本の中学入試の算数の試験の常連問題に「鶴亀算」というのがあった．ここでは，この簡単な問題を少しだけ拡張した問題を用いて，変数が整数に限定された線形最適化問題である整数最適化問題を説明する．

ここで考える鶴亀蛸算とは，以下のような問題である．

> 鶴と亀と蛸が何匹かずついる頭の数を足すと 32，足の数を足すと 80 になる．亀と蛸の数の和を一番小さくするような匹数を求めよ．

この問題を最適化問題として数式に記述してみよう．ちなみに，実際の問題を数式を用いて代数的に記述したものを**定式化** (formulation) と呼ぶ．

鶴が x 匹，亀が y 匹，蛸が z 匹いたとしよう．すると 頭の数は $x+y+z$，足の数は $2x+4y+8z$ と表すことができるので，x, y, z の組は，以下の「制約式」を満たすことが分かる．

$$x + y + z = 32$$
$$2x + 4y + 8z = 80$$

これだけだと，変数が 3 つで，式が 2 本なので，このままでは答えは複数出てくる可能性がある．そこで，亀と蛸の数の和 $y+z$ を最小にするという条件を追加する．これが「目的関数」になる．目的関数を追加した問題を，線形最適化問題として記述すると，以下のように書ける．

$$\begin{align}
\text{minimize} \quad & y + z \\
\text{subject to} \quad & x + y + z = 32 \\
& 2x + 4y + 8z = 80 \\
& x, y, z \geq 0
\end{align}$$

これを数理最適化ソルバーを用いて解くと，$x = 29.3333, y = 0, z = 2.66667$ という答えが得られる．よって，鶴は $29\frac{1}{3}$ 匹，蛸が $2\frac{2}{3}$ 匹いることになる．さて，明らかにこの答えは変である．鶴や亀や蛸は，食用として店頭に並ぶときには分割可能であるが，ここでは生きている匹数を勘定しているので分割できない．これを解決するためには，変数 x, y, z に「整数条件」と呼ばれる制約を追加する必要がある．

$$\begin{align}
\text{minimize} \quad & y + z \\
\text{subject to} \quad & x + y + z = 32 \\
& 2x + 4y + 8z = 80 \\
& x, y, z \text{ は非負の整数}
\end{align}$$

このように，整数条件が付加された線形最適化問題を，**整数最適化** (integer optimization) 問題と呼ぶ．整数最適化は，線形最適化より難しい問題であるが，このように小規模の問題なら，あっという間に答えが見つかる．この問題を，Gurobi/Python で解くためのプログラムは，以下のように書ける．

```
1  from gurobipy import *
2  model = Model("puzzle")
3  x = model.addVar(vtype="I")
4  y = model.addVar(vtype="I")
5  z = model.addVar(vtype="I")
6  model.update()
7  model.addConstr(x + y + z == 32)
8  model.addConstr(2*x + 4*y + 8*z == 80)
9  model.setObjective(y + z, GRB.MINIMIZE)
10 model.optimize()
11 print "Opt. Val.=", model.ObjVal
12 print "(x,y,z)=", x.X, y.X, z.X
```

上のプログラムの 3 行目から 5 行目では，変数の定義を行っている．ここでは，変数は整数に限定されているので，変数のタイプ vtype として整数 (integer) を表す"I"を用いている．これは，Gurobi の定数クラスを用いて vtype=GRB.INTEGER と書いても良い．7 行目と 8 行目では，等式制約を追加しており，9 行目では目的関数を設定している．12 行目は最適解を出力している．前節の例では getVars メソッドを用いて変数オブジェクトのリストを得たが，ここでは直接変数オブジェクト x,y,z の最適値の属性 X を出力している．

実際に解いてみると以下の結果が得られる．

```
Opt. Val.= 4.0
(x,y,z)= 28.0 2.0 2.0
```

最適解は，$x=28, y=2, z=2$ であり，鶴は 28 匹，亀が 2 匹，蛸が 2 匹いることになる．

1.4 輸送問題

次の例題は**輸送問題** (transportation problem) と呼ばれる古典的な線形最適化問題である．以下のようなシナリオを考える．

> あなたは，スポーツ用品販売チェインのオーナーだ．あなたは，店舗展開をしている 5 つの顧客（需要地点）に対して，3 つの自社工場で生産した製品を運ぶ必要がある（図 1.2）．調査の結果，工場での生産可能量（容量），顧客への輸送費用，ならびに各顧客における需要量は，表 1.1 のようになっていることが分かった．さて，どのような輸送経路を選択すれば，総費用が最小になるであろうか？

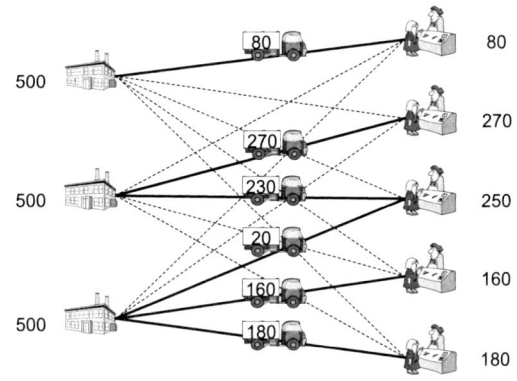

図 1.2 輸送問題の例題と最適輸送量．

上の問題を線形最適化モデルとして定式化してみよう．

いま，顧客数を n，工場数を m とし，顧客を $i = 1, 2, \ldots, n$，工場を $j = 1, 2, \ldots, m$ と番号で表すものとする．また，顧客の集合を $I = \{1, 2, \ldots, n\}$，工場の集合を $J = \{1, 2, \ldots, m\}$ とする．顧客 i の需要量を d_i，顧客 i と工場 j 間に 1 単位の需要が移動するときにかかる輸送費用を c_{ij}，工場 j の容量 M_j とする．

以下に定義される連続変数を用いる．

$$x_{ij} = \text{工場 } j \text{ から顧客 } i \text{ に輸送される量}$$

上の記号および変数を用いると，輸送問題は以下の線形最適化問題として定式化できる．

表 1.1 輸送問題のデータ．顧客の需要量，工場から顧客までの輸送費用，ならびに工場の生産容量．

顧客 i	1	2	3	4	5	
需要量 d_i	80	270	250	160	180	
工場 j	\multicolumn{5}{c}{輸送費用 c_{ij}}	容量 M_j
1	4	5	6	8	10	500
2	6	4	3	5	8	500
3	9	7	4	3	4	500

$$\begin{aligned}
\text{minimize} \quad & \sum_{i \in I} \sum_{j \in J} c_{ij} x_{ij} \\
\text{subject to} \quad & \sum_{j \in J} x_{ij} = d_i && \forall i \in I \\
& \sum_{i \in I} x_{ij} \leq M_j && \forall j \in J \\
& x_{ij} \geq 0 && \forall i \in I; j \in J
\end{aligned}$$

目的関数は輸送費用の和の最小化であり，最初の制約は需要を満たす条件，2 番目の制約は工場の容量制約である．

これを Gurobi/Python で解いてみよう．まず，**問題例** (instance)[7]のデータを準備する．

輸送問題においては，需要量を d_i，輸送費用を c_{ij}，容量 M_j を表すデータを作成する必要がある．以下では，定式化で用いた記号と同じデータを，Python の**辞書** (dictionary) で保持することにする．辞書とは，**キー** (key) とその写像である**値** (value) から構成され，中括弧[8] {} の中にカンマ (,) で区切って（キー:値）を並べることによって生成される（辞書についての詳細は付録 A.2.5 を参照）．

需要量 d_i は顧客の番号をキー，需要量を値とした辞書 d に保管し，容量 M_j は工場の番号をキー，容量を値とした辞書 M に保管する．

```
d = {1:80, 2:270, 3:250 , 4:160, 5:180}
M = {1:500, 2:500, 3:500}
```

また，顧客の番号のリスト I と工場の番号のリスト J も以下のように準備しておく．

```
I = [1, 2, 3, 4, 5]
J = [1, 2, 3]
```

実は，上で作成した辞書とリストは，Gurobi のバージョン 4.6 で追加された `multidict` 関数を用いると，以下のように一度に作成することができる．

---

[7]問題 (problem) に数値を入れたものを**問題例** (instance) とよび，問題と区別する．クラスから生成されるオブジェクト（A.6 節参照）も英文では "instance" であるが，本書では，そちらはインスタンスとカタカナで表記して区別する．

[8]中括弧 {} はブレース (braces) ともよばれ，数学では集合を定義するときに用いる．辞書は集合に似ているので，中括弧を用いると考えると覚えやすい．

```
I,d = multidict({1:80, 2:270, 3:250 , 4:160, 5:180})
J,M = multidict({1:500, 2:500, 3:500})
```

multidict 関数は，辞書を引数として入力すると，第1の返値としてキーのリスト，2番目以降の返値として辞書を返す．(multidict のより詳しい使用法については，付録B.4を参照されたい．)

輸送費用 c_{ij} は2つの添え字（顧客と工場）をもつ．これは，添え字のタプルをキー，費用を値とした辞書 c で表現する．ここで**タプル**（組；tuple）とは，リストと同じ順序型ではあるが，リストと違って不変型であり，中身を変えることはできない．タプルは小括弧[9]を用いて生成され，不変型であるので辞書のキーになることができる（タプルについての詳細は付録A.2.4を参照）．

```
c = {(1,1):4,    (1,2):6,    (1,3):9,
     (2,1):5,    (2,2):4,    (2,3):7,
     (3,1):6,    (3,2):3,    (3,3):4,
     (4,1):8,    (4,2):5,    (4,3):3,
     (5,1):10,   (5,2):8,    (5,3):4,
     }
```

この辞書 c によって，工場 i から顧客 j への輸送費用は，c[(i,j)] もしくは（タプルは () を省略できるので）c[i,j] でアクセスできる．

> **注意**:
> プログラムの作法としては，上のように d,M,c のような一文字の変数を用いることは好ましくない．ここでは，定式化とプログラムで同じ記号を用いるという方針で敢えてこのような記述をしたが，実際のプログラムでは demand,Capacity,cost のように意味の分かる変数を用いることが推奨される．

上で生成した問題例を求解するためのプログラムを作成しよう．

まず，変数 x の定義であるが，ここではまず，空の辞書 x を作成しておき（2行目），それに変数のオブジェクトを保管していく（3行から5行）．ここで，リスト I は顧客の番号のリストであったので，3行目の for ループ（反復）では，すべての顧客 i について反復を行う．同様に，4行目の for ループでは，リスト J が工場の番号のリストであったので，顧客 i から輸送される工場 j についての反復を行う（反復については付録A.4.2参照）．最後に，モデルを update メソッドで更新して変数の定義を終了する（6行目）．

```
1  model = Model("transportation")
2  x = {}
3  for i in I:
4      for j in J:
```

---
[9] 小括弧 ( ) は丸括弧やパーレン (parentheses) とも呼ばれる．

```
5        x[i,j] = model.addVar(vtype='C', name='x(%s,%s)' % (i, j))
6  model.update()
```

上のプログラムの 5 行目では，変数に x (i,j) と名前を付けている．これは Python の文字列フォーマット操作 % を用いており，%s は文字列（string 型）に変換して代入することを表す．

次に制約を追加していく．まず，需要を満たす条件

$$\sum_{j \in J} x_{ij} = d_i \quad \forall i \in I$$

を追加する．これは，すべての顧客 i に対する制約であるので，1 行目の for による反復ごとに，制約 $\sum_{j \in J} x_{ij} = d_i$ を addConstr メソッドで追加する（2 行目）．

```
1  for i in I:
2      model.addConstr(quicksum(x[i,j] for j in J) == d[i], name="Demand(%s)" % i)
```

ここで制約にも Demand(i) と名前を付けていることに注意されたい．制約の名前は省略してもよいが，後で参照する場合に備えて，適当な名前を付加しておくことが望ましい．実際に，ここで付加した名前は次節で制約に対する双対変数の情報を得るときに用いる．また 2 行目の quicksum 関数は，Python の合計をとる関数 sum の強化版であり，線形表現を高速に求めるときに用いられる．また，Python のリスト内包表記 (list comprehension; A.4.2 節参照) のように，for 文による反復によって生成されたリストを入力とすることもできる．上の例では，quicksum(x[i,j] for j in J によって，変数オブジェクト x[i,j] を J 内の要素 j に対して合計した線形表現を計算している．（quicksum のより詳しい解説については，付録 B.4 を参照されたい．）

同様に，工場の容量制約

$$\sum_{i \in I} x_{ij} \leq M_j \quad \forall j \in J$$

を以下のようにモデルに追加する．

```
   for j in J:
       model.addConstr(quicksum(x[i,j] for i in I) <= M[j], name="Capacity(%s)" % j)
```

ここでも制約に Capacity(j) と名前をつけている．以下では，記述を簡略化するために制約の名前は省略するが，実際には適当な名前を付けておくほうが無難である．

目的関数

$$\sum_{i \in I} \sum_{j \in J} c_{ij} x_{ij}$$

は setObjective メソッドを用いて以下のように設定する．

```
model.setObjective(quicksum(c[i,j]*x[i,j]  for (i,j) in x), GRB.MINIMIZE)
```

最後に最適化を行い結果を表示する．

```
1   model.optimize()
2   print "Optimal value:", model.ObjVal
3   EPS = 1.e-6
4   for (i,j) in x:
5       if x[i,j].X > EPS:
6           print "sending quantity %10s from factory %3s to customer %3s" % (x[i,j].X, j, i)
```

ここで，4行目の for (i,j) in x は，変数を保持する辞書 x に対する反復であるので，辞書のキーである顧客と工場のタプル (i,j) に対する反復になる．5行目は，0でない変数だけ出力するための条件分岐である．6行目では，Python の文字列フォーマット操作 % を用いており，%10s は10桁の文字列に，%3s は3桁の文字列に変換して代入することを表す．

上のプログラムを実行すると，以下の結果が得られる．結果を表 1.2 ならびに図 1.2 に示す．

```
Optimal value: 3370.0
sending quantity      230.0 from factory   2 to customer   3
sending quantity       20.0 from factory   3 to customer   3
sending quantity      160.0 from factory   3 to customer   4
sending quantity      270.0 from factory   2 to customer   2
sending quantity       80.0 from factory   1 to customer   1
sending quantity      180.0 from factory   3 to customer   5
```

表 1.2 輸送問題の最適解．

顧客 i	1	2	3	4	5	合計	容量
需要量 d_i	80	270	250	160	180		
工場 j	最適輸送量					合計	容量
1	80					80	500
2		270	230			500	500
3			20	160	180	360	500

1.5 双対問題

さらに，次のようなシナリオを考えてみよう．

> あなたは 11 ページで登場したスポーツ用品販売チェインのオーナーだ．あなたは，工場が手狭になってきたと感じているので，その拡張を考えている．どの工場を拡張すればどのくらいの費用の削減が期待できるであろうか？ また，各顧客からの追加注文に対しては，どのくらいの追加費用を顧客からもらえば元がとれるであろうか？

この問題をスマートに解決するためには，**双対問題** (dual problem) の概念が有用である．ここで双対問題とは，もとの問題と表裏一体を成す線形最適化問題のことである．双対問題の導出法と意味については，17 ページの欄外ゼミナールに譲り，ここでは輸送問題の双対問題から得られる情報を Gurobi/Python でどのように得るのかを解説する．

まず，工場の拡張の可否を調べるために，容量制約

$$\sum_{i=1}^{n} x_{ij} \leq M_j$$

に注目する．この不等式制約に対して $M_j - \sum_{i=1}^{n} x_{ij}$ を表す変数を**余裕変数** (slack variable) と呼ぶ．もちろん最適解から余裕変数は簡単に計算できるが，Gurobi/Python では制約オブジェクトに対する Slack 属性をみれば良い．また，制約に対する最適な双対変数は Pi 属性で得ることができる．（Pi は，双対変数を表記するのに理論家の間で用いられるギリシア文字の π を意味する．）これは容量制約を 1 単位増加させたときの価値（費用の減少量）を表す（17 ページの欄外ゼミナール参照）．

顧客からの追加注文の費用を推定するためには，需要満足条件

$$\sum_{j=1}^{m} x_{ij} = d_i$$

に注目する．これは等式制約であるので余裕変数はすべて 0 になる．この制約の双対変数は，需要が 1 単位増加したときの費用の増加を表す．

制約オブジェクトのリストは，モデルの getConstr メソッドで得ることができる．以下に各制約の名前，余裕変数，最適双対変数を出力させるプログラムを示す．

```
1  print "Const. Name: Slack, Dual"
2  for c in model.getConstrs():
3      print "%s: %s , %s" %(c.ConstrName,c.Slack,c.Pi)
```

輸送問題のプログラム上のプログラムを付加して実行すると，以下の結果を得る．

```
Const. Name: Slack, Dual
Demand(1): 0.000000 , 4.000000
Demand(2): 0.000000 , 5.000000
Demand(3): 0.000000 , 4.000000
Demand(4): 0.000000 , 3.000000
Demand(5): 0.000000 , 4.000000
Capacity(1): 420.000000 , 0.000000
Capacity(2): 0.000000 , -1.000000
Capacity(3): 140.000000 , 0.000000
```

これから，需要を満たすことを表す制約 Demand に対する双対変数 Dual が $4, 5, 4, 3, 4$ であり，工場の容量制約に対する最適双対変数が $0, -1, 0$ であることが分かる．双対変数の情報から，各顧客の追加注文は 1 単位あたり $4, 5, 4, 3, 4$ の費用の増加をもたらし，工場の拡張に関しては，容量がいっぱいの（余裕変数 Slack が 0 の）工場 2 を拡張することによって，1 単位あたり 1 の費用削減が可能なことが分かる．

欄外ゼミナール 2

〈双対問題〉

ここでは，1.2 節の例題を用いて，双対問題の導出法を説明しよう．もとの問題は以下のような最大化問題であった．これを双対問題と対比させて**主問題** (primal problem) と呼ぶ．

$$
\begin{array}{rrrrrl}
\text{maximize} & 15x_1 & +18x_2 & +30x_3 & & \\
\text{subject to} & 2x_1 & +x_2 & +x_3 & \leq & 60 \\
 & x_1 & +2x_2 & +x_3 & \leq & 60 \\
 & & & x_3 & \leq & 30 \\
 & & & x_1, x_2, x_3 & \geq & 0
\end{array}
$$

この問題の双対問題は最小化問題になる．まず，もとの線形最適化問題の制約から，実行可能解 x_1, x_2, x_3 に対しては，$60 - 2x_1 - x_2 - x_3 \geq 0$ が成立する．したがって，$60 - 2x_1 - x_2 - x_3$ に $\pi_1 (\geq 0)$ を乗じて，目的関数に加えても，目的関数値は小さくなることはない．同様に，2 番目の制約式から得られる $60 - x_1 - 2x_2 - x_3 (\geq 0)$ に $\pi_2 (\geq 0)$ を乗じたものと，3 番目の制約式から得られる $30 - x_3 (\geq 0)$ に $\pi_3 (\geq 0)$ を乗じたものを目的関数に加えても目的関数値は小さくならないので，線形最適化問題

$$
\begin{array}{rrrrrl}
\text{maximize} & 15x_1 & +18x_2 & +30x_3 & & \\
& \multicolumn{5}{l}{+(60 - 2x_1 - x_2 - x_3)\pi_1} \\
& \multicolumn{5}{l}{+(60 - x_1 - 2x_2 - x_3)\pi_2} \\
& \multicolumn{5}{l}{+(30 - x_3)\pi_3} \\
\text{subject to} & 2x_1 & +x_2 & +x_3 & \leq & 60 \\
 & x_1 & +2x_2 & +x_3 & \leq & 60 \\
 & & & x_3 & \leq & 30 \\
 & & & x_1, x_2, x_3 & \geq & 0
\end{array}
$$

は，もとの問題の上界（最適値以上であることが保証されている値）を与える．

目的関数を x_1, x_2, x_3 ごとに整理すると，

$$
\begin{array}{ll}
\text{maximize} & (15-2\pi_1-\pi_2)x_1 +(18-\pi_1-2\pi_2)x_2 +(30-\pi_1-\pi_2-\pi_3)x_3 \\
& +60\pi_1+60\pi_2+30\pi_3 \\
\text{subject to} & 2x_1 +x_2 +x_3 \leq 60 \\
& x_1 +2x_2 +x_3 \leq 60 \\
& x_3 \leq 30 \\
& x_1, x_2, x_3 \geq 0
\end{array}
$$

となる．さらに，この問題から非負条件 $x_1, x_2, x_3 \geq 0$ 以外の制約を除いた以下の問題を考える．

$$
\begin{array}{ll}
\text{maximize} & (15-2\pi_1-\pi_2)x_1 +(18-\pi_1-2\pi_2)x_2 +(30-\pi_1-\pi_2-\pi_3)x_3 \\
& +60\pi_1+60\pi_2+30\pi_3 \\
\text{subject to} & x_1, x_2, x_3 \geq 0
\end{array}
$$

制約式を除くということは，この問題の最適値は，もとの問題の最適値と等しいか，より大きくなることが保証される．よって，この問題は，任意の $\pi_1, \pi_2, \pi_3 (\geq 0)$ に対してもとの問題の上界を与えることが分かる．ちなみに，上の問題における変数 x の係数を**被約費用** (reduced cost) と呼ぶ．被約費用は，0になっている変数 x を 1 だけ増やしたときの費用の増加を表している．

変数 x でなく，π を変数とみて色々と動かすことを考えよう．目的は，もちろんなるべく良い（すなわち小さい）上界を得ることである．変数 x_1 に関する制約式が $x_1 \geq 0$ だけであることに注意すると，x_1 の目的関数の係数 $15-2\pi_1-\pi_2$ が 0 より大きい値であると，目的関数値が ∞ になってしまうことに気づく．したがって，$15-2\pi_1-\pi_2$ は 0 以下でなければ，意味のある（有限の値をもつ）上界を得ることはできない．同様に，x_2 の目的関数の係数 $18-\pi_1-2\pi_2$ も 0 以下でなければならず，x_3 の目的関数の係数 $30-\pi_1-\pi_2-\pi_3$ も 0 以下でなければならない．この 3 つの条件と変数 π_1, π_2, π_3 が非負であるという条件の下で，目的関数の x に依存しない部分

$$60\pi_1 + 60\pi_2 + 30\pi_3$$

を最小にする問題は，

$$
\begin{array}{ll}
\text{minimize} & 60\pi_1 +60\pi_2 +30\pi_3 \\
\text{subject to} & 2\pi_1 +\pi_2 \geq 15 \\
& \pi_1 +2\pi_2 \geq 18 \\
& \pi_1 +\pi_2 +\pi_3 \geq 30 \\
& \pi_1, \pi_2, \pi_3 \geq 0
\end{array}
$$

という線形最適化問題になる．これが双対問題であり，変数 π_1, π_2, π_3 を**双対変数** (dual variable) と呼ぶ．双対変数は，制約を資源とみなしたときの価値を表すため，**双対価格** (dual price) もしくは**潜在価格** (shadow price) と呼ばれることもある．

主問題か双対問題のいずれか一方が最適解をもつならば，他方も最適解をもち，最適値が一致することが示される（強双対定理）．また，片方が非有界（目的関数値が無限に良くなる）なら，もう片方は実行不可能（実行可能解がない）になる．ただし，主問題，双対問題ともに実行不可能である場合もありえる（p.36 の図 1.6(a) に示した問題がまさにその例である）．

1.6 多品種輸送問題

今度は，複数の製品（これを品種と呼ぶ）を運ぶための輸送問題の拡張を考える．ここでの目的は，（実務においては極めて重要な概念である）疎なデータをどのようにGurobi/Pythonで扱うかを紹介することである．

いま，複数の製品を前節と同じように工場から顧客へ輸送することを考える（図1.3）．ただし，製品によって重量が異なるため輸送費用が変わってくるものと仮定する．この問題は，**多品種輸送問題** (multi-commodity transportation problem) と呼ばれる．

定式化に必要な記号は前節とほとんど同じであるので，相違点のみ定義しておく．製品（品種）の集合を K とする．製品の輸送量を表す連続変数を以下のように定義する．

$$x_{ijk} = \text{工場 } j \text{ から顧客 } i \text{ に製品 } k \text{ が輸送される量}$$

顧客 i における製品 k の需要量を d_{ik}，顧客 i と工場 j 間に製品 k の1単位の需要が移動するときにかかる輸送費用を c_{ijk} とする．

上の記号を用いると，多品種輸送問題は以下のように定式化できる．

$$\begin{aligned}
\text{minimize} \quad & \sum_{i \in I} \sum_{j \in J} \sum_{k \in K} c_{ijk} x_{ijk} \\
\text{subject to} \quad & \sum_{j \in J} x_{ijk} = d_{ik} && \forall i \in I; k \in K \\
& \sum_{i \in I} \sum_{k \in K} x_{ijk} \leq M_j && \forall j \in J \\
& x_{ijk} \geq 0 && \forall i \in I; j \in J; k \in K
\end{aligned}$$

最初の制約は，各製品ごとに需要が満たされることを表し，2番目の制約は，工場で生産されるすべての製品の合計量が，工場の容量を超えないことを表す．

ここでは，すべての工場ですべての製品が製造可能でない（工場によって製造可能な製品が決まっている）という仮定を追加してGurobi/Pythonによる効率的な定式化について考える．

最も簡単な定式化の方法は，製造可能でない工場から出る製品の輸送費用を大きな数と設定することである．これは輸送費用のデータ書き換えるだけなので単純であるが，輸送ができない経路に関する変数を全部考慮して解く必要があるのであまり効率的ではない．ここでは，輸送を行う可能性がある経路だけに変数を定義することによる効率的な定式化を行う．これはデータの**疎性** (sparsity) を考慮したものであり，大規模な実際問題をモデル化する際には極めて重要なテクニックである．

工場で製造可能な製品を，キーを工場の番号，値を製造可能な製品番号のリストに保管した辞書で表す．工場1では製品2,4を，工場2では製品1,2,3を，工場3では製品2,3,4を製造可能であることを表す辞書 produce は，以下のように定義される．

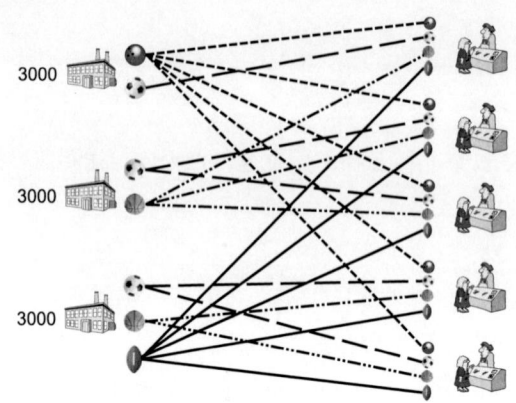

図 1.3　多品種輸送問題の例題と最適解における輸送経路.

produce = {1:[2,4], 2:[1,2,3], 3:[2,3,4]}

顧客ごと，製品ごとに定義しなければならない需要量も辞書で表すものとする．ここでは，顧客の番号と製品の番号のタプル（組）をキー，需要量データを値とした辞書を採用する．以下のように辞書 d を作成しておくと，顧客 i の製品 k の需要量は，d[i,k] で得ることができる．

```
d = {(1,1):80,  (1,2):85,  (1,3):300, (1,4):6,
     (2,1):270, (2,2):160, (2,3):400, (2,4):7,
     (3,1):250, (3,2):130, (3,3):350, (3,4):4,
     (4,1):160, (4,2):60,  (4,3):200, (4,4):3,
     (5,1):180, (5,2):40,  (5,3):150, (5,4):5
     }
```

また，顧客の番号の集合 I を以下のように生成しておく．

I = set([i for (i,k) in d])

上のプログラムにおいて，d は辞書であるので，for 文の反復はキー（顧客番号と製品番号のタプル）のリストを返す．そのリストから顧客の番号 i だけから成るリストをリスト内包表記で生成し，さらに集合を生成する関数 set で重複した要素を削除している[10]．

他のデータについても同様に辞書で保管しておく．生産容量 M は，工場の番号をキー，容量を値とした辞書であり，ここでは multidict 関数を用いて工場の番号のリスト J と辞書 M を同時に作成する．

J,M= multidict({1:3000, 2:3000, 3:3000})

この例題では，重量 1 単位あたりの輸送費用 cost に重量 weight を乗じることによって輸

---

[10] この部分のプログラムが難しい場合には，I=[1,2,3,4,5] と入力しても差し支えない

送費用することにする．ここで，weight は製品の番号をキーとし，重量を値とした辞書であり，やはり製品の番号のリスト K と同時に生成しておく．

K, weight = multidict({1:5, 2:2, 3:3, 4:4})

cost は顧客番号と製品番号のタプルをキーとし，単位重量あたりの輸送費用を値とした辞書である．

cost = {(1,1):4, (1,2):6, (1,3):9,
        (2,1):5, (2,2):4, (2,3):7,
        (3,1):6, (3,2):3, (3,3):4,
        (4,1):8, (4,2):5, (4,3):3,
        (5,1):10, (5,2):8, (5,3):4
        }

次に，weight と cost から，製品ごとの輸送費用を計算し，辞書 c に保管しておく．以下のプログラムでは，まず，1 行目で空の辞書 c を準備する．次に，2 行目からの for 文で各顧客 i に対して，3 行目からの for 文で工場 j に対して，4 行目からの for 文でリスト produce[j] の要素（すなわち工場で生産可能な製品）k に対して反復を行い，i,j,k の 3 つ組をキー，費用を値として保管する（5 行目）．

```
1  c = {}
2  for i in I:
3      for j in J:
4          for k in produce[j]:
5              c[i, j, k] = cost[i,j] * weight[k]
```

上で作成したデータを引数として，多品種輸送問題を解くためプログラムを作成しよう．まず，モデルオブジェクト model を生成した後で，変数を格納する辞書 x を作成する．変数は，輸送費用を表す辞書 c のキーが存在する場合にだけ生成されていることに注意されたい．

```
1  model = Model("multi-commodity transportation")
2  x = {}
3  for i,j,k in c:
4      x[i,j,k] = model.addVar(vtype="C")
5  model.update()
```

次に，需要満足条件
$$\sum_{j \in J} x_{ijk} = d_{ik} \quad \forall i \in I, k \in K$$
を記述する．この制約は，各顧客 i，各製品 k に対して定義され，以下のプログラムの 3 行目では，リスト内包表記と quicksum 関数を用いて $\sum_{j=1}^{m} x_{ijk}$ を表す線形表現を生成し，制約をモデルに付加している．

```
1  for i in I:
2      for k in K:
3          model.addConstr(quicksum(x[i,j,k] for j in J if (i,j,k) in x) == d[i,k])
```

同様に，工場の容量制約

$$\sum_{i \in I} \sum_{k \in K} x_{ijk} \leq M_j \quad \forall j \in J$$

も以下のように追加する．

```
for j in J:
    model.addConstr(quicksum(x[i,j,k] for (i,j2,k) in x if j2 == j) <= M[j])
```

最後に，目的関数

$$\sum_{i \in I} \sum_{j \in J} \sum_{k \in K} c_{ijk} x_{ijk}$$

は以下のように定義される．

```
model.setObjective(quicksum(c[i,j,k]*x[i,j,k] for (i,j,k) in x), GRB.MINIMIZE)
```

制約と目的関数を定義した後で最適化を行うことによって，最適値を得る．

```
model.optimize()
print "Optimal value:", model.ObjVal
```

上で作成したプログラムを実行した結果は以下のようになり，最適値が 43536 であることが分かる（図 1.3 に最適解において輸送量が正の枝を示す）．

```
Optimal value: 43536.0
```

上のプログラムは，Python のリスト (list) を拡張した tuplelist（付録 B.4）を用いて記述することもできる．

tuplelist は，名前の通りタプル（組）を要素としたリストである．ここでは，工場 j から顧客 i に製品 k が輸送されることを表すタプル (i,j,k) を要素としたリスト arcs を変数 x から生成しておく．

```
arcs = tuplelist([(i,j,k) for (i,j,k) in x])
```

tuplelist には，引数によって指定した条件を満たす要素を取り出す select メソッドが準備されている．これを用いることによって，需要満足条件は，すべての j について合計をとるので，以下のように書くことができる．

```
for i in I:
    for k in K:
        model.addConstr(quicksum(x[i,j,k] for (i,j,k) in arcs.select(i,"*",k)) == d[i,k])
```

同様に，工場の容量制約は，すべての顧客 i と製品 k に対して合計をとるので，以下のように記述される．

```
for j in J:
    model.addConstr(quicksum(x[i,j,k] for (i,j,k) in arcs.select("*",j,"*")) <= M[j])
```

1.7 混合問題

ここでは，**混合問題** (product mix problem) と呼ばれる古典的な線形最適化問題について考える．

具体的な例を示そう．

> 4種類の原料を調達・混合して1種類の製品を製造している工場を考える．原料には，3種類の成分が含まれており，成分1については10%以上20%以下に，成分2については35%以下に，成分3については45%以上になるように混合したい．各原料の成分含有比率は，表1.3のようになっている．原料の単価が1トンあたり5,6,8,20万円であるとしたとき，どのように原料を混ぜ合わせれば，製品1トンを最小費用で製造できるだろうか？

表 1.3 混合問題のデータ．各原料に含まれる成分 k の比率（%）．

成分	1	2	3
原料 1	25	15	30
原料 2	30	30	10
原料 3	15	65	5
原料 4	10	5	85

問題を定式化するために記号を導入する．

原料 i の価格を p_i，原料 i に含まれる成分の比率を a_{ik}，製品に含まれるべき成分 k の比率の下限と上限をそれぞれ LB_k, UB_k とする．原料 i の混合比率を表す実数変数を x_i としたとき，混合問題は，以下のように記述できる．

$$\text{minimize} \quad \sum_{i=1}^{4} p_i x_i$$
$$\text{subject to} \quad \sum_{i=1}^{4} x_i = 1$$
$$LB_k \leq \sum_{i=1}^{4} a_{ik} x_i \leq UB_k \quad k=1,2,3$$
$$x_i \geq 0 \quad i=1,2,3,4$$

ここで，目的関数は原料の調達費用（単価×購入量）の和であり，最初の制約は混合した合計量が1トンになることを示し，2番目の制約は各成分の混合比率の上下限制約である．

この定式化を Gurobi/Python で記述していこう．まずデータを辞書として準備しておく．

成分比率 a_{ik} は2つの添え字をもつので，添え字のタプル（組）をキー，成分比率を値とした辞書として入力する．

```
a={ (1,1):.25, (1,2):.15, (1,3):.3,
    (2,1):.3,  (2,2):.3,  (2,3):.1,
    (3,1):.15, (3,2):.65, (3,3):.05,
    (4,1):.1,  (4,2):.05, (4,3):.85
  }
```

この辞書によって原料 i の第 k 成分は a[i,k] とアクセスできる．

原料 i の単価 p_i と成分 k の上下限 LB_k, UB_k は，multidict 関数を用いて以下のように生成できる．

```
I, p=multidict({1:5, 2:6, 3:8, 4:20})
K, LB, UB=multidict({1:[.1,.2], 2:[.0,.35], 3:[.45,1.0]})
```

1行目の multidict 関数は，第1番目の返値として辞書のキーから成るリストを返すので，I には原料のリスト [1,2,3,4] が保管されていることになる．第2番目の返値は辞書そのものであるので，原料の単価を保持した辞書 p が準備されたことになる．2行目では，第1番目の返値 K は成分のリスト [1,2,3] であり，第2番目の返値は下限を表す辞書 LB，第3番目の返値は上限を表す辞書 UB となる．

上のデータを用いて変数 x を準備し（2行から4行），モデルの更新を行ってから（5行目），制約と目的関数を設定する（6行から10行）．その後，最適化を行い（11行目），結果を出力する（12行から13行）．

```
1   model = Model("product mix")
2   x = {}
3   for i in I:
4       x[i]=model.addVar()
5   model.update()
6   model.addConstr(quicksum(x[i] for i in I) ==1)
7   for k in K:
8       model.addConstr(quicksum(a[i,k]*x[i] for i in I) <= UB[k])
9       model.addConstr(quicksum(a[i,k]*x[i] for i in I) >= LB[k])
10  model.setObjective(quicksum(p[i]*x[i] for i in I), GRB.MINIMIZE)
11  model.optimize()
12  for i in I:
13      print i, x[i].X
```

結果は，

```
1 0.648648648649
2 0.0
3 0.0540540540541
4 0.297297297297
```

となり，原料1を約65%，原料3を約5%，原料4を約30%の割合で混合するのが最適であることが分かる．

1.8 分数最適化

経営の実際問題では，しばしば指標を最適化したい局面に遭遇する．そのような場合，線形の目的関数ではなく，線形式の比が目的関数になる．このような問題を**分数最適化問題** (fractional optimization problem) とよぶ．分数最適化は，簡単な問題の変形によって，通常の線形最適化に帰着できる．

ここでは，1.3節で紹介した簡単な例（鶴亀蛸算）を用いて解説する．問題のシナリオは以下の通り．

> 鶴と亀と蛸が何匹かずついる頭の数を足すと32，足の数を足すと80になる．<u>鶴と亀の頭の数と足の数の比</u>を一番小さくするような匹数を求めよ

鶴が x 匹，亀が y 匹，蛸が z 匹いたとしよう．まずは，匹数が小数であっても良い（すなわち切り身で売られている）と仮定して線形最適化への帰着を考える．

分数最適化による定式化は，以下のようになる．

$$\begin{aligned}
\text{minimize} \quad & \frac{x+y}{2x+4y} \\
\text{subject to} \quad & x+y+z = 32 \\
& 2x+4y+8z = 80 \\
& x,y,z \geq 0
\end{aligned} \tag{1.1}$$

目的関数が分数になっているのが，この問題の特徴である．まず，目的関数の分母を表す新しい変数

$$t = \frac{1}{2x+4y}$$

を導入して問題の変形を行う．ここで $t > 0$ であるので，目的関数は

$$tx + ty$$

となり，t と x,y の関係を表す制約として

$$2tx + 4ty = 1$$

が追加される．

次に，変数を $x' = tx, y' = ty, z' = tz$ と新しい変数 x', y', z' に置き換える．この変換によって，目的関数は

$$x' + y'$$

となり，t と x,y の関係を表す制約は

$$2x' + 4y' = 1$$

となる．

さらに元の等式制約の両辺に t を乗じてから新しい変数 x', y', z' に置き換えることによって，以下の定式化を得る．

$$\begin{aligned}
\text{minimize} \quad & x' + y' \\
\text{subject to} \quad & 2x' + 4y' = 1 \\
& x' + y' + z' = 32t \\
& 2x' + 4y' + 8z' = 80t \\
& x', y', z' \geq 0 \\
& t > 0
\end{aligned}$$

この問題は線形最適化であるので，容易に解くことができる．Gurobi/Python によるプログラムを以下に示す．

```
model = Model("fractional 1")
x = model.addVar()
y = model.addVar()
z = model.addVar()
t = model.addVar()
model.update()
model.addConstr(x + y + z == 32*t)
model.addConstr(2*x + 4*y + 8*z == 80*t)
model.addConstr(2*x + 4*y == 1)
model.setObjective(x + y, GRB.MINIMIZE)
model.optimize()
print "Opt. Val.=", model.ObjVal,", t=",t.X
print "(x,y,z)=", x.X/t.X, y.X/t.X, z.X/t.X
```

元の問題の最適解は x, y, z は，変形した問題の最適解 x', y', z' を各々 t で割ることによって得ることができる．結果は，

```
Opt. Val.= 0.4 , t= 0.0125
(x,y,z)= 24.0 8.0 0.0
```

と（偶然にも）整数になり，鶴が 24 匹，亀が 8 匹（蛸は 0 匹）いることが分かる．

今後は，鶴，亀，蛸が生きていると仮定する．この場合には，以下の分数の目的関数をもつ整数最適化問題として定式化される．

$$\begin{aligned}
\text{minimize} \quad & \frac{x+y}{2x+4y} \\
\text{subject to} \quad & x+y+z = 32 \\
& 2x+4y+8z = 80 \\
& x, y, z \text{ は非負の整数}
\end{aligned}$$

x, y, z が整数なので上で示した変数変換のテクニックは使えない．ここでは，目的関数を制約に変換し，二分探索を用いることによる手法を紹介する．

目的関数値がパラメータ θ 以下であるか否かを判定する問題を考える．目的関数値が θ 以下であることを判定するための制約は，

$$\frac{x+y}{2x+4y} \leq \theta$$

であるので，これを変形すると

$$(2\theta - 1)x + (4\theta - 1)y \geq 0$$

という線形制約を得る．

この制約を付加した整数最適化問題を部分問題として用いて，最適な θ（部分問題が実行可能になる最小の θ）を求めるアルゴリズムは，以下のように書ける．なお，アルゴリズム中の ϵ は十分小さな数を表し，終了判定基準を表す．

> **分数型の鶴亀蛸算を解くための二分探索法**
> 1　$UB := 1$, $LB := 0$
> 2　do
> 3　　$\theta := (UB + LB)/2$
> 4　　目的関数値が θ 以下であるか否かを判定する部分問題を解く
> 5　　if 部分問題が実行可能 then
> 6　　　$UB := \theta$
> 7　　　if $UB - LB \leq \epsilon$ then 終了
> 8　　else
> 9　　　$LB := \theta$

実行可能性を判定するための部分問題の目的関数は何でもよいが，ここでは $x + y + z$ を最小化するものとする（以下のプログラムの 12 行目）．また，問題が実行可能かどうかを判定するためには，モデルの状態を表す属性 Status を用いる．Gurobi における Status 属性は 12 種類ある（付録 B の表 B-1 に一覧がある）が，ここでは最適解が得られたか否かを，モデルオブジェクト model の Status 属性が GRB.OPTIMAL であるかによって判定する（以下のプログラムの 14 行目）．

アルゴリズムの Python コードは，以下のようになる．

```
1   LB, UB, EPS= 0.0, 1.0, 0.01
2   while 1:
3       theta=(UB+LB)/2
4       model = Model("fractional 2")
5       x = model.addVar(vtype="I")
6       y = model.addVar(vtype="I")
7       z = model.addVar(vtype="I")
8       model.update()
9       model.addConstr(x + y + z == 32)
10      model.addConstr(2*x + 4*y + 8*z == 80)
11      model.addConstr((2*theta-1)*x + (4*theta-1)*y >=0)
12      model.setObjective(x + y + z, GRB.MINIMIZE)
13      model.optimize()
14      if model.Status == GRB.OPTIMAL:
15          UB=theta
16          if UB-LB<=EPS:
17              break
18      else:
19          LB=theta
20  print "(x,y,z)=", x.X, y.X, z.X
```

結果は半端を許した線形最適化の場合と同じであり，鶴が 24 匹，亀が 8 匹（蛸は 0 匹）である．

1.9 多制約 0-1 ナップサック問題

以下のシナリオを考える．

> あなたは，ぬいぐるみ専門の泥棒だ．ある晩，あなたは高級ぬいぐるみ店にこっそり忍び込んで，盗む物を選んでいる．狙いはもちろん，マニアの間で高額で取り引きされているクマさん人形だ．クマさん人形は，現在 4 体販売されていて，それらの値段と重さと容積は，図 1.4 のようになっている．あなたは，転売価格の合計が最大になるようにクマさん人形を選んで逃げようと思っているが，あなたが逃走用に愛用しているナップサックはとても古く，7 kg より重い荷物を入れると，底がぬけてしまうし，10000 cm³(10 ℓ) を超えた荷物を入れると破けてしまう．さて，どのクマさん人形をもって逃げれば良いだろうか？

この問題は，**多制約 0-1 ナップサック問題** (multi-constrained 0-1 knapsack problem) と呼ばれる組合せ最適化問題であり，制約が 1 本の問題（0-1 ナップサック問題）でも $\mathcal{NP}$-困難[11]である．

多制約 0-1 ナップサック問題は，以下のように定義される．

> **多制約 0-1 ナップサック問題**
> n 個のアイテム，m 本の制約，各々のアイテム $j = 1, 2, \ldots, n$ の価値 $v_j(\geq 0)$，アイテム j の制約 $i = 1, 2, \ldots, m$ に対する重み $a_{ij}(\geq 0)$，および制約 i に対する制約の上限値 $b_i(\geq 0)$ が与えられたとき，選択したアイテムの重みの合計が各制約 i の上限値 b_i を超えないという条件の下で，価値の合計を最大にするようにアイテムを選択せよ．

アイテムの番号の集合を $I = \{1, 2, \ldots, n\}$，制約の番号の集合を $J = \{1, 2, \ldots, m\}$ と記す．多制約ナップサック問題は，アイテム j をナップサックに詰めるとき 1，それ以外のとき 0 になる 0-1 変数 x_j を使うと，以下のように整数最適化問題として定式化できる．

$$\begin{aligned}
\text{maximize} \quad & \sum_{j \in J} v_j x_j \\
\text{subject to} \quad & \sum_{j \in J} a_{ij} x_j \leq b_i \quad \forall i \in I \\
& x_j \in \{0, 1\} \quad \forall j \in J
\end{aligned}$$

上の泥棒の例題を Gurobi/Python で求解してみよう．ここでの目標は，前節までのように 1 題の問題例を解くだけでなく，どんな問題例でも解けるような関数（サブルーチン）を作成することである．

まず，問題のデータを生成する関数 `example` を以下のように準備しておく．

---

[11] 計算量の理論の用語で，（おそらく）効率的な解法がないと思われている問題のクラス．

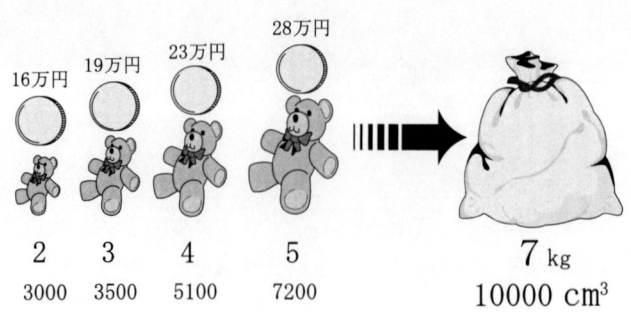

図 1.4 クマさん人形のラインアップと愛用のナップサック.

```
def example():
    J,v = multidict({1:16, 2:19, 3:23, 4:28})
    a = {(1,1):2,     (1,2):3,     (1,3):4,     (1,4):5,
         (2,1):3000, (2,2):3500, (2,3):5100, (2,4):7200,
         }
    I,b = multidict({1:7, 2:10000})
    return I, J, v, a, b
```

返値は，2つのリスト I,J ならびに 3 つの辞書 v,a,b のタプルである．ここで，I はアイテムの番号のリスト，J は制約の番号のリスト，v は価値 v を表す辞書，a は重み a を表す辞書，b は制約の上限値 b を表す辞書である．

次に，多制約ナップサック問題のモデルオブジェクト model を返す関数 mkp を記述する．

```
1  def mkp(I, J, v, a, b):
2      model = Model("mkp")
3      x = {}
4      for j in J:
5          x[j] = model.addVar(vtype="B", name="x(%d)"%j)
6      model.update()
7      for i in I:
8          model.addConstr(quicksum(a[i,j]*x[j] for j in J) <= b[i])
9      model.setObjective(quicksum(v[j]*x[j] for j in J), GRB.MAXIMIZE)
10     return model
```

上のプログラムの 2 行目では，モデルオブジェクト model を生成している．変数は辞書 x に保管するものとし，model オブジェクトの addVar メソッドを用いて変数オブジェクトを生成する（5 行目）．ここでは，変数名に x (1) などと小括弧（パーレン）を用いている．これは，x[1] のように大括弧を用いると他のソルバーで読めなくなる可能性があるためである．Gurobi では変数を宣言した後で update メソッドを用いて「怠惰な更新」を行う（6 行目）．

7 行目からの for ループでは，制約をモデルに追加している．

最後に，上で作成した関数 example と mkp を用いて求解を行うメインプログラムを作成する．以下のプログラムの 1 行目は，メインプログラムが始まることを表すおまじないであり，2 行目ではデータを作成し，3 行目ではモデルを作成している

1.9 多制約 0-1 ナップサック問題

```
1  if __name__ == "__main__":
2      I, J, v, a, b = example()
3      model = mkp(I, J, v, a, b)
```

前節までの例では，ここですぐに最適化を実行していたが，ここでは定式化が正しいかどうかの確認（デバッグ）をしてみよう．Gurobi では，作成したモデルをファイルに書き出すことができ，そのためには，モデルの write メソッドを用いる．

```
1      model.update()
2      model.write("mkp.lp")
```

ここで 1 行目の update は制約を加えたことをモデルに伝えるためで，ファイルに書き出す前に実行しておく必要がある（これを忘れると変数しか書き出されない）．2 行目でファイルに書き出しているが，ここでファイル名 "mkp.lp" の属性に lp を指定すると **LP フォーマット** (Linear Programming(LP)format) と呼ばれる書式でファイルが書かれる．

```
Maximize
   16 x(1) + 19 x(2) + 23 x(3) + 28 x(4)
Subject To
 R0: 2 x(1) + 3 x(2) + 4 x(3) + 5 x(4) <= 7
 R1: 3000 x(1) + 3500 x(2) + 5100 x(3) + 7200 x(4) <= 10000
Bounds
Binaries
 x(1) x(2) x(3) x(4)
End
```

書式についての詳しい説明はしないが，データを展開した式で記述されており，これを読むことによって，定式化が正しいかどうかが確認できる．また，属性に mps を指定すると **MPS フォーマット** (Mathematical Programming System(MPS)format) と呼ばれる書式で出力される．

```
    model.update()
    model.write("mkp.mps")
```

```
NAME mkp
* Max problem is converted into Min one
ROWS
 N  OBJ
 L  R0
 L  R1
COLUMNS
    MARKER      'MARKER'                'INTORG'
    x(1)        OBJ         -16
    x(1)        R0          2
    x(1)        R1          3000
    x(2)        OBJ         -19
    x(2)        R0          3
    x(2)        R1          3500
    x(3)        OBJ         -23
    x(3)        R0          4
    x(3)        R1          5100
    x(4)        OBJ         -28
    x(4)        R0          5
    x(4)        R1          7200
    MARKER      'MARKER'                'INTEND'
RHS
    RHS1        R0          7
    RHS1        R1          10000
BOUNDS
ENDATA
```

こちらは可読性はないが，ほとんどの最適化ソルバーが対応している古典的な書式である．定式化が正しいことが確認できたので，最適化を行い結果を出力する．

```python
print "Optimum value=", model.ObjVal
EPS = 1.e-6
for v in model.getVars():
    if v.X > EPS:
        print v.VarName, v.X
```

上のプログラムを実行した結果は，以下のようになる．

```
Optimum value= 42.0
x(2) 1.0
x(3) 1.0
```

したがって，2番目と3番目のクマをもって逃げることによって，泥棒は42万円の利益をあげることができる．

> **モデリングのコツ 1**
>
> <u>デバッグのためには，小さい問題例から始めよ．</u>
> 実際問題を解く際に，いきなり大規模なデータを収集して数理最適化ソルバーにかけているのをしばしばみかける．これはモデルの妥当性を検証する意味でも，定式化の正しさを検証する意味でも極めて危険なアプローチである．複雑な実際問題でも問題を分割し，結果や定式化が目で見て分かる範囲の問題を解き，最後に大規模なデータで検証するのが正しい方法である．これは一般のプログラムに対しても言える格言であり，最初のデバッグ時には，馬鹿みたいに簡単な例から始めるのが良い．

欄外ゼミナール３

〈分枝限定法〉

分枝限定法 (branch and bound method) は，すべての可能な場合を列挙するタイプのアルゴリズムに，無駄な探索を省く工夫を入れることによる効率化を加えた最適化問題に対する解法の総称である．分枝限定法の最初の適用例は，1958 年に Willard Eastman が Harvard 大学の博士論文として提出した巡回セールスマン問題に関するものであるが，一般の整数最適化問題に適用されたのは 1960 年の頃であり，これは当時 London School of Economics に在籍していた 2 人の女性研究者 Alisa Land と Alison Doig によるものである．

整数最適化問題に対する分枝限定法を，29 ページの多制約ナップサック問題の例題において重量だけを考慮した問題で説明しよう．以下のように整数最適化問題として定式化されている<u>単一制約の 0-1 ナップサック問題</u>を考える．

$$
\begin{aligned}
\text{maximize} \quad & 16x_1 + 19x_2 + 23x_3 + 28x_4 \\
\text{subject to} \quad & 2x_1 + 3x_2 + 4x_3 + 5x_4 \leq 7 \\
& x_j \in \{0, 1\} \qquad \forall j = 1, 2, 3, 4
\end{aligned}
$$

すべての可能な場合は 4 つの 0-1 変数を 0 か 1 かに決める場合であるので，$2^4 = 16$ 通りになるが，分枝限定法の極意は，無駄な部分の探索を，下界と上界の概念を用いて（最適性を失うことなしに）省略することにある．

最大化問題における**下界** (lower bound) とは，最適値より小さいか，（運が良ければ）等しいことが保証されている値のことであり，通常は，なんらかの方法で見つけた実行可能解（制約を満たす解）の目的関数値を用いる．一方，**上界** (upper bound) とは，常に最適値より大きいか，（運が良ければ）等しい値を指し，ナップサック問題の場合には変数 x_i の整数条件を連続（実数）条件に緩めた問題を解くことによって得ることができる．このように，制約条件を緩めた問題を一般に**緩和問題** (relaxation problem) と呼ぶ．整数条件を実数条件に緩めることによって得られる緩和問題を，特に**線形緩和問題** (linear relaxation problem) と呼ぶ．

ナップサック問題の例題における線形緩和問題の最適解は，$x = (1, 1, 0.5, 0)$ で目的関数値は 46.5 になる．つまり，クマ 1 と，クマ 2 とクマ 3 の半分をもって逃げるのが最良で儲けは 46.5 万円というのが上界である（図 1.5）．

実際にはクマ 3 は半分には切れないので，2 つの場合（クマ 3 をもって行く場合と行かない場合）に分けて考える．これが分枝限定法における**分枝** (branching) 操作であり，通常は整数条件

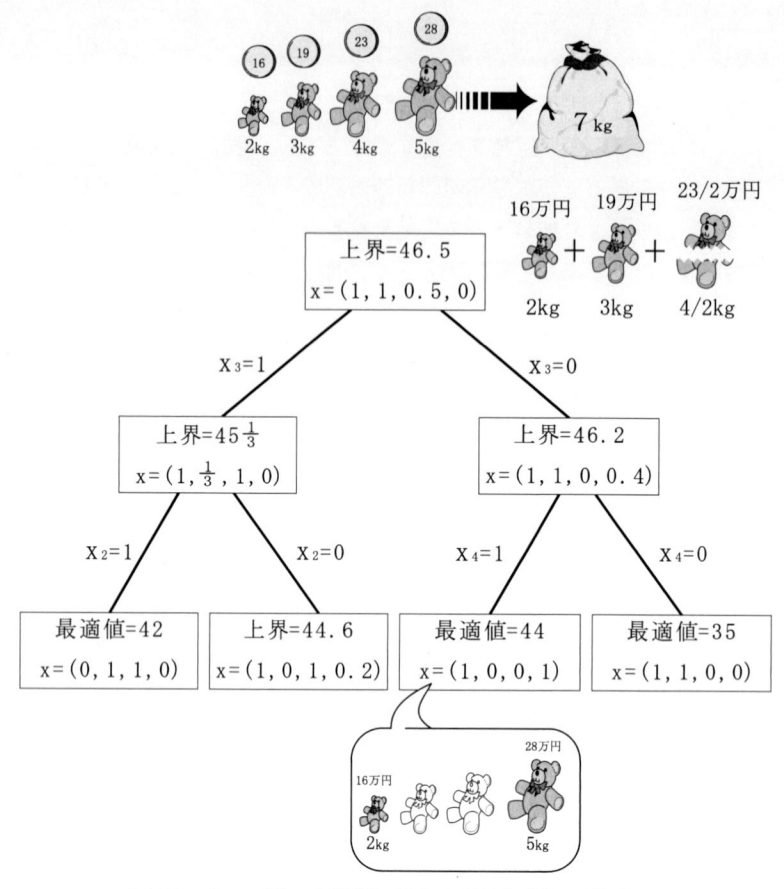

図 1.5 ナップサック問題に対する分枝限定法の適用例.

を満たしていない変数から適当な基準で選ばれる．分枝操作によって得られた，変数の一部が固定された問題を**分枝ノード** (branching node)[12]と呼ぶ．

各分枝ノードは，元の問題と同じように線形緩和問題を解くことによって評価される．クマ 3 をもって行く場合（すなわち $x_3 = 1$ の場合）の線形緩和問題の最適解は $x = (1, 1/3, 1, 0)$ となり上界は $45\frac{1}{3}$ になる．一方，もって行かない場合（すなわち $x_3 = 0$ の場合）の線形緩和問題の最適解は $x = (1, 1, 0, 0.4)$ となり上界は 46.2 になる．

ここで 2 つの分枝ノードができた訳だが，どちらの分枝ノードから優先させて分枝操作を行うかが問題になる．これは分枝限定法の探索戦略に依存するが，ここでは上界の大きい方が見込みがあると考えて，$x_3 = 0$ の分枝ノードから分枝していこう．分枝を行うのは，緩和問題の解で小数値をもつ変数が $x_4 (= 0.4)$ であるので，$x_4 = 1$ と $x_4 = 0$ の 2 つに分枝する．両方の分枝ノードでは緩和問題の解が整数になるので最適値であることが分かり，これ以上の分枝は必要ない（図 1.5）．この時点で得られた最良の下界 44 に対応する解 $x = (1, 0, 0, 1)$ を**暫定解** (incumbent solution) と呼ぶ．

$x_3 = 1$ の分枝ノードでは，変数 x_2 をもとにして分枝する．$x_2 = 1$ の側では最適値 42 が得られるが，現在の下界よりも悪いので無視される．$x_2 = 0$ の側では上界 44.6 と緩和問題の最適解 $x = (1, 0, 1, 0.2)$ が得られる．ここで目的関数値は整数値であることに注意すると，端数を切った 44 より良い解はこれ以上分枝をしても見つからないことが分かる．現在の最良の下界は 44

---

[12] ノードとは点を表す用語であるが，グラフ（4.1 節参照）の点と区別するためにノードと呼ぶことにする．

表 1.4 某ハンバーガーショップで販売されている商品の価格と含まれている栄養素，ならびに 1 日に摂取すべき栄養素の上下限．

商品名	栄養素							価格
	Cal	Carbo	Protein	VitA	VitC	Calc	Iron	
CQPounder	556	39	30	147	10	221	2.4	360
BigM	556	46	26	97	9	142	2.4	320
FFilet	356	42	14	28	1	76	0.7	270
Chicken	431	45	20	9	2	37	0.9	290
Fries	249	30	3	0	5	7	0.6	190
Milk	138	10	7	80	2	227	0	170
VegJuice	69	17	1	750	2	18	0	100
上限	3000	375	60	750	100	900	7.5	
下限	2000	300	50	500	85	660	6.0	

であるので，「上界 ≤ 下界」の条件を満たすことから，ここで分枝を打ち切る．この操作を**限定** (bounding) **操作**と呼ぶ．これですべての分枝ノードが調べられたことになるので，現在の暫定解 $x = (1, 0, 0, 1)$ が最適解（の内の 1 つ）で最適値は 44 万円であることが示された．

このように分枝限定法では，分枝操作と限定操作によってすべての場合を列挙することなく最適解を求めることができる．一般には，下界と上界の精度や探索戦略によってその効率は大きく変わるが，モダンな数理最適化ソルバーには多くの実験に裏付けされた戦略が搭載されているので，基本的には既定値のまま（お任せで）求解すれば良い．

1.10 栄養問題

ここでは，**栄養問題** (diet problem) と呼ばれる古典的な最適化問題を例として，実行不可能な問題に対する現実的な対処法について考える．

以下のシナリオを考える．

> あなたは，某ハンバーガーショップの調査を命じられた健康オタクの諜報員だ．あなたは任務のため，毎日ハンバーガーショップだけで食事をしなければならないが，健康を守るため，なるべく政府の決めた栄養素の推奨値を遵守しようと考えている．考慮する栄養素は，カロリー (Cal)，炭水化物 (Carbo)，タンパク質 (Protein)，ビタミン A(VitA)，ビタミン C(VitC)，カルシウム (Cal)，鉄分 (Iron) であり，1 日に必要な量の上下限は，表 1.4 の通りとする．現在，ハンバーガーショップで販売されている商品は，CQPounder, Big M, FFilet, Chicken, Fries, Milk, VegJuice の 6 種類だけであり，それぞれの価格と栄養素の含有量は，表 1.4 のようになっている．さらに，調査費は限られているので，なるべく安い商品を購入するように命じられている．さて，どの商品を購入して食べれば，健康を維持できるだろうか？

いままでは，常に最適化問題が最適解をもつ場合について考えてきた．しかし，一般には最適化問題は常に最適解をもつとは限らない．特に，現実的な問題を考える場合には，（制約条

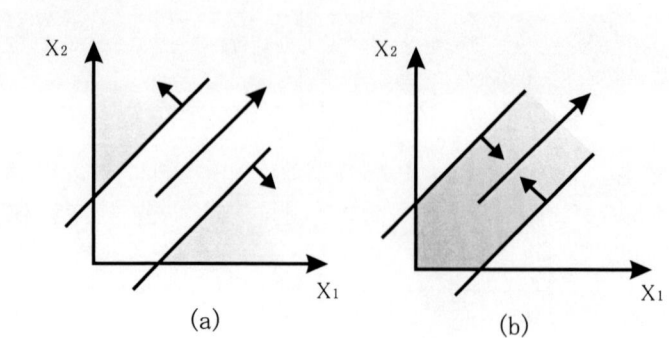

図 1.6 実行不可能ならびに非有界な線形最適化問題の例. (a) 実行不可能, (b) 非有界.

件がきつすぎて）解が存在しない場合も多々ある．

実行可能解が存在しない場合を**実行不可能**（もしくは**実行不能**）(infeasible) と呼ぶ．たとえば，以下の線形最適化問題は，すべての制約を満たす領域（実行可能領域）が空なので，実行不可能である（図 1.6(a)）．

$$
\begin{array}{rrcl}
\text{maximize} & x_1 + x_2 & & \\
\text{subject to} & x_1 - x_2 & \leq & -1 \\
& -x_1 + x_2 & \leq & -1 \\
& x_1, x_2 & \geq & 0
\end{array}
$$

また，目的関数値が無限に良くなってしまう場合を**非有界** (unbounded) と呼ぶ．たとえば，以下の線形最適化問題は，目的関数値がいくらでも大きい解が存在するので，非有界である（図 1.6(b)）．

$$
\begin{array}{rrcl}
\text{maximize} & x_1 + x_2 & & \\
\text{subject to} & x_1 - x_2 & \geq & -1 \\
& -x_1 + x_2 & \geq & -1 \\
& x_1, x_2 & \geq & 0
\end{array}
$$

上で示した実行不可能な例題を Gurobi/Python で定式化すると，以下のようになる．

```
model = Model("lo infeas")
x1 = model.addVar(vtype='C', name="x1")
x2 = model.addVar(vtype='C', name="x2")
model.update()
model.addConstr(x1-x2 <= -1)
model.addConstr(x2-x1 <= -1)
model.setObjective(x1 + x2, GRB.MAXIMIZE)
model.optimize()
```

optimize メソッドで最適化を行った後で，いつものように最適値を表示させようとすると，以下のようなエラー表示が出力される．

GurobiError: Unable to retrieve attribute 'ObjVal'

1.10 栄養問題

エラーの原因は，問題が実行不可能なので最適値を表す ObjVal 属性が保管されていないためである．これを避けるためには，最適化した後のモデルの状態を表す属性 Status を見る必要がある．Status 属性は全部で 12 通りある（付録 B の表 B-1 参照）．最適解が見つかった場合には，Status が 2(GRB.Status.OPTIMAL) になるので，以下のようにすればエラーは表示されなくなる．

```
status = model.Status
if status == GRB.Status.OPTIMAL:
    print "Opt. Value=",model.ObjVal
    for v in model.getVars():
        print v.VarName,v.X
```

ただし，このままだと問題が実行不可能なのか非有界なのかの判別がつかない．Gurobi では，解が無限に良くなる線（端線）が存在する場合には，たとえ実行不可能な場合でも非有界と判定してしまう．（図 1.6(a)，(b) の両者とも，無限に良くなる線（端線）が存在する．）したがって，Status 属性が，「非有界」を表す 5(GRB.Status.UNBOUNDED) もしくは「実行不可能か非有界」を表す 4(GRB.Status.INF_OR_UNBD) の場合には，目的関数を 0 ベクトルとして再び最適化を行い，それが最適解をもてば非有界，もたないならば実行不可能と判定する必要がある．

```
if status == GRB.Status.UNBOUNDED or status == GRB.Status.INF_OR_UNBD:
    model.setObjective(0, GRB.MAXIMIZE)
    model.optimize()
    status = model.Status
if status == GRB.Status.OPTIMAL:
    print "Unbounded"
elif status == GRB.Status.INFEASIBLE:
    print "Infeasible"
else:
    print "Error: Solver finished with non-optimal status", status
```

さて，実行不可能な問題に対する現実的な対処法を，栄養問題を用いて解説していこう．古典的な栄養問題は線形最適化問題であるので，半端な数の商品を購入することも許されているが，ここではより現実的に整数最適化問題として定式化する．

商品の集合を F (Food の略)，栄養素の集合を N (Nutrient の略) とする．栄養素 i の 1 日の摂取量の下限を a_i，上限を b_i とし，商品 j の価格を c_j，含んでいる栄養素 i の量を d_{ij} とする．商品 j を購入する個数を非負の整数変数 x_j で表すと，栄養問題は以下のように定式化できる．

$$\text{minimize} \quad \sum_{j \in F} c_j x_j$$
$$\text{subject to} \quad a_i \leq \sum_{j \in F} d_{ij} x_j \leq b_i \quad \forall i \in N$$
$$x_j \text{ は非負の整数} \quad \forall j \in F$$

Gurobi/Puthon でモデルを作成するために，以下のように multidict 関数を用いてデータを準備しておく．

```
F, c, d = multidict({
    "CQPounder" : [ 360, {"Cal":556, "Carbo":39, "Protein":30, "VitA":147,"VitC": 10, "
        Calc":221, "Iron":2.4}],
    "Big M'     : [ 320, {"Cal":556, "Carbo":46, "Protein":26, "VitA":97, "VitC":  9, "
        Calc":142, "Iron":2.4}],
    "FFilet"    : [ 270, {"Cal":356, "Carbo":42, "Protein":14, "VitA":28, "VitC":  1, "
        Calc": 76, "Iron":0.7}],
    "Chicken"   : [ 290, {"Cal":431, "Carbo":45, "Protein":20, "VitA": 9, "VitC":  2, "
        Calc": 37, "Iron":0.9}],
    "Fries"     : [ 190, {"Cal":249, "Carbo":30, "Protein": 3, "VitA": 0, "VitC":  5, "
        Calc":  7, "Iron":0.6}],
    "Milk"      : [ 170, {"Cal":138, "Carbo":10, "Protein": 7, "VitA":80, "VitC":  2, "
        Calc":227, "Iron": 0}],
    "VegJuice"  : [ 100, {"Cal": 69, "Carbo":17, "Protein": 1, "VitA":750,"VitC":  2, "
        Calc":18,  "Iron": 0}],
})
N, a, b = multidict({
    "Cal"     : [ 2000, 3000],
    "Carbo"   : [  300, 375 ],
    "Protein" : [   50,  60 ],
    "VitA"    : [  500, 750 ],
    "VitC"    : [   85, 100 ],
    "Calc"    : [  660, 900 ],
    "Iron"    : [  6.0, 7.5 ],
```

ここで，F は商品のリストであり，c は商品の価格，d は，商品に含まれる栄養素の量を表す辞書（の辞書）である．たとえば，商品"Milk"の栄養素"Calc"は，d["Milk"]["Calc"] でアクセスできる．また，N は栄養素のリスト，a と b はそれぞれ栄養素の下限と上限である．

上のデータを用いて最適化を行うためのモデルは，以下のように構築できる．

```
model = Model("modern diet")
x = {}
for j in F:
    x[j] = model.addVar(vtype="I", "x(%s)" % i)
model.update()
for i in N:
    model.addConstr(quicksum(d[j][i]*x[j] for j in F) >= a[i], "NutrLB(%s)" % i)
```

```
model.addConstr(quicksum(d[j][i]*x[j] for j in F) <= b[i], "NutrUB(%s)" % i)
model.setObjective(quicksum(c[j]*x[j]  for j in F),GRB.MINIMIZE )
```

実行不可能な例で行ったのと同様に，最適化を行った後で，Status 属性を用いて判定すると，上の問題例は，実行不可能であることが分かる．実行不可能な場合には，制約条件に無理がある場合が多い．この例題では，政府が推奨する栄養素の推奨値がきつすぎるのである．どの制約に無理があるのかを調べるための 1 つの方法として，**既約不整合部分系** (Irreducible Inconsistent Subsystem：IIS) を使う方法がある．既約不整合部分系とは，実行不可能になっている原因の制約と変数から構成され，Gurobi ではモデルオブジェクトの computeIIS メソッドで計算できる．以下のプログラムでは，既約不整合部分系を求めた後，制約オブジェクトの IISConstr 属性が真のものの名前を出力している．

```
model.computeIIS()
for c in model.getConstrs():
    if c.IISConstr:
        print c.ConstrName
```

例題の実行結果は以下のようになる．

```
NutrLB(VitC)
NutrUB(Protein)
NutrLB(Calc)
NutrUB(Carbo)
```

これは，ビタミン C(VitC)，カルシウム (Calc) の下限制約，タンパク質 (Protein) と炭水化物 (Carbo) の上限制約が実行不可能になる原因であることを示している．

では，どの商品を食べればなるべく健康を損なわずに節約できるのであろうか？ 通常は，自分で制約を破っている度合いを表す変数を追加してモデルを修正する必要があるが，Gurobi ではモデルを実行可能解からの逸脱ペナルティの和を最小化するものに変更するメソッド feasRelaxS が準備されているので，それを用いることにする．feasRelaxS は，より高機能の feasRelax の簡易版であり，最初の引数は制約の逸脱ペナルティの計算法を指定するパラメータ，2 番目の引数は制約の元の目的関数の考慮の有無を指定するためのパラメータ，3 番目の引数は上下限制約の逸脱を指定するためのパラメータ，最後の引数は制約の逸脱を指定するためのパラメータである（詳細については，付録 B.1.1 を参照）．

ここでは，逸脱ペナルティを逸脱量の二乗和とし（最初の引数を 1），逸脱量の和を最小化した上で費用を最小化し（2 番目の引数を True），変数の上下限制約の逸脱は無視し（3 番目の引数を False），制約の逸脱を考慮（最後の引数を True）して最適化を行う．

```
model.feasRelaxS(1, True, False, True)
model.optimize()
status = model.Status
if status == GRB.Status.OPTIMAL:
    print "Opt. Value=",model.ObjVal
    for v in model.getVars():
        print v.VarName,v.X
```

結果は以下のようになる．

```
Opt. Value= 1830.0
x(Big M) 4.0
x(CQPounder) 0.0
x(FFilet) 0.0
x(VegJuice) 0.0
x(Fries) 2.0
x(Chicken) 0.0
x(Milk) 1.0
```

つまり，Big M を 4 個，Fries を 2 個，Milk を 1 本購入することによって，1830 円でまずまず健康な食事をとれることが分かる．

第2章 施設配置問題

ここでは，施設配置問題をとりあげる．施設配置問題とは，広く捉えると「空間内において最適な点を選択する問題」の総称と考えられ，工場，倉庫，配送センター，学校，油田，病院，郵便局，郵便ポストなどの種々の施設の立地から，タイプのキー配置の決定や工場内の機械の配置場所の決定まで，我々の生活のいたる所で「施設配置」は現れる．

古くから，統治者達は自分の城をどこに作るかに頭を悩ませていたし，もっと昔の旧石器人達も自分の住処を決めるために知恵を働かせていた．いずれにせよ，施設配置は人間が効率良く生きるために必要不可欠な意思決定問題であることは確かなようだ．

本章の目的は，施設配置問題を例として，1つの問題に対する定式化やモデリングの方法が一通りではなく，良いものと悪いものがあることを示すことである．

本章の構成は以下の通り．

2.1節　容量制約付きの施設配置問題を考え，Guribi/Python によるプログラムを解説する．

2.2節　2.1節の容量制約付きの施設配置問を例として，定式化の善し悪しについて論じる．

2.3節　施設数を k 個に固定し，最も近い施設への距離の合計を最小にするタイプの施設配置問題（k-メディアン問題）を考える．

2.4節　k 個の施設への距離の最大値を最小にするタイプの施設配置問題（k-センター問題）を考える．これによって，最大値を最小にするタイプの問題が，数理最適化ソルバーにとって解きにくいことを示すと同時に，その対処法について述べる．

2.1 容量制約付き施設配置問題

最初に考える問題は，容量制約付きの施設配置問題とよばれ，多くの実際問題の基礎となるモデルである．まず，具体的な例題を示そう．

> あなたは，1.4 節で登場した，スポーツ用品販売チェインのオーナーだ．あなたは店舗展開をしている 5 つの顧客（需要地点）に対して，3 つの施設（倉庫）からの輸送を考えている．施設の候補地点と年間リース費用（これを開設費用と呼ぶ），ならびに年間取り扱い可能量（これを容量と呼ぶ），顧客への輸送費用，ならびに各顧客における年間需要量は，表 2.1 のようになっていることが分かった．さて，どの施設を開設し，どのような輸送経路を選択すれば，年間の総費用が最小になるであろうか？

表 2.1 施設配置問題のデータ．需要量，施設から顧客までの輸送費用と施設の開設費用，ならびに容量

顧客 i	1	2	3	4	5		
年間需要量 d_i	80	270	250	160	180		
施設 j	輸送費用 c_{ij}					開設費用 f_j	容量 M_j
1	4	5	6	8	10	1000	500
2	6	4	3	5	8	1000	500
3	9	7	4	3	4	1000	500

上の問題を数理最適化モデルとして定式化してみよう．

顧客数を n，施設数を m とし，顧客を $i = 1, 2, \ldots, n$，施設を $j = 1, 2, \ldots, m$ と番号で表すものとする．また，顧客の集合を $I = \{1, 2, \ldots, n\}$，施設の集合を $J = \{1, 2, \ldots, m\}$ と記す．顧客 i の需要量を d_i，顧客 i と施設 j 間に 1 単位の需要が移動するときにかかる輸送費用を c_{ij}，施設 j を開設するときにかかる固定費用を f_j，容量を M_j とする．

以下に定義される連続変数 x_{ij} および 0-1 整数変数 y_j を用いる．

$$x_{ij} = 顧客 i の需要が施設 j によって満たされる量$$

$$y_j = \begin{cases} 1 & 施設 j を開設するとき \\ 0 & それ以外のとき \end{cases}$$

上の記号および変数を用いると，施設配置問題は以下の混合整数最適化問題として定式化できる．

2.1 容量制約付き施設配置問題

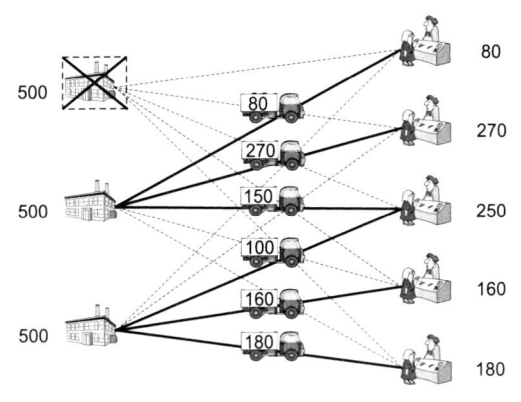

図 2.1 施設配置問題の例題と最適解

$$
\begin{aligned}
\text{minimize} \quad & \sum_{j \in J} f_j y_j + \sum_{i \in I} \sum_{j \in J} c_{ij} x_{ij} \\
\text{subject to} \quad & \sum_{j \in J} x_{ij} = d_i && \forall i \in I \\
& \sum_{i \in I} x_{ij} \leq M_j y_j && \forall j \in J \\
& x_{ij} \leq d_i y_j && \forall i \in I; j \in J \\
& x_{ij} \geq 0 && \forall i \in I; j \in J \\
& y_j \in \{0,1\} && \forall j \in J
\end{aligned}
$$

ここで目的関数は，施設の開設費用と輸送費用の和を最小化することを表す．最初の制約は，各顧客の需要がすべて満たされなければならないことを示し，2番目の制約は，施設の容量制約を表す．ここまでの制約で，混合整数最適化問題の定式化としては十分であるが，開設した施設からでないと輸送ができないことを表す3番目の制約（強制式）を追加することによって，定式化が強化することができる（定式化の強弱については次節で議論する）．

この定式化を Gurobi/Python で記述してみよう．

まず，上の定式化におけるパラメータと集合のデータを準備する関数 make_data を以下のように準備しておく．

```python
def make_data():
    I, d = multidict({1:80, 2:270, 3:250, 4:160, 5:180})
    J, M, f = multidict({1:[500,1000], 2:[500,1000], 3:[500,1000]})
    c = {(1,1):4,  (1,2):6,  (1,3):9,
         (2,1):5,  (2,2):4,  (2,3):7,
         (3,1):6,  (3,2):3,  (3,3):4,
         (4,1):8,  (4,2):5,  (4,3):3,
         (5,1):10, (5,2):8,  (5,3):4,
         }
    return I, J, d, M, f, c
```

上のプログラムの3行目において，`multidict`関数は3つの返値をもっている．`multidict`関数は，$n (\geq 1)$個の要素をもつリストを値とした辞書を引数として入力すると，第1の返値としてキーのリスト，2番目以降の返値として，リストの各々の要素を値としたn個の辞書を返す．上の場合だと，施設の番号のリストJの他に，容量を表す辞書Mならびに固定費用を表す辞書fを同時に定義していることになる．

次に，施設配置問題のモデルを返す関数`flp`を作成する．引数は上で生成した問題例のデータである．まず，オブジェクト`model`を生成した後，変数x,yを保管するための辞書x，yを準備して，変数オブジェクトを生成し保管する．

```
def flp(I, J, d, M, f, c):
    model = Model("flp")
    x, y = {}, {}
    for j in J:
        y[j] = model.addVar(vtype="B")
        for i in I:
            x[i,j] = model.addVar(vtype="C")
    model.update()
```

次に，制約式を定義する．制約

$$\sum_{j \in J} x_{ij} = d_i \ \forall i \in I$$

は，以下のように記述できる．

```
1    for i in I:
2        model.addConstr(quicksum(x[i,j] for j in J) == d[i])
```

1行目の`for`文による反復は，この制約が，各i（顧客）に対して1本の制約があることを示す．次に，2行目で，モデルオブジェクト`model`に制約を`addConstr`メソッドを用いて追加している．

同様に，制約

$$\sum_{i \in I} x_{ij} \leq M_j y_j \ \forall j \in J$$

と

$$x_{ij} \leq d_i y_j \ \forall i \in I; j \in J$$

は，以下のように記述できる．

2.2 強い定式化と弱い定式化

前節の施設配置問題において，施設の容量制約が実質的にない（いくらでも生産できる）と仮定した問題は，容量制約なし施設配置問題と呼ばれる．この問題においては，

$$\sum_{i \in I} x_{ij} \leq M_j y_j \ \forall j \in J$$

の右辺の施設の容量は，非常に大きな数 M と設定される．強制式

$$x_{ij} \leq d_i y_j \ \forall i \in I; j \in J$$

はなくても定式化としては正しいので，これを除いた状態で大きな数 M を用いると，問題のサイズが大きくなると急に解けなくなることがある．

このような非常に大きな数を表すパラメータは "Big M" とよばれ，数理最適化の初心者が陥りやすい最大の落とし穴である．非常に大きな数（"Big M"）を用いると，「倉庫を借りないとその倉庫から輸送ができない」といった論理条件を含んだ定式化が楽に行えるので，これを乱発してしまいがちであるが，後で述べるように，"Big M" を用いた定式化は，数理最適化ソルバーに負担をかけ，大規模問題における求解を極端に困難にする場合があるのである．

モデリングのコツ 2

大きな数 M はなるべく小さな値に設定しなければならない．
線形最適化による限界値（下界もしくは上界）は，数理最適化ソルバーの命綱である．そのため，大きな数（"Big M"）をなるべく使わない方が良い．やむをえず使う場合には，（正しい定式化が行われるという条件の下で）なるべく小さな値を用いるべきで，$M = 9999999$ などと設定するのは（非常に小さな問題を解くとき以外は）論外である．

容量制約なし施設配置問題においては，容量 M は需要量の合計に設定すれば，定式化としては正しい．しかし，強制式を追加することによってさらに強い定式化が可能になる．ここで，「一体どちらの定式化を使えばよいのか」という疑問が自然に出てくるだろう．

もちろん，問題例（問題に数値を入れたもの）や使用する最適化ソルバーによってに答えは異なるが，制約の数が同程度なら「強い」定式化がお薦めである．ここで，定式化間の強弱はあいまいなものではなく，線形最適化緩和問題の包含関係をもとにして，以下のように厳密に定義ができる．

定義 2.1 同じ問題に対して，2 つの定式化 A と B があったとしよう．各々の定式化の整数条件を緩和することによって，線形最適化緩和問題が得られる．A, B の各々の線形最適化緩和問題の実行可能領域を P_A, P_B とする．領域 P_B が領域 P_A を含んでいるとき，すなわち $P_A \subset P_B$ のときには，定式化 A は定式化 B より**強い定式化** (strong formulation) である（同

```
for j in J:
    model.addConstr(quicksum(x[i,j] for i in I) <= M[j]*y[j])
for (i,j) in x:
    model.addConstr(x[i,j] <= d[i]*y[j])
```

最後に目的関数

$$\sum_{j \in J} f_j y_j + \sum_{i \in I} \sum_{j \in J} c_{ij} x_{ij}$$

を setObjective 関数を用いて追加する．

```
model.setObjective(quicksum(f[j]*y[j] for j in J) +
    quicksum(c[i,j]*x[i,j] for i in I for j in J),GRB.MINIMIZE)
```

関数 flp の最後で，変数オブジェクトを格納した辞書 x,y をモデルの __data 属性に入れて，モデルを返す．

```
model.__data = x, y
return model
```

上で作成した 2 つの関数 make_data と flp を用いると，メイン関数は，以下のように記述できる．

```
if __name__ == "__main__":
    I, J, d, c, f, M = make_data()
    model = flp(I, J, d, c, f, M)
    model.optimize()
```

上のプログラムを用いて例題を解いてみると，最適費用は 5610 で，施設 2,3 を開設することが最適であることが分かる．結果を表 2.2 ならびに図 2.1 に示す．

表 2.2　最適輸送量

顧客	1	2	3	4	5	
施設	最適輸送量					開設の可否
1	0	0	0	0	0	閉鎖
2	80	270	150	0	0	開設
3	0	0	100	160	180	開設

時に，定式化 B は定式化 A より**弱い定式化** (weak formulation) である）と呼ぶ．

直感的には，$P_A \subset P_B$ ならば，P_A の方が P_B より狭いので，強い限界値（最小化問題の場合には下界，最大化問題の場合には上界）を与えるので，A の方が強い定式化であると解釈できる．

たとえば，前節の施設配置問題に対する

$$x_{ij} \leq d_i y_j$$

のタイプの制約を追加した定式化は，

$$\sum_{j \in J} x_{ij} \leq \left(\sum_{i \in I} d_i \right) y_j$$

のタイプの制約のみを用いた場合より強い．

前者の制約を用いたときの実行可能領域を P_A，後者の制約を用いたときの実行可能領域を P_B とすると，前節で示したように，後者の制約は前者の制約を足し合わせたものであるので，$P_A \subseteq P_B$ であることが分かる．真に強いこと（すなわち $P_A \subset P_B$ であること）を示すには，P_B には含まれるが，P_A には含まれない線形最適化緩和問題の解を見つければよい．

「いつでも強い定式化を使えばいいのか」という問いに対しては，理論的な答えはなく，問題例や最適化ソルバーに依存したアートであり，試して見なければ分からないというのが本音である．以下に選択の際の指針を与えておこう．

通常，強い定式化は弱い定式化とくらべて多くの制約（もしくは変数）が必要な場合が多い．たとえば，施設配置問題においては，施設の数を m，顧客の数を n としたとき，強い定式化では nm 本の制約を必要としたが，弱い定式化では n 本である．線形最適化緩和問題を解くための時間は，制約と変数の数に依存するので，強い定式化ほど時間がかかることになる．

どの定式化を用いるかは，線形最適化緩和問題を解く際の計算時間と分枝限定法の列挙木の増大による計算時間の増加のトレード・オフを考慮して決めなければならない．指針としては，線形計画緩和問題の値と初期実行可能解の値の差が大きい場合には，問題の規模が大きくなると列挙木が急激に増大するので，（制約や変数の数が多少増えても）強い定式化の方が望ましいと考えられている．しかし，Gurobi に代表されるのモダンな最適化ソルバーには，自動的に強い式を追加する機能や，初期実行可能解を得るためのヒューリスティクスが機能が追加されているため，弱い定式化の方が（問題例の規模がそれほど大きくない場合には）良い場合もある．

2.3 k-メディアン問題

施設配置問題の変形は様々なものがあるが，ここでは以下の古典的な問題を考える．

> **メディアン問題 (median problem)**
> 顧客から最も近い施設への距離の「合計」を最小にするようにグラフ内の点から決められた数の施設を選択せよ.

メディアン問題においては，選択される施設の数があらかじめ決められていることが多く，その場合には選択する施設数 k を頭につけて k-メディアン問題と呼ばれる．施設数を表す記号としては基本的にはどんな文字でも良いが，慣用では p または k を用いることが多いようである．以下では k を用いることにする．

顧客 i から施設 j への距離を c_{ij} とし，以下の変数を導入する．

$$x_{ij} = \begin{cases} 1 & 顧客 i の需要が施設 j によって満たされるとき \\ 0 & それ以外のとき \end{cases}$$

$$y_j = \begin{cases} 1 & 施設 j を開設するとき \\ 0 & それ以外のとき \end{cases}$$

顧客数を n とし，顧客の集合を I，施設の配置可能な点の集合を J とする．通常の k-メディアン問題では，施設の候補地点は顧客上と仮定するため，$I = J = \{1, 2, \ldots, n\}$ となる．

上の記号および変数を用いると，k-メディアン問題は以下の整数最適化問題として定式化できる．

$$\begin{aligned}
\text{minimize} \quad & \sum_{i \in I} \sum_{j \in J} c_{ij} x_{ij} \\
\text{subject to} \quad & \sum_{j \in J} x_{ij} = 1 \quad \forall i \in I \\
& \sum_{j \in J} y_j = k \\
& x_{ij} \leq y_j \quad \forall i \in I; j \in J \\
& x_{ij} \in \{0, 1\} \quad \forall i \in I; j \in J \\
& y_j \in \{0, 1\} \quad \forall j \in J
\end{aligned}$$

ここで最初の制約は，顧客がいずれかの施設に割り当てられることを表し，2番目の制約は，開設された施設の数が k 個であることを規定する．3番目の制約は，開設した施設からでないと顧客はサービスを受けられないことを表している．この制約は nm 本の式で構成されるが，以下の m 本の式で代用できる．

$$\sum_{i \in I} x_{ij} \leq n y_j \quad \forall j \in J$$

この代用式は2番目の制約を足し合わせることによって得たものであり，整数最適化問題の定式化としては十分であるが，2.2節で示したように，変数 y の整数条件を緩和した線形緩和問題の値が悪いので，小規模な問題例以外では用いるべきではない．

Gurobi/Python によるプログラムは，以下のようになる．ただし，ここではデータを引数

として渡すとモデルを作成し，変数オブジェクトxとyをモデルオブジェクトmodelの属性__dataとして返す関数として記述している．

```
def kmedian(I, J, c, k):
    model = Model("k-median")
    x, y = {}, {}
    for j in J:
        y[j] = model.addVar(vtype="B")
        for i in I:
            x[i,j] = model.addVar(vtype="B")
    model.update()
    for i in I:
        model.addConstr(quicksum(x[i,j] for j in J) == 1)
        for j in J:
            model.addConstr(x[i,j] <= y[j])
    model.addConstr(quicksum(y[j] for j in J) == k)
    model.setObjective(quicksum(c[i,j]*x[i,j] for i in I for j in J), GRB.MINIMIZE)
    model.update()
    model.__data = x, y
    return model
```

2.4 k-センター問題

上で考えたメディアン問題に類似した問題としてセンター問題がある．定義を以下に示す．

> **センター問題 (center problem)**
> 顧客から最も近い施設への距離の「最大値」を最小にするようにグラフ内の点から決められた数の施設を選択せよ．

k-メディアン問題と同様に施設の数をkに固定したk-センター問題を考える．定式化のためにはk-メディアン問題と同様に，顧客iから施設jへの距離をc_{ij}とし以下の変数を用いる．

$$x_{ij} = \begin{cases} 1 & \text{顧客}i\text{の需要が施設}j\text{によって満たされるとき} \\ 0 & \text{それ以外のとき} \end{cases}$$

$$y_j = \begin{cases} 1 & \text{施設}j\text{を開設するとき} \\ 0 & \text{それ以外のとき} \end{cases}$$

また，zを最も遠い施設でサービスを受ける顧客の移動距離（費用）を表す連続変数を導入する．上の記号および変数を用いると，k-センター問題は以下の混合整数最適化問題として定式化できる．

$$
\begin{aligned}
\text{minimize} \quad & z \\
\text{subject to} \quad & \sum_{j \in J} x_{ij} = 1 && \forall i \in I \\
& \sum_{j \in J} y_j = k \\
& x_{ij} \leq y_j && \forall i \in I; j \in J \\
& \sum_{j \in J} c_{ij} x_{ij} \leq z && \forall i \in I \\
& x_{ij} \in \{0,1\} && \forall i \in I; j \in J \\
& y_j \in \{0,1\} && \forall j \in J
\end{aligned}
$$

目的関数は最も遠い施設でサービスを受ける顧客の移動距離の最小化を表す．これは「最大値の最小化」と呼ばれ，以下のモデリングのコツで示すように，通常の数理最適化ソルバーが苦手とするタイプの目的関数である．最初の制約は，顧客がいずれかの施設に割り当てられることを表し，2番目の制約は，開設された施設の数が k 個であることを規定する．3番目の制約は，開設した施設からでないと顧客はサービスを受けられないことを表している．

Gurobi/Python で，k-センター問題を求解する関数を以下に示す．k-メディアン問題のときと同様に，変数はモデルオブジェクト model の属性 __data として返される．

```python
def kcenter(I, J, c, k):
    model = Model("k-center")
    z = model.addVar(vtype="C")
    x, y = {}, {}
    for j in J:
        y[j] = model.addVar(vtype="B")
        for i in I:
            x[i,j] = model.addVar(vtype="B")
    model.update()
    for i in I:
        model.addConstr(quicksum(x[i,j] for j in J) == 1)
        model.addConstr(quicksum(c[i,j]*x[i,j] for j in J) <= z,"Max_x(%s)"%(i))
        for j in J:
            model.addConstr(x[i,j] <= y[j])
    model.addConstr(quicksum(y[j] for j in J) == k)
    model.setObjective(z, GRB.MINIMIZE)
    model.update()
    model.__data = x,y
    return model
```

欄外ゼミナール4

〈線形最適化の小技〉

本文で述べたように「最大値の最小化」は，新しい変数（本文では z）を用いた簡単な変形に

よって通常の線形最適化問題に帰着できる．ここでは，そのような線形最適化における変形の小技を幾つか伝授する．

まず，本文でも使用した「最大値の最小化」を例を用いて説明する．2つの線形関数 $3x_1 + 4x_2$ と $2x_1 + 7x_2$ の大きい方を小さくしたい場合を考える．これは，新しい実数変数 z を導入し，

$$3x_1 + 4x_2 \leq z, \ 2x_1 + 7x_2 \leq z$$

の制約を加えた後で，z を最小化すれば，通常の線形最適化に帰着できる．

実数変数 x の絶対値 $|x|$ を最小化したいという問題は実務でしばしば現れる．これを，2つの新しい非負の実数変数 y と z を用いて通常の線形最適化に帰着してみよう．まず，変数 x を $x = y - z$ と2つの非負条件をもつ実数変数の差として記述する．いま $y \geq 0, z \geq 0$ の制約が付加されているので，x が負のときには z が正（このとき y は 0）となり，x が正のときには y が正（このとき z は 0）になり，x の絶対値 $|x|$ は $y + z$ と記述できる．つまり，定式化内の x をすべて $y - z$ で置き換え，最小化したい目的関数内の $|x|$ をすべて $y + z$ で置き換えれば良い．

変数を1つ追加するだけで絶対値を扱うこともできる．まず，$|x|$ を表す新しい変数 z を追加し，$z \geq x$ と $z \geq -x$ の2つの制約を追加する．z を最小化するので，x が非負のときには $z \geq x$ の制約が効いて，x が負のときには $z \geq -x$ の制約が効いてくるので，z は $|x|$ と一致する．

モデリングのコツ 3

最大値を最小化するタイプの目的関数は避けよ．

整数最適化問題は分枝限定法で求解されるが，最大値を最小化（もしくは最小値を最大化）するタイプの目的関数をもつ問題は，下界もしくは上界の差（これを双対ギャップと呼ぶ）が非常に大きくなる傾向がある．そのため求解時間が非常に長くなったり，途中で中断したときの解（暫定解）の質が悪かったりする．したがって，実際問題をモデル化する際には，できるだけ最大値を最小化（もしくは最小値を最大化）するような定式化は避けた方が良い．

「最大値の最小化」は，問題の構造を利用することによって避けることができる．以下では，二分探索を用いた解法を考える．

顧客から施設までの距離が θ 以下である枝だけから構成されるグラフ $G_\theta = (V, E_\theta)$ を考える．点の部分集合 $S \ (\subseteq V)$ が与えられたとき，すべての点 $i \ (\in V)$ が S 内の少なくとも1つの点に隣接するとき S を **被覆** (cover) と呼ぶ．グラフ G_θ 上で $|S| = k$ の被覆が存在するなら，k-センター問題の最適値が θ 以下であることが言える．

施設 j を開設するとき 1 となる 0-1 変数 y_j は，ここでは点の部分集合 S に含まれるとき 1 となる変数と見なすことができる．さらに以下の変数を導入する．

$$z_i = \begin{cases} 1 & \text{点 } i \text{ が } S \text{ 内の点に隣接しない（被覆されない）} \\ 0 & \text{それ以外のとき} \end{cases}$$

グラフ G_θ の隣接行列（点 i, j が隣接しているとき 1，それ以外のとき 0 の要素をもつ行列）

を $[a_{ij}]$ としたとき，$|S| = k$ の被覆が存在するか否かを判定する問題は，以下の整数最適化問題として定式化できる．

$$\begin{aligned}
\text{minimize} \quad & \sum_{i \in I} z_i \\
\text{subject to} \quad & \sum_{j \in J} a_{ij} y_j + z_i = 1 \quad \forall i \in I \\
& \sum_{j \in J} y_j = k \\
& z_i \in \{0, 1\} \quad \forall i \in I \\
& y_j \in \{0, 1\} \quad \forall j \in J
\end{aligned}$$

目的関数は，被覆されない顧客の数を最小化することを表す．最初の制約は，顧客 i が S 内の点にグラフ G_θ 上で隣接するか，そうでない場合には変数 ξ_i が 1 になることを規定する．2番目の制約は，開設された施設の数が k 個であることを規定する．

この問題を G_θ 上の k 点被覆問題と呼ぶ．Gurobi/Python によるプログラムは，以下のようになる．

```
def kcover(I,J,a,c,k):
    model = Model("k-center")
    z,y = {},{}
    for i in I:
        z[i] = model.addVar(vtype="B", name="z(%s)"%i)
    for j in J:
        y[j] = model.addVar(vtype="B", name="y(%s)"%j)
    model.update()
    for i in I:
        model.addConstr(quicksum(a[i,j]*y[j] for j in J) + z[i] >= 1, "Assign(%s)"%i)
    model.addConstr(quicksum(y[j] for j in J) == k, "k_center")
    model.setObjective(quicksum(z[i] for i in I), GRB.MINIMIZE)
    model.update()
    model.__data = y,z
    return model
```

k 点被覆問題を部分問題として用いて最適な θ（上の問題の最適値が 0 になる最小の θ）を求めるアルゴリズムは，以下のようになる．なお，アルゴリズム中の ϵ は十分小さな数を表し，終了判定基準を表す．

2.4 k-センター問題

---

k-センター問題を解くための二分探索法

1 $UB :=$ 距離の最大値, $LB := 0$
2 **while** $UB - LB > \epsilon$ **do**
3    $\theta := (UB + LB)/2$
4   G_θ 上の k 点被覆問題を解く
5   **if** k 点被覆問題の最適値が 0 **then**
6      $UB := \theta$
7   **else**
8      $LB := \theta$

上のアルゴリズムの Python コードは，以下のように書ける．ここで，3 行目では，パラメータ Cntoff を用いて，探索の途中で下界が 0.1 を超えたら終了するように設定している．

```
1   def solve_kcenter(I, J, c, k):
2       model = k_cover(I, J, c, k)
3       model.Params.Cntoff = .1
4       x,y,z = model.__data
5       LB = 0
6       UB = max(c[i,j] for (i,j) in c)
7       while UB-LB > 1.e-4:
8           theta = (UB+LB) / 2.
9           for j in J:
10              for i in I:
11                  if c[i,j]>theta:
12                      x[i,j].UB = 0
13                  else:
14                      x[i,j].UB = 1.0
15          model.update()
16          model.optimize()
17          infeasibility = sum([z[i].X for i in I])
18          if infeasibility > 0:
19              LB = theta
20          else:
21              UB = theta
```

この二分探索法を用いたアプローチによって，より大規模な問題例まで安定して解くことができる．実験の詳細については，本書のサポートページを参照されたい．

第3章 箱詰め問題と切断問題

本章では，2つの古典的な詰め込み型の問題（箱詰め問題と切断問題）を考える．

箱詰め問題（ビンパッキング問題）は，複数のものを決められた大きさの箱に上手に詰め込むための最適化モデルである．たとえば，海外旅行に行く際にスーツケースにものを詰め込もうとした旅行者や，コンテナになるべく多くの商品を詰め込みたい物流業者は，このモデルに直面していることになる．

一方，切断問題は，決められた幅の原料から上手に製品を切り出す問題であり，工場における裁断の工程で現れるモデルである．

箱詰め問題と切断問題とは一見するとまったく異なる問題のようにも見えるが，実はほとんど同じ問題である．本章では，箱詰め問題に対しては単純な定式化を示し，切断問題に対しては列生成法と呼ばれる双対性を利用した解法を紹介する．

本章の構成は次のようになっている．

3.1 節　箱詰め問題と切断問題の例題と定義を示す．

3.2 節　箱詰め問題に対する定式化を示し，Gurobi/Python で求解する．

3.3 節　切断問題に対する列生成法を解説する．

第3章 箱詰め問題と切断問題

3.1 問題の定義

まず例題と問題の定義を示そう．

> あなたは，大企業の箱詰め担当部長だ．あなたの仕事は，色々な重さの荷物を，決められた大きさの箱に「上手に」詰めることである．この際，使う箱の数をなるべく少なくすることが，あなたの目標だ．1つの箱に詰められる荷物の上限は 9 kg と決まっており，荷物の重さは分かっている．詰め込む荷物の重量リストを，$(6,6,5,5,5,4,4,4,4,2,2,2,2,3,3,7,7,5,5,8,8,4,4,5)$ とする（図 3.1）．しかも，あなたの会社で扱っている荷物は，どれも重たいものばかりなので，容積は気にする必要はない．さて，どのように詰めて運んだら良いだろうか？

この問題は，**箱詰め問題**もしくは**ビンパッキング問題** (bin packing problem) と呼ばれる問題の一例である．箱詰め問題を数学的に記述すると次にように書ける．

> **箱詰め問題**
> n 個のアイテムとサイズ B のビンが無限個準備されている．個々のアイテム $i = 1, 2, \ldots, n$ のサイズ $0 \leq s_i \leq B$ は分かっているものとする．これら n 個のアイテムを，サイズ B のビンに詰めることを考えるとき，必要なビンの数を最小にするような詰めかたを求めよ．

一方，切断問題は，以下のような問題である．

> あなたは，大企業の切断担当部長だ．あなたの仕事は，色々な幅の注文を，決められた大きさの原紙に「上手に」切り出すことである．この際，使う原紙の枚数をなるべく少なくすること，言い換えれば廃棄する余りの量を最小化することが，あなたの目標だ．原紙の幅は 9 メートルであり，注文は 7 件ある．各注文の幅は 2, 3, 4, 5, 6, 7, 8 メートルであり，これらの幅の注文をそれぞれ 4, 2, 6, 6, 2, 2, 2 枚切り出す必要がある（図 3.2）．さて，どのように切り出したら良いだろうか？

この問題を数学的に記述し直すと，以下のようになる．

> **切断問題**
> m 個の個別の幅をもった注文を，幅 B の原紙から切り出すことを考える．注文 $i = 1, 2, \ldots, m$ の幅 $0 \leq w_i \leq B$ と注文数 q_i が与えられたとき，必要な原紙の数を最小にするような切り出し方を求めよ．

箱詰め問題と切断問題は，違う言葉で書かれているので一見違うように見えるが，実は同じ問題である．たとえば上で示した，箱詰め問題と切断問題の例は同値である．そこで問題になるのは，どちらの問題として定式化して解くのが得策かということである．当然，問題としては同値なので，どちらを選ぶかは，解くべき問題例に依存する．

図 3.1 箱詰め問題の問題例．

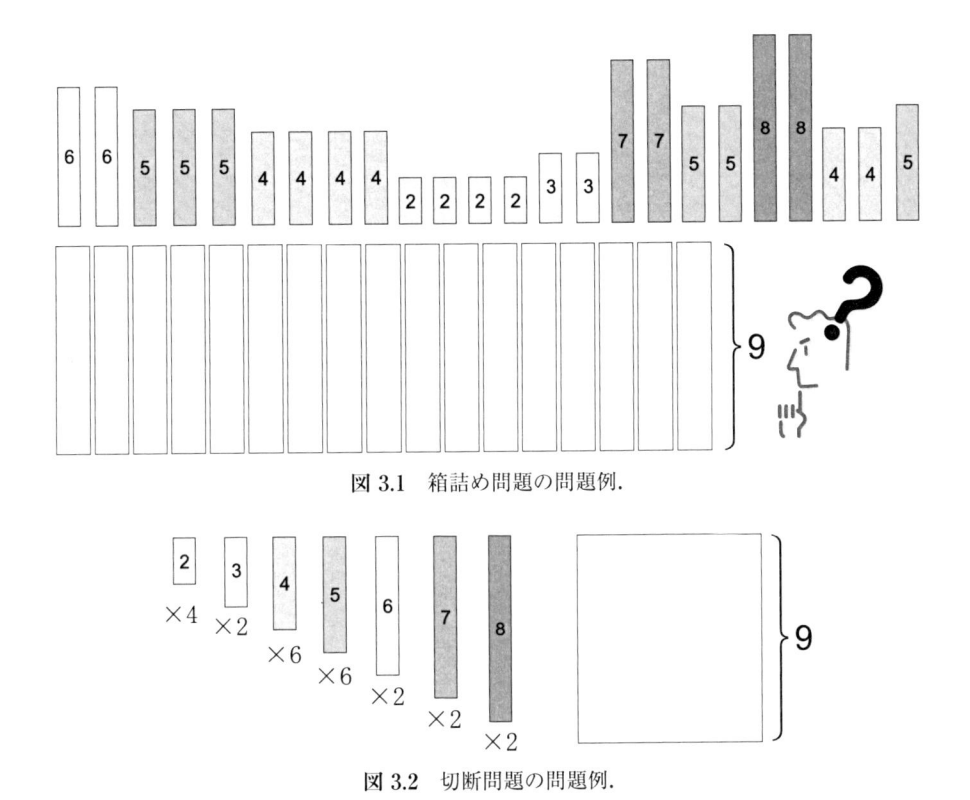

図 3.2 切断問題の問題例．

3.2　箱詰め問題の定式化

箱詰め問題において，ビンの数の上限 U が与えられているものとする．箱詰め問題の単純な定式化は，アイテムをどのビンに入れるかを表す変数 X と，ビンの使用の可否を表す変数 Y を用いる．

$$X_{ij} = \begin{cases} 1 & \text{アイテム } i \text{ をビン } j \text{ に詰めるとき} \\ 0 & \text{それ以外のとき} \end{cases}$$

$$Y_j = \begin{cases} 1 & \text{ビン } j \text{ を使うとき} \\ 0 & \text{それ以外のとき} \end{cases}$$

上の変数を用いると箱詰め問題は，以下の整数最適化問題として記述できる．

$$
\begin{aligned}
\text{minimize} \quad & \sum_{j=1}^{U} Y_j \\
\text{subject to} \quad & \sum_{j=1}^{U} X_{ij} = 1 && \forall i = 1, 2, \ldots, n \\
& \sum_{i=1}^{n} s_i X_{ij} \leq B Y_j && \forall j = 1, 2, \ldots, U \\
& X_{ij} \leq Y_j && \forall i = 1, 2, \ldots, n; j = 1, 2, \ldots, U \\
& X_{ij} \in \{0, 1\} && \forall i = 1, 2, \ldots, n; j = 1, 2, \ldots, U \\
& Y_j \in \{0, 1\} && \forall j = 1, 2, \ldots, U
\end{aligned}
$$

目的関数は使用するビンの数の最小化である．最初の制約は，各アイテムを必ずいずれかのビンに入れることを表す．2番目の制約は，ビンのサイズの上限制約と，ビンを使用しないときにはアイテムは入れられないことを同時に表す．3番目の制約は，定式化の強化のために追加された制約で，ビンを使用しない（$Y_j = 0$ の）ときにはアイテムは入れられない（$X_{ij} = 0$ になる）ことを表す．この式がなくても最適解を求めることができるが，2.2節で述べたように，強化式の追加によってスピードアップが期待できる．

この定式化を Gurobi/Python で記述してみよう．

まず，例題のデータを生成する関数を準備しておく．ここでは，切断問題のデータを，原紙の幅 B，注文の幅 w と注文数 q のリストとして準備し，それを箱詰め問題のデータ（アイテムのサイズのリスト s）に変換している．

```python
def CuttingStockExample():
    B = 9
    w = [2,3,4,5,6,7,8]
    q = [4,2,6,6,2,2,2]
    s = []
    for j in range(len(w)):
        for i in range(q[j]):
            s.append(w[j])
    return s, B
```

次に，ビン数の上限 U を計算する．ここでは，サイズの大きいアイテムを順番に空いているビンに入れる方法 (First Fit Decreasing：FFD) を用いる．

```python
def FFD(s, B):
    remain = [B]
    sol = [[]]
    for item in sorted(s, reverse=True):
        for (j,free) in enumerate(remain):
            if free >= item:
                remain[j] -= item
                sol[j].append(item)
                break
```

```
10        else:
11            sol.append([item])
12            remain.append(B-item)
13    return sol
```

2行目のremainは現在使えるビンの残りサイズ（空き）を保管するリストであり，サイズBのビンを1つだけもつように初期化している．3行目で定義したリストのリストsolは解を保管するリストであり，空のビンが1つあるように初期化している．4行目のforループでは，アイテムのサイズの大きい順に取り出している．ここでsortedは，リストを並べ替えた反復を生成するためのPythonの関数であり，引数のreverseをTrueにすると大きい順に並べ替えた反復を返す．5行目は，現在使えるビンについての反復であり，空きがアイテムのサイズより大きいビンがあればそこに入れ，空きがなければ新しいビンを作ってそこに入れる．ここでenumerateは，リストの添え字（順番，インデックス）と要素のタプルを返すPythonの関数である．返値は解を表すリストsolなので，その長さがビン数の上限Uになる．

箱詰め問題を解くための関数は，以下のようになる．

```
def bpp(s,B):
    n = len(s)
    U = len(FFD(s,B))
    model = Model("bpp")
    x, y = {}, {}
    for i in range(n):
        for j in range(U):
            x[i,j] = model.addVar(vtype="B")
    for j in range(U):
        y[j] = model.addVar(vtype="B")
    model.update()
    for i in range(n):
        model.addConstr(quicksum(x[i,j] for j in range(U)) == 1)
    for j in range(U):
        model.addConstr(quicksum(s[i]*x[i,j] for i in range(n)) <= B*y[j])
    for j in range(U):
        for i in range(n):
            model.addConstr(x[i,j] <= y[j])
    model.setObjective(quicksum(y[j] for j in range(U)), GRB.MINIMIZE)
    model.update
    model.__data = x, y
    return model
```

上のプログラム用いて例題を解いてみると，目的関数値（ビン数）13の解を得ることができる．解の例を図3.3に示す．

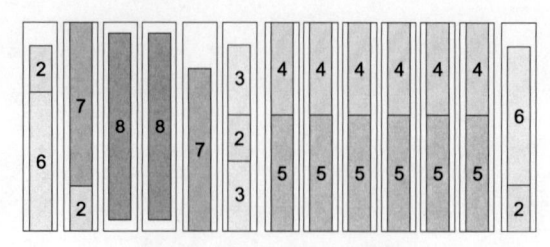

図 3.3 箱詰め問題の最適解.

3.3 切断問題に対する列生成法

ここでは，切断問題に対する Gilmore-Gomory [6, 7] による**列生成法** (column generation method) を紹介する．

線形最適化問題における制約の左辺の係数を行列で表現したとき，**行** (row) は制約，**列** (column) は変数に対応する．列生成法は多くの変数を含む最適化問題に対して，必要な列（変数）を順次追加することによって解く解法であり，必要な列（変数）を見つけるために双対変数の情報を利用する．

56 ページで示した切断問題の例題で説明しよう．

1 枚の原紙からの注文の切り出し方法はたくさんあるが，そのうち原紙の幅（$B = 9$ メートル）を超えないものを切断パターンと呼ぶことにする．まず，可能な切断パターンのうち簡単に生成できるものを準備しておく．ここでは，1 つの注文をできるだけ多く原紙から切り取ることによって最初の切断パターンを生成することにする．切り取れる注文の数は，原紙の幅 B を注文の幅 w_j で割って，端数を切り捨てることによって計算できる．また，切断パターンは，切り取った注文の数のベクトル（プログラム内ではリスト）で表すものとする．たとえば，注文 1 の幅 w_1 は 2 メートルであったので，注文 1 だけを切り取る場合には $\lfloor B/w_1 \rfloor = \lfloor 9/2 \rfloor = 4$ 枚切り取れることになり，切断パターンは注文数 7 の長さのベクトル $(4,0,0,0,0,0,0)$ で表すことができる．

他の注文に対しても同様に切断パターンを生成し，それを初期切断パターンとする．すべての初期切断パターンを含んだリスト t を生成するための Python のプログラムは，以下のように書ける．

```
t = []
m = len(w)
for i in range(m):
    width=w[i]
    pat = [0]*m
    pat[i] = int(B/width)
    t.append(pat)
```

生成された切断パターンは，以下のリストである（62 ページの図 3.4 の左側）．

```
[4, 0, 0, 0, 0, 0, 0]
[0, 3, 0, 0, 0, 0, 0]
[0, 0, 2, 0, 0, 0, 0]
[0, 0, 0, 1, 0, 0, 0]
[0, 0, 0, 0, 1, 0, 0]
[0, 0, 0, 0, 0, 1, 0]
[0, 0, 0, 0, 0, 0, 1]
```

各切断パターンを使う回数を表す整数変数 x_i を用いると，初期切断パターンだけですべての注文を満たすような最小原紙枚数を求める問題は，以下の整数最適化問題になる．

$$\begin{align*}
\text{minimize} \quad & x_1 + x_2 + x_3 + x_4 + x_5 + x_6 + x_7 \\
\text{subject to} \quad & 4x_1 \geq 4 \\
& 3x_2 \geq 2 \\
& 2x_3 \geq 6 \\
& x_4 \geq 6 \\
& x_5 \geq 2 \\
& x_6 \geq 2 \\
& x_7 \geq 2 \\
& x_1, x_2, x_3, x_4, x_5, x_6, x_7 \text{ は非負の整数}
\end{align*}$$

さて上の問題の整数条件を緩和して線形最適化問題として解くと，最適目的関数値 $16\frac{2}{3}$，最適解 $x = (1, 2/3, 3, 6, 2, 2, 2)$，各制約に対する最適双対変数 $\lambda = (1/4, 1/3, 1/2, 1, 1, 1, 1)$ を得ることができる．これは各注文の価値を表しており，たとえば $\lambda_1 = 1/4$ は「注文 1 の価値が原紙の 1/4 である」と解釈できる（双対問題と双対変数の解釈については 17 ページの欄外ゼミナールを参照）．

さて，最初に生成した切断パターンは無駄が多いものであった．より効率的な切り出し方を得るためには，原紙の幅を超えない範囲で，より価値の高い注文を切り出せば良い．最大の価値をもつ切断パターンは，注文 j を何枚切り出すのかを表す整数変数 y_j を用いると，以下の整数最適化として定式化できる．

$$\begin{align*}
\text{maximize} \quad & \tfrac{1}{4}y_1 + \tfrac{1}{3}y_2 + \tfrac{1}{2}y_3 + y_4 + y_5 + y_6 + y_7 \\
\text{subject to} \quad & 2y_1 + 3y_2 + 4y_3 + 5y_4 + 6y_5 + 7y_6 + 8y_7 \leq 9 \\
& y_1, y_2, y_3, y_4, y_5, y_6, y_7 \text{ は非負の整数}
\end{align*}$$

この問題は変数が非負の整数であるナップサック問題であるので，**整数ナップサック問題** (integer knapsack problem) と呼ばれる．（ちなみに，1.9 節で扱ったのは変数が 0-1 変数であったので，0-1 ナップサック問題と呼ばれる．）

整数ナップサック問題は $\mathcal{NP}$-困難であるが，Gurobi を用いれば比較的容易に最適解を得ることができ，上の問題例に対しては $y = (2, 0, 0, 1, 0, 0, 0)$ で最適値が 1.5 であることが分かる．

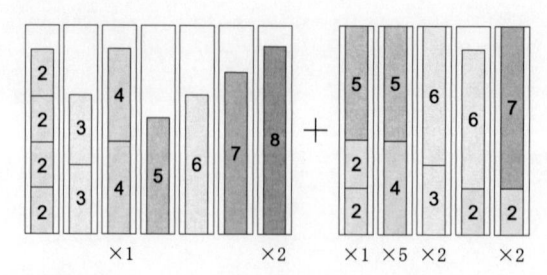

図 3.4 切断問題の切断パターン（左側が初期パターン，右側が生成されたパターン）と最適解（パターンを使用した回数）．

これは，注文 1 を 2 枚，注文 4 を 1 枚切り出す切断パターンを用いることによって原紙 1.5 枚分の価値を得ることができることを表している．この新しい列の被約費用（被約費用の定義については 17 ページの欄外ゼミナール参照）は，$1 - (2\lambda_1 + \lambda_4) = -0.5$ であるので，この切断パターンを表す列を追加することによって，原紙 0.5 枚分の利益を得ることができる．この列を追加し，再び線形緩和問題を解く．

新しい切断パターンを使う回数に対する変数を x_8 とすると，すべての注文を満たすような最小原紙枚数を求める問題（の線形緩和問題）は，以下のようになる．

$$
\begin{array}{rl}
\text{minimize} & x_1 + x_2 + x_3 + x_4 + x_5 + x_6 + x_7 + x_8 \\
\text{subject to} & 4x_1 + 2x_8 \geq 4 \\
& 3x_2 \geq 2 \\
& 2x_3 \geq 6 \\
& x_4 + x_8 \geq 6 \\
& x_5 \geq 2 \\
& x_6 \geq 2 \\
& x_7 \geq 2 \\
& x_1, x_2, x_3, x_4, x_5, x_6, x_7, x_8 \geq 0
\end{array}
$$

この問題の最適双対変数をもとに列を追加し，被約費用がすべて非負になるまで列を追加していくことによって，線形緩和問題の最適解を得ることができる．この例では合計で 5 つのパターンを追加したところで被約費用がすべて非負になり列生成が終了する．

整数解が欲しい場合には，最後に仕上げとして整数条件を付加した問題を解くことによって，原紙の枚数が 13 枚の解（どの切断パターンを何回使うか）を得ることができる．生成された切断パターンと最適解を図 3.4 に示す．

このようにモデリングに必要な変数が膨大なときには，列生成法が有効である．以下に格言としてまとめておく．

> **モデリングのコツ 4**
>
> 変数の数が非常に多いときには列生成法を使え．
>
> 多くの実際問題は，（上で述べた切断問題のように）可能なパターンを生成しておき，その後で最適化によって必要なパターンを選択するタイプの定式化で求解できる．このとき，可能なパターン数が膨大になる場合には，すべての可能性を列挙するのではなく，適当な子問題（切断問題の場合にはナップサック問題）を解くことによって必要なパターンだけを生成する解法（列生成法）が有効である．子問題を定義し，双対情報をやりとりする部分は以前は敷居が高かったが，Gurobi/Python を使えば（以下に示すように）比較的容易にプログラムを書くことができる．

プログラムを記述する前に，切断問題の定式化と列生成法を一般形で紹介しておく．

幅 B の原紙からの m 種類の注文の k 番目の切断パターンを，$(t_1^k, t_2^k, \ldots, t_m^k)$ とする．ここで，t_i^k は注文 i が k 番目の切断パターン k で切り出される数を表す．また，実行可能な切断パターン（箱詰め問題における詰め合わせ）とは，以下の式を満たすベクトル $(t_1^k, t_2^k, \ldots, t_m^k)$ を指す．

$$\sum_{i=1}^{m} t_i^k \leq B$$

実行可能な切断パターンの総数を K とする．切断問題はすべての可能な切断パターンから，注文 i を注文数 q_j 以上切り出し，かつ使用した原紙数を最小にするように切断パターンを選択する問題になる．切断パターン k を採用する回数を表す整数変数 x_k を用いると，切断問題は以下の整数最適化問題として書くことができる．

$$\begin{aligned}
\text{minimize} \quad & \sum_{k=1}^{K} x_k \\
\text{subject to} \quad & \sum_{k=1}^{K} t_i^k x_k \geq q_i \quad \forall i = 1, 2, \ldots, m \\
& x_k \text{ は非負の整数} \quad \forall k = 1, 2, \ldots, K
\end{aligned} \quad (3.1)$$

これを**主問題** (master problem) と呼ぶ．主問題の線形最適化緩和問題を考え，その最適双対変数ベクトルを λ とする．このとき，被約費用が負の列（実行可能な切断パターン）を求める問題は，以下の整数ナップサック問題になる．

$$\begin{aligned}
\text{maximize} \quad & \sum_{i=1}^{m} \lambda_i y_i \\
\text{subject to} \quad & \sum_{i=1}^{m} w_i y_i \leq B \\
& y_i \text{ は非負の整数} \quad \forall i = 1, 2, \ldots, m
\end{aligned}$$

上で導入した記号に基づき，切断問題に対する列生成法を Gurobi/Python を用いて記述しよう．

64　第3章　箱詰め問題と切断問題

まず，すべての注文を満たすような最小原紙枚数を求める整数最適化問題（主問題）のモデルを作成する．主問題は，生成されたパターン（リスト t に保管されている）を用いて，注文数 q を満たし，かつ用いた原紙の枚数を最小にするような，パターン k の使用回数 x[k] を求める問題である．

```
K = len(t)
master = Model("master problem")
x = {}
for k in range(K):
    x[k] = master.addVar(vtype="I")
master.update()
orders={}
for i in range(m):
    orders[i] = master.addConstr(
        quicksum(t[k][i]*x[k] for k in range(K) if t[k][i] > 0) >= q[i])
master.setObjective(quicksum(x[k] for k in range(K)), GRB.MINIMIZE)
master.update()
```

初期パターンを生成し，主問題ならびにパターン数 K を定義した後で，列生成法のメインループを記述する．以下のプログラムにおいて，2 行目で主問題 master の線形最適化緩和問題 relax を生成し，最適化した後で双対変数 lambda を得る（4 行目）．次に 5 行目から子問題であるナップサック問題を定義し，双対変数を目的関数とした最大化を行う（12 行目）．最適目的関数値が 1 より小さいならば，被約費用がすべて非負になったので終了し（13,14 行目），そうでないならば新しいパターンを生成し，リスト t に加える（15,16 行目）．17 行目からは，新しい列を定義している部分である．まず，空の列 col を生成し（17 行目），列に新しいパターンの情報を追加する（18 から 20 行目）．ここで，列に対する addTerms メソッドは，列に項を追加するものであり，第 1 引数は係数（この場合には t[K][i]），第 2 引数は制約オブジェクト（この場合には orders[i]）である．最後に新しい K 番目の変数 x[K] を追加し，列の数 K を 1 増やした後，ループを繰り返す．

```
 1    while 1:
 2        relax = master.relax()
 3        relax.optimize()
 4        lambda_ = [c.Pi for c in relax.getConstrs()]
 5        knapsack = Model("knapsack problem")
 6        y = {}
 7        for i in range(m):
 8            y[i] = knapsack.addVar(ub=q[i], vtype="I")
 9        knapsack.update()
10        knapsack.addConstr(quicksum(w[i]*y[i] for i in range(m)) <= B)
11        knapsack.setObjective(quicksum(lambda_[i]*y[i] for i in range(m)), GRB.MAXIMIZE)
12        knapsack.optimize()
13        if knapsack.ObjVal < 1+EPS:
14            break
15        pat = [int(y[i].X+0.5) for i in y]
```

```
16          t.append(pat)
17          col = Column()
18          for i in range(m):
19              if t[K][i] > 0:
20                  col.addTerms(t[K][i], orders[i])
21          x[K] = master.addVar(obj=1, vtype="I", column=col)
22          master.update()
23          K += 1
```

第4章 グラフ最適化問題

　本章では，組合せ構造をもつ3つの最適化問題（グラフ分割問題，最大安定集合問題，グラフ彩色問題）をGurobi/Pythonで解いてみる．

　ここで考える問題はすべてグラフ上で定義される．グラフとは，点と点の間に引かれた線（これを枝と呼ぶ）から構成される抽象概念である．グラフは，現実の問題を分かりやすく表すのに非常に便利な道具である．例えば，道路の地図，地下鉄の路線図，水道管網，友人関係など，ありとあらゆるものがグラフとして表現でき，多くの実務的な最適化問題がグラフ上で自然に定義できる．

　本章の構成は以下の通り．

4.1節　グラフ分割問題を考え，グラフ理論の基礎と，二次関数で表現される目的関数を線形化して扱う方法について述べる．

4.2節　最大安定集合問題を考える．また，欄外ゼミナールでは，最大安定集合問題を例として切除平面法と多面体論について解説する．

4.3節　グラフ彩色問題を考え，解の対称性を避けるための工夫について述べる．

4.1 グラフ分割問題

次のようなシナリオを考える．

> いま，6人のお友達を2つのチームに分けてミニサッカーをしようとしている（図4.1）．もちろん，公平を期すために，同じ人数になるように3人ずつに分ける．ただし，お友達同士には仲良しがいて，仲良しが別のチームになることは極力避けたいと考えている．さて，どのようにチーム分けをしたら良いだろうか？

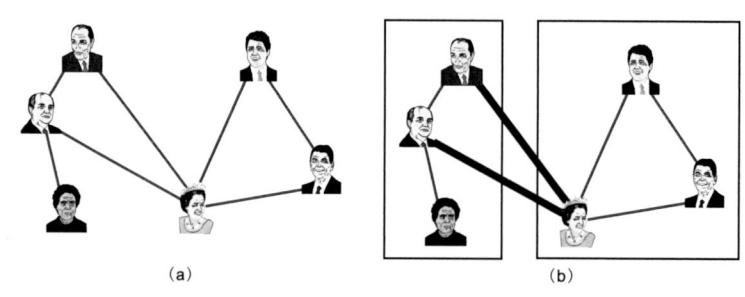

図 4.1 グラフ分割問題の例．(a) 線の引いてある人同士は仲良しであることを表すグラフ．(b) 仲良しが別のチームになることを最小にする解（等分割）．違うチームに所属する仲良しのペアは太線で表されており，2本である．よって，この等分割の目的関数値は2となる．

上の問題は，**グラフ分割問題** (graph partitioning problem) と呼ばれる組合せ最適化問題の例である．実際には，サッカーのチーム分けではなく，VLSI(very-large-scale integration) 設計をはじめとする多くの真面目な応用をもつ $\mathcal{NP}$-困難問題である．

こういった現実の問題は「グラフ」に置き直して考えると分かりやすくなる．例として友人関係をグラフで表現してみよう．

あなたには6人の友達がいる．まず，友達の顔写真を丸で囲んでおく．グラフ理論では，この丸のことを**点** (vertex, node) と呼ぶ．世の中の常として，友達たちには仲良し同士もいるし，仲が悪い同士もいる．複雑な友人関係を整理するために，仲の良い者同士を線で結んでみよう．グラフ理論では，この線のことを**枝** (edge, arc) と呼ぶ．この点と枝をあわせて描画すると，友人関係が大変わかりやすくなる．これが**グラフ** (graph) である．ちなみに本章で扱うグラフは，枝の向きを考えないので，正確には無向グラフと呼ばれる．

友達全体の集合を**点集合**とよび，V と記す．仲の良い友達の対を表した線の集合を**枝集合**とよび，E と記す．グラフは点集合 V と枝集合 E から構成されるので，$G = (V, E)$ と記される．

枝の両方の端にある点は，互いに**隣接** (adjacent) していると呼ばれる．また，枝は両端の点に**接続** (incident) していると呼ばれる．点に接続する枝の本数を**次数** (degree) と呼ぶ．

グラフ分割問題をグラフの用語を用いてきちんと定義すると，次のように書ける．

4.1 グラフ分割問題

> **グラフ分割問題**
>
> 点数 $n = |V|^a$ が偶数である無向グラフ $G = (V, E)$ が与えられたとき，点集合 V の**等分割**（uniform partition, eqipartition）(L, R) とは，$L \cap R = \emptyset$, $L \cup R = V$, $|L| = |R| = n/2$ を満たす点の部分集合の対である．L と R をまたいでいる枝（正確には $i \in L, j \in R$ もしくは $i \in R, j \in L$ を満たす枝 (i,j)）の本数を最小にする等分割 (L, R) を求めよ．
>
> ---
> [a] 集合 V に含まれる要素の個数を**位数**（cardinality）とよび $|V|$ と記す．

問題を明確化するために，グラフ分割問題を整数最適化問題として定式化しておく．無向グラフ $G = (V, E)$ に対して，$L \cap R = \emptyset$（共通部分がない），$L \cup R = V$（合わせると点集合全体になる）を満たす非順序対 (L, R) を**分割**（partition）もしくは **2 分割**（bipartition）と呼ぶ．分割 (L, R) において，L は左側，R は右側を表すが，これらは逆にしても同じ分割であるので，非順序対と呼ばれる．点 i が，分割 (L, R) の L 側に含まれているとき 1，それ以外の（R 側に含まれている）とき 0 の 0-1 変数 x_i を導入する．このとき，等分割であるためには，x_i の合計が $n/2$ である必要がある．枝 (i,j) が L と R をまたいでいるときには，$x_i(1-x_j)$ もしくは $(1-x_i)x_j$ が 1 になることから，以下の定式化を得る．

$$\begin{aligned}
\text{minimize} \quad & \sum_{(i,j) \in E} x_i(1-x_j) + (1-x_i)x_j \\
\text{subject to} \quad & \sum_{i \in V} x_i = n/2 \\
& x_i \in \{0, 1\} \quad \forall i \in V
\end{aligned}$$

市販の数理最適化ソルバーの多くは，上のように凸でない（凸関数の定義については第 8 章参照）二次の項を目的関数に含んだ最小化問題には対応していない．したがって，一般的な（混合）整数最適化ソルバーで求解するためには，二次の項を線形関数に変形してから解く必要がある．

枝 (i,j) が L と R をまたいでいるとき 1，それ以外のとき 0 になる 0-1 変数 y_{ij} を導入する．すると，上の二次整数最適化問題は，以下の線形整数最適化に帰着される．

$$\begin{aligned}
\text{minimize} \quad & \sum_{(i,j) \in E} y_{ij} \\
\text{subject to} \quad & \sum_{i \in V} x_i = n/2 \\
& x_i - x_j \leq y_{ij} \quad \forall (i,j) \in E \\
& x_j - x_i \leq y_{ij} \quad \forall (i,j) \in E \\
& x_i \in \{0, 1\} \quad \forall i \in V \\
& y_{ij} \in \{0, 1\} \quad \forall (i,j) \in E
\end{aligned}$$

最初の制約は等分割を規定する．2 番目の制約は，$i \in L$ で $j \notin L$ のとき $y_{ij} = 1$ になることを規定する．3 番目の制約は，$j \in L$ で $i \notin L$ のとき $y_{ij} = 1$ になることを規定する．

上の定式化を行う数理最適化ソルバー Gurobi/Python の関数を以下に示す．

```
model = Model("gpp")
x = {}
y = {}
for i in V:
    x[i] = model.addVar(vtype="B")
for (i,j) in E:
    y[i,j] = model.addVar(vtype="B")
model.update()
model.addConstr(quicksum(x[i] for i in V) == len(V)/2)
for (i,j) in E:
    model.addConstr(x[i] - x[j] <= y[i,j])
    model.addConstr(x[j] - x[i] <= y[i,j])
model.setObjective(quicksum(y[i,j] for (i,j) in E), GRB.MINIMIZE)
model.update()
model.__data = x
return model
```

上の関数 gpp は，点と枝のリストを引数として入力する必要がある．そのようなデータをランダムに生成するための関数の例を以下に示す．

```
def make_data(n, prob):
    V = range(1,n+1)
    E = [(i,j) for i in V for j in V if i < j and random.random() < prob]
    return V, E
```

これらの関数を用いると，メインプログラムは以下のように書ける．

```
if __name__ == "__main__":
    V, E = make_data(30,.5)
    model = gpp(V, E)
    model.optimize()
    print "Opt.value=",model.ObjVal
```

欄外ゼミナール 5

〈数理最適化と制約最適化〉

本書で中心的に扱うのは数理最適化（数理計画；mathematical programming）の技術であるが，最適化問題を解くための手法には，もう 1 つの枠組みとして制約最適化（制約プログラミング；constraint programming）がある．この 2 つは対抗する技術というよりは互いに補完する技術であり，問題に応じて使い分けたり，相互で協力し合うことによって，より強力な最適化が可能になる．

数理最適化では変数は実数や整数のように「数」でなければならなかったが，制約最適化では与えられた**領域** (domain) から 1 つの要素を選択することによって決められる．制約最適化

は，組合せ的な構造をもつ問題が得意であり，数理最適化のように連続変数（実数変数）を扱うことは不得意である．そのかわり，グラフ分割問題で示したような凸でない二次関数を含んだ式でも容易に定式化でき，きちんと解を算出する．また，9.3 節で述べるスタッフスケジューリング問題のように実行可能解を求めるのが難しい（パズルのような）問題も得意である．数理最適化ソルバー Gurobi と同様に Python から呼び出して使える制約最適化ソルバーとしてSCOP(Solver for Constraint Programing) がある．SCOP の簡単な紹介と使用例については，付録 C を参照されたい．

4.2 最大安定集合問題

> あなたは 6 人のお友達から何人か選んで一緒にピクニックに行こうと思っている．しかし，図 4.2 で線で結んである人同士はとても仲が悪く，彼らが一緒にピクニックに行くとせっかくの楽しいピクニックが台無しになってしまう．なるべくたくさんの仲間でピクニックに行くには誰を誘えばいいんだろう？

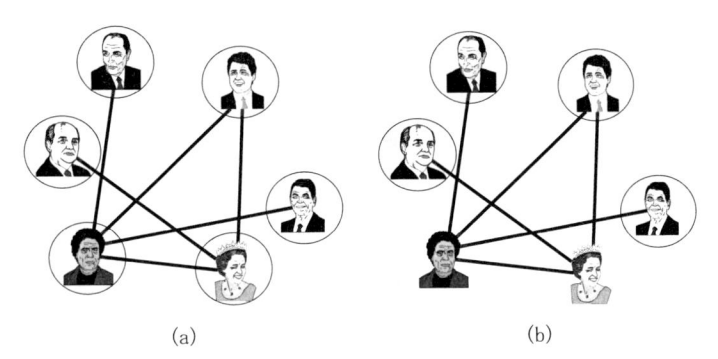

図 4.2 最大安定集合問題の例．(a) 線の引いてある人同士は仲が悪いことを表すグラフ．(b) 仲が悪い同士を連れて行かないでピクニックに行くときの最大人数．丸で囲んだ人を連れて行くと目的関数値は 4 となり，これが最適解になる．

これは，**最大安定集合問題** (maximum stable set problem) と呼ばれるグラフ理論の基礎的な問題の一例である．

最大安定集合問題は，次のように定義される問題である．

> **最大安定集合問題**
> 点数 n の無向グラフ $G = (V, E)$ が与えられたとき，点の部分集合 $S(\subseteq V)$ は，すべての S 内の点の間に枝がないとき**安定集合** (stable set) と呼ばれる．集合に含まれる要素数（位数）$|S|$ が最大になる安定集合 S を求めよ．

この問題のグラフの補グラフ（枝の有無を反転させたグラフ）を考えると，以下に定義される**最大クリーク問題** (maximum clique problem) になる．これらの 2 つの問題は（互いに簡単な変換によって帰着されるという意味で）同値である（図 4.3）．

figure (a) (b)

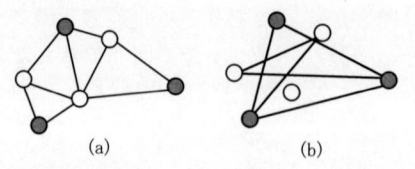

図 4.3 (a) 最大安定集合. (b) 補グラフ上の最大クリーク.

> **最大クリーク問題**
> 無向グラフ $G = (V, E)$ が与えられたとき，点の部分集合 $C(\subseteq V)$ は，C によって導かれた誘導部分グラフが**完全グラフ** (complete graph) になるとき**クリーク** (clique) と呼ばれる（完全グラフとは，すべての点の間に枝があるグラフである）．位数 $|C|$ が最大になるクリーク C を求めよ．

これらの問題は，符号理論，信頼性，遺伝学，考古学，VLSI 設計など広い応用をもつ．

点 i が安定集合 S に含まれるとき 1，それ以外のとき 0 の 0-1 変数を用いると，最大安定集合問題は，以下のように定式化できる．

$$\begin{aligned}
\text{maximize} \quad & \sum_{i \in V} x_i \\
\text{subject to} \quad & x_i + x_j \leq 1 \quad \forall (i, j) \in E \\
& x_i \in \{0, 1\} \quad \forall i \in V
\end{aligned}$$

上の定式化を Gurobi/Python で記述すると以下のようになる．

```python
def ssp(V, E):
    model = Model("ssp")
    x = {}
    for i in V:
        x[i] = model.addVar(vtype="B")
    model.update()
    for (i,j) in E:
        model.addConstr(x[i] + x[j] <= 1)
    model.setObjective(quicksum(x[i] for i in V), GRB.MAXIMIZE)
    model.update()
    model.__data = x
    return model
```

上の関数を用いることによって，前節のグラフ分割問題と同様にランダムグラフを生成して求解することができる．

4.3 グラフ彩色問題

> あなたは，お友達のクラス分けで悩んでいる．お友達同士で仲が悪い組は，図 4.4 で線で結んである．仲が悪いお友達を同じクラスに入れると喧嘩を始めてしまう．なるべく少ないクラスに分けるには，どのようにすればいいんだろう？

4.3 グラフ彩色問題

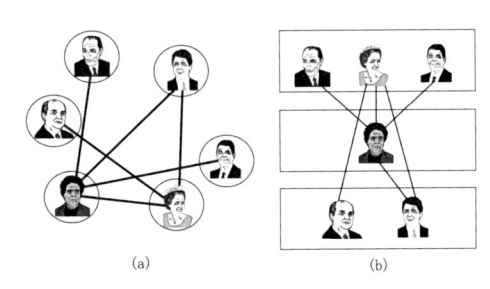

図 4.4 グラフ彩色問題の例．(a) 線の引いてある人同士は仲が悪いことを表すグラフ．(b) 3 つのクラスに分けると仲の悪い友達は同じクラスに入らない．目的関数値（クラス数）は 3 となり，これが最適解になる．

これは**グラフ彩色問題** (graph coloring problem) と呼ばれる古典的な最適化問題の例である．

グラフ彩色問題は，以下のように定義される問題である．

グラフ彩色問題

点数 n の無向グラフ $G = (V, E)$ の K **分割** (K partition) とは，点集合 V の K 個の部分集合への分割 $\Upsilon = \{V_1, V_2, \ldots, V_K\}$ で，$V_i \cap V_j = \emptyset, \forall i \neq j$（共通部分がない），$\bigcup_{j=1}^{K} V_j = V$（合わせると点集合全体になる）を満たすものを指す．各 $V_i (i = 1, 2, \ldots, K)$ を**色クラス** (color class) と呼ぶ．K 分割は，すべての色クラス V_i が安定集合（点の間に枝がない）のとき K **彩色** (K coloring) と呼ばれる．与えられた無向グラフ $G = (V, E)$ に対して，最小の K（これを彩色数と呼ぶ）を導く K 彩色 $\Upsilon = \{V_1, V_2, \ldots, V_K\}$ を求めよ．

グラフ彩色問題は，時間割作成，周波数割当など様々な応用をもつ．

グラフ彩色問題の定式化を行うために，彩色可能な色数の上界 $K_{\max}$ が分かっているものと仮定する．すなわち，最適な K 彩色は，$1 \leq K \leq K_{\max}$ の整数から選択される．

点 i に塗られた色が k のとき 1，それ以外のとき 0 の 0-1 変数 x_{ik} と，色クラス V_k に含まれる点が 1 つでもあるときに 1，それ以外の（色クラスが空の）とき 0 の 0-1 変数 y_k を用いると，グラフ彩色問題は，以下のように定式化できる．

$$
\begin{aligned}
\text{minimize} \quad & \sum_{k=1}^{K_{\max}} y_k \\
\text{subject to} \quad & \sum_{k=1}^{K_{\max}} x_{ik} = 1 && \forall i \in V \\
& x_{ik} + x_{jk} \leq y_k && \forall (i, j) \in E; k = 1, 2, \ldots, K_{\max} \\
& x_{ik} \in \{0, 1\} && \forall i \in V; k = 1, 2, \ldots, K_{\max} \\
& y_k \in \{0, 1\} && \forall k = 1, 2, \ldots, K_{\max}
\end{aligned}
$$

上の定式化における最初の制約は，各点 i に必ず 1 つの色が塗られることを表す．2 番目の制約は，枝 (i, j) の両端点の点 i と点 j が，同じ色クラスに割り当てられることを禁止する制約

$$x_{ik} + x_{jk} \leq 1 \quad \forall (i,j) \in E; k = 1, 2, \ldots, K_{\max}$$

と変数 x と y の繋ぎ条件（$y_k = 1$ のときのみ色 k で彩色可能）

$$\sum_{i \in V} x_{ik} \leq n y_k \quad \forall k = 1, 2, \ldots, K_{\max}$$

を同時に表したものである．

Gurobi をはじめとする多くの数理最適化ソルバーでは，分枝限定法（33 ページの欄外ゼミナール参照）を利用して求解している．分枝限定法においては，上のグラフ彩色問題の定式化における色クラスはすべて無記名で扱われるため，解は対称性をもつ．たとえば，解 $V_1 = \{1, 2, 3\}, V_2 = \{4, 5\}$ と解 $V_1 = \{4, 5\}, V_2 = \{1, 2, 3\}$ はまったく同じものであるが，上の定式化では異なるベクトル x, y で表される．この場合，変数 x, y をもとに分枝しても下界が改良されない現象が発生する．グラフ彩色問題を市販の数理最適化ソルバーで求解する際には，解の対称性を避けるために，以下の制約を付加することが推奨される．

$$y_k \geq y_{k+1} \quad \forall k = 1, 2, \ldots, K_{\max} - 1$$

上の制約は，添え字の小さい色クラスを優先して用いることを規定し，この制約を加えるだけで求解時間が改善する．

モデリングのコツ 5

解が対称性をもつ場合には，対称性を除く制約を付加せよ．

本文で述べたように整数最適化問題を解くための分枝限定法は，対称性をもつタイプの問題に対しては弱い．このような場合には，定式化に意図的に対称性を破るような制約を付加してあげることによって，求解時間が劇的に改善される場合がある．ただし，どのような制約を付加すれば良いかはいまだ職人芸の世界であり，統一的な指針はない．筆者らの経験では，グラフ彩色問題で追加したような 0-1 変数を用いた簡単な制約の方がうまく働くようである．連続変数を入れた凝った制約は，問題の構造を壊し，より遅くなる場合もあるので，注意が必要である．

解の対称性を除去する制約を付加した定式化を行う Gurobi/Python のプログラムは，以下のようになる．

```
def gcp(V, E, K):
    model=Model("gcp")
    x, y = {}, {}
    for k in range(K):
        y[k] = model.addVar(vtype="B")
        for i in V:
            x[i,k] = model.addVar(vtype="B")
    model.update()
    for i in V:
        model.addConstr(quicksum(x[i,k] for k in range(K)) == 1)
```

```
        for (i,j) in E:
            for k in range(K):
                model.addConstr(x[i,k] + x[j,k] <= y[k])
        for k in range(K-1):
            model.addConstr(y[k] >= y[k+1])
    model.setObjective(quicksum(y[k] for k in range(K)), GRB.MINIMIZE)
    model.update()
    model.__data = x
    return model
```

SOS 制約を付加することによって，改善する場合もある．

モデリングのコツ 6

1つ（連続する 2 つ）が正の値をとる変数群には特殊順序集合を使え．

特殊順序集合 (Special Ordered Set: SOS) は，変数の集合に対して適用される制約であり，タイプ 1 とタイプ 2 の 2 種類がある．タイプ 1 の特殊順序集合は，集合に含まれる変数のうち，たかだか 1 つが 0 でない値をとることを規定する．たとえば，連続変数 x が 0-1 変数 y が 0 のときのみ正の値をとれることは，大きな数 M を用いて

$$x \leq M(1-y)$$

と表現できるが，タイプ 1 の特殊順序集合 $\{x, y\}$ でも表現できる．タイプ 2 の特殊順序集合は，順序が付けられた集合（順序集合）に含まれる変数のうち，（与えられた順序のもとで）連続するたかだか 2 つが 0 でない値をとることを規定する．グラフ彩色問題では，各点はいずれかの色に彩色されるので，たかだか 1 つが 0 でない値をとるタイプ 1 の特殊順序集合を宣言できる．しばしば（特に解が対称性をもつ場合）この特殊順序集合であるという情報を付加することによって，探索が効率化される場合がある．（常に改善するとは限らないが，試してみる価値はある．）なお，タイプ 2 の特殊順序集合は，区分的線形関数による非線形関数の近似で威力を発揮する．これについては，8.2.1 節で述べる．

上で示したアプローチでは，彩色数 K を最小化することを目的としていた．以下では，彩色数 K を固定した定式化を用いることによって，より大規模な問題を求解することを考えよう．

枝の両端点が同じ色で彩色されているとき 1，それ以外のとき 0 を表す新しい変数 z_{ij} を導入する．そのような「悪い」枝の数を最小化し，最適値が 0 になれば，彩色可能であると判断される．彩色数 K を変えながら，この最適化問題を解くことによって，最小の彩色数を求めることができる．

$$
\begin{aligned}
\text{minimize} \quad & \sum_{(i,j) \in E} z_{ij} \\
\text{subject to} \quad & \sum_{k=1}^{K} x_{ik} = 1 && \forall i \in V \\
& x_{ik} + x_{jk} \leq 1 + z_{ij} && \forall (i,j) \in E; k = 1, 2, \ldots, K \\
& x_{ik} \in \{0,1\} && \forall i \in V; k = 1, 2, \ldots, K \\
& z_{ij} \in \{0,1\} && \forall (i,j) \in E
\end{aligned}
$$

ここで目的関数は，悪い枝の数の最小化である．最初の制約は，各点 i に必ず 1 つの色が塗られることを表す．2 番目の制約は，枝 (i,j) の両端点の点 i と点 j が，同じ色クラスに割り当てられている場合には，枝 (i,j) が悪い枝と判定されることを表す．

彩色数 K を固定した定式化に対する Gurobi/Python のプログラムは，以下のようになる．

```
1  def gcp_fixed_k(V, E, K):
2      model = Model("gcp_fixed_k")
3      x, z = {}, {}
4      for i in V:
5          for k in range(K):
6              x[i,k] = model.addVar(vtype="B")
7      for (i,j) in E:
8          z[i,j] = model.addVar(vtype="B")
9      model.update()
10     for i in V:
11         model.addConstr(quicksum(x[i,k] for k in range(K)) == 1)
12     for (i,j) in E:
13         for k in range(K):
14             model.addConstr(x[i,k] + x[j,k] <= 1 + z[i,j])
15     model.setObjective(quicksum(z[i,j] for (i,j) in E), GRB.MINIMIZE)
16     model.update()
17     model.__data = x,z
18     return model
```

最適な K（上の問題の最適値が 0 になる最大の K）を求めるためには，彩色数 K に対する二分探索を行えば良い．いま，彩色数の上界（彩色可能な彩色数 K；たとえば点数 n）と下界（彩色不能な彩色数 K；たとえば枝が 1 本でも存在するグラフならば 1）が与えられているとき，二分探索のアルゴリズムは，以下のように書ける．

4.3 グラフ彩色問題

グラフ彩色問題を解くための二分探索法
1 $UB :=$ 彩色数の上界, $LB :=$ 彩色数の下界
2 **while** $UB - LB > 1$ **do**
3 $\quad \theta := \lfloor (UB + LB)/2 \rfloor$
4 $\quad K$ を固定した定式化によってグラス彩色問題を解く
5 $\quad$ **if** 最適値が 0（悪い枝がなく K 彩色可能）**then**
6 $\quad\quad UB := K$
7 $\quad$ **else**
8 $\quad\quad LB := K$

Python による二分探索法のプログラムを以下に示す．

```
1  def solve_gcp(V,E):
2      LB = 0
3      UB = len(V)+1
4      while UB-LB > 1:
5          K = (UB+LB) / 2
6          gcp = gcp_fixed_k(V, E, K)
7          gcp.Params.Cntoff = .1
8          gcp.optimize()
9          if gcp.ObjVal == 0:
10             x,z = gcp.__data
11             UB = K
12         else:
13             LB = K
14     return UB, color
```

上のプログラムの 7 行目では，探索の途中で下界が 0.1 を超えたら終了するように設定している．彩色数を固定して二分探索を行うアプローチによって，より大規模な問題例を解くことができる．詳しくは，本書のサポートページを参照されたい．

第5章　巡回路問題

　本章では巡回路型の問題を考え，定式化の工夫や違いについて考える．

　巡回路問題とは，複数の地点をちょうど1回ずつ通る経路を求める問題の総称であり，トラックや船の配送計画からドリルの穴空け順決定やVLSI設計まで幅広い応用をもつ．

　本章では，様々なタイプの巡回路問題を取り上げ，標準的な定式化から定式化の強化の方法，さらには切除平面を用いた解法を紹介する．

　本章の構成は以下の通り．

5.1節　巡回セールスマン問題をとりあげ，様々な定式化を示す．

5.2節　巡回セールスマン問題に時間枠制約を付加した場合を考え，巡回セールスマン問題の定式化の拡張を行う．

5.3節　容量制約付き配送計画問題を考え，切除平面法に基づく解法を示す．

第 5 章 巡回路問題

5.1 巡回セールスマン問題

ここでは，巡回路型の組合せ最適化問題の代表例である巡回セールスマン問題 (traveling salesman problem) を考える．まず，巡回セールスマン問題の例を示そう．

> あなたは休暇を利用してヨーロッパめぐりをしようと考えている．現在スイスのチューリッヒに宿を構えているあなたの目的は，スペインのマドリッドで闘牛を見ること，イギリスのロンドンでビックベンを見物すること，イタリアのローマでコロシアムを見ること，ドイツのベルリンで本場のビールを飲むことである．
> あなたはレンタルヘリコプターを借りて回ることにしたが，移動距離に比例した高額なレンタル料を支払わなければならない．したがって，あなたはチューリッヒを出発した後，なるべく短い距離で他の 4 つの都市（マドリッド，ロンドン，ローマ，ベルリン）を経由し，再びチューリッヒに帰って来ようと考えた．都市の間の移動距離を測ってみたところ図 5.1 のようになっていることがわかった．さて，どのような順序で旅行すれば，移動距離が最小になるだろうか？

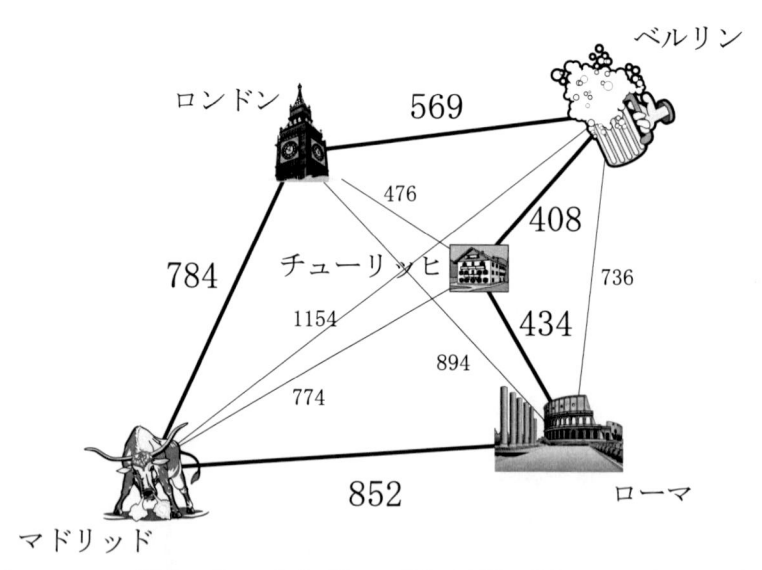

図 5.1 ヨーロッパ旅行のグラフ表現（枝上の数値は距離で単位はマイル）と最適解（太線）．

きちんとした定義も示しておこう．この定義は 4.1 節で導入したグラフの概念を用いたものである．

> **巡回セールスマン問題**
> n 個の点（都市）から構成される無向グラフ $G = (V, E)$，枝 $e \in E$ 上の距離（重み，費用，移動時間）c_e が与えられたとき，すべての点をちょうど 1 回ずつ経由する巡回路で，枝上の距離の合計（巡回路の長さ）を最小にするものを求めよ．

上の問題のように，向きをもたないグラフ上（これを無向グラフと呼ぶ）で定義された問題

を**対称巡回セールスマン問題** (symmetric traveling salesman problem) と呼ぶ．また，向きをもった（言い換えれば行きと帰りの距離が異なる）グラフ（これを有向グラフと呼ぶ）上で定義される問題を，**非対称巡回セールスマン問題** (asymmetric traveling salesman problem) と呼ぶ．もちろん対称巡回セールスマン問題は，非対称巡回セールスマン問題の特殊形なので，（効率良く解けるかどうかは別にして）非対称な問題に対する定式化はそのまま対称な問題に対しても適用できる．本節では（対称と非対称の）巡回セールスマン問題に対する様々な定式化を示し，実験による比較を行う．5.1.1 節では，Dantzig-Fulkerson-Johnson [4] によって提案された対称な問題に対する部分巡回路除去定式化を示す．この定式化は，非常にたくさんの制約をもつため，必要なものだけを選択して追加する切除平面法（85 ページの欄外ゼミナール参照）を適用する必要がある．5.1.2 節では Miller-Tucker-Zemlin [13] によるポテンシャル定式化と持ち上げ操作による強化版を示す．5.1.3 節と 5.1.4 節では，フローの概念を用いた定式化を示す．5.1.3 節では単品種フロー定式化を，5.1.4 節では多品種フロー定式化を示す．

5.1.1 部分巡回路除去定式化

巡回セールスマン問題を定式化するためには，何通りかの方法がある．まずは，対称巡回セールスマン問題に対する定式化を示す．

枝 $e \in E$ が巡回路に含まれるとき 1，それ以外のとき 0 を表す 0-1 変数 x_e を導入する．点の部分集合 S に対して，両端点が S に含まれる枝の集合を $E(S)$ と書く．点の部分集合 S に対して，$\delta(S)$ を端点の 1 つが S に含まれ，もう 1 つの端点が S に含まれない枝の集合とする．巡回路であるためには，各点に接続する枝の本数が 2 本でなければならない．また，すべての点を通過する閉路以外は，禁止しなければならないので，巡回路になるためには，点集合 V の位数 2 以上の真部分集合 $S \subset V, |S| \geq 2$ に対して，S に両端点が含まれる枝の本数は，点の数 $|S|$ から 1 を減じた値以下である必要がある．

上の議論から，以下の定式化を得る．

$$\begin{align}
\text{minimize} \quad & \sum_{e \in E} c_e x_e \\
\text{subject to} \quad & \sum_{e \in \delta(\{i\})} x_e = 2 \quad \forall i \in V \\
& \sum_{e \in E(S)} x_e \leq |S| - 1 \quad \forall S \subset V, |S| \geq 2 \\
& x_e \in \{0, 1\} \quad \forall e \in E
\end{align}$$

点に接続する枝の本数を次数と呼ぶので，最初の制約式は**次数制約** (degree constraint) と呼ばれる．2 番目の制約は，部分巡回路（すべての点を通らず点の部分集合を巡回する閉路）を除くので，**部分巡回路除去制約** (subtour elimination constraint) と呼ばれる．

部分巡回路除去制約の両辺を 2 倍したものから，点の部分集合 S に含まれるすべての点 $i \in S$ に対する次数制約

$$\sum_{e \in \delta(\{i\})} x_e = 2$$

を減じることによって，以下の制約を得る．

$$\sum_{e \in \delta(S)} x_e \geq 2 \quad \forall S \subset V, |S| \geq 2$$

この制約は，**カットセット制約** (cutset constraint) とよばれ，巡回セールスマン問題の場合には部分巡回路除去制約と同じ強さをもつ．

部分巡回路除去制約（カットセット制約）の数は非常に多いので，必要に応じて追加する**切除平面法** (cutting plane method) が必要になる．

制約の一部だけを用いた問題の線形緩和問題の解を $\bar{x}$ としたとき，その解を破っている制約をみつける問題を，一般に**分離問題** (separation problem) と呼ぶ．切除平面法を構成するためには，分離問題に対する効率的なアルゴリズムが必要である．対称巡回セールスマン問題の場合には，線形緩和問題の解 $\bar{x}_e$ に対して，$\bar{x}_e$ を容量にもつネットワークに対する最小カット $(S, V \setminus S)$ を求めることによって，破られたカットセット制約（部分巡回路除去）を得ることができる．最小カットは，終点を $k = 2, 3, \ldots, n$ とした以下の最大フロー問題を解くことによって得られる．

$$\begin{aligned}
\text{minimize} \quad & \sum_j f_{1j} \\
\text{subject to} \quad & \sum_{j:i<j} f_{ij} - \sum_{j:i>j} f_{ij} = 0 \quad \forall i = 2, 3, \ldots, n, i \neq k \\
& -\bar{x}_{ij} \leq f_{ij} \leq \bar{x}_{ij} \quad \forall i < j
\end{aligned}$$

最初の制約式は始点 1 と終点 k 以外の各点におけるフロー保存式であり，2 番目の制約は容量制約である．ここでは，無向グラフ上で定義された問題を有向グラフに直して解くため，負のフロー量が逆向きのフローを表すものとして定式化している．この問題の最適値が 2 より小さいなら緩和解を破るカットセット制約（部分巡回路除去）が見つかったことになり，対応するカット $(S, V \setminus S)$ は，上の問題の最適解におけるフロー保存式に対する最適双対変数を π としたとき，$S = \{i \in V \mid \pi \neq 0\}$ とすることにより得られる．

ここでは，最大フロー問題を解くかわりに，$\bar{x}_e$ が正の値をもつ枝 e から成るグラフに対して**連結成分** (connected components) を求める簡便法を用いることにしよう．任意の 2 点間にパスが存在するときにグラフは連結であると呼ばれる．与えられたグラフに対して，極大な（それを真に含む連結な部分グラフが存在しない）部分グラフを連結成分と呼ぶ．グラフを連結成分に分解するために，networkX[1] と呼ばれる Python のモジュールを用いる．

以下の関数 addcut は，引数として与えられた枝集合 edges に対して，連結成分 $S(\neq V)$ に

---

[1] networkX モジュールは，グラフに対する様々なアルゴリズムや描画のための Python モジュールであり，http://networkx.lanl.gov/からダウンロードできる．

5.1 巡回セールスマン問題

対応する部分巡回路除去制約を追加する関数である.

```
1   def addcut(edges):
2       G = networkx.Graph()
3       G.add_nodes_from(V)
4       for (i,j) in edges:
5           G.add_edge(i,j)
6       Components = networkx.connected_components(G)
7       if len(Components) == 1:
8           return False
9       for S in Components:
10          model.addConstr(quicksum(x[i,j] for i in S for j in S if j>i) <= len(S)−1)
11      return True
```

上のプログラムの 2 行目では，networkx モジュールを用いて空の無向グラフオブジェクト G を生成し，3 行から 5 行目で点と枝を追加しグラフを構成する．次に，6 行目で connected_components 関数を用いて連結成分を求め，連結成分が 1 つなら False を返し，それ以外の場合には部分巡回路除去制約を追加する (7 行から 10 行目)．

上で作成した addcut 関数を用いて，対称巡回セールスマン問題に対する切除平面法のアルゴリズムは，以下のように記述される．

```
1   def solve_tsp(V,c):
2       model = Model("tsp")
3       x={}
4       for i in V:
5           for j in V:
6               if j > i:
7                   x[i,j] = model.addVar(ub=1)
8       model.update()
9       for i in V:
10          model.addConstr(quicksum(x[j,i] for j in V if j < i) + quicksum(x[i,j] for j in V if j > i) == 2)
11      model.setObjective(quicksum(c[i,j]*x[i,j] for i in V for j in V if j > i), GRB.MINIMIZE)
12      EPS = 1.e−6
13      while True:
14          model.optimize()
15          edges = []
16          for (i,j) in x:
17              if x[i,j].X > EPS:
18                  edges.append( (i,j) )
19          if addcut(edges) == False:
20              if model.IsMIP:
21                  break
22              for (i,j) in x:
23                  x[i,j].VType = "B"
24              model.update()
25      return model.ObjVal, edges
```

まず，2行から11行目で部分巡回路除去制約をすべて除いた問題の線形最適化緩和問題を構成する．次に，13行目からの while 反復で，緩和問題の解から構成されるグラフの連結成分の数が1つになるまで，カット制約を追加していく．連結成分が1つになったら，変数に 0-1 整数変数の制約を付加して（22,23 行目）から，再び部分巡回路除去制約を追加していく．整数条件を付加した問題において連結成分が1つになったら最適解が得られたことになるので終了する．

上では，部分巡回路除去制約を追加する度に，混合整数最適化を解き直す方法を用いていたが，Gurobi 5.0 で追加された cbLazy 関数を用いることによって，分枝限定法を適用している最中に部分巡回路除去制約を追加することもできる．この手法を**分枝カット法** (branch and cut method) と呼ぶ．分枝カット法はモダンな数理最適化ソルバーの中核を成す．

分枝ノード内で切除平面を追加するためには，パラメータ DualReduction を 0 に設定してから，最適化を行うためのメソッド optimize を**コールバック関数** (callback function) を引数として呼び出す．

```
model.Params.DualReductions = 0
model.optimize(tsp_callback)
```

ここでコールバック関数とは，Gurobi の最適化の途中でユーザーが自分で記述したプログラムを呼び出したいときに用いる関数である．コールバック関数の where の値は，最適化のどの部分で呼ばれたかを表す．以下のプログラムでは，where が MIPSOL のときに実行されるので，新しい解を発見したときにだけ部分巡回路除去制約を追加することになる．

```
1  def tsp_callback(model, where):
2      if where != GRB.Callback.MIPSOL:
3          return
4      edges = []
5      for (i,j) in x:
6          if model.cbGetSolution(x[i,j]) > 1.e-6:
7              edges.append( (i,j) )
8      G = networkx.Graph()
9      G.add_edges_from(edges)
10     Components = networkx.connected_components(G)
11     if len(Components) == 1:
12         return
13     for S in Components:
14         model.cbLazy(quicksum(x[i,j] for i in S for j in S if j>i) <= len(S)-1)
15     return
```

上のプログラムの 6 行目の cbGetSolution は，コールバック関数の中でのみ使える関数であり，現在の解を得るために用いられる．次に，使われている枝をリスト edges に追加し，グラフ上で連結成分を求めて，各連結成分に対応する点集合 S に対する部分巡回路除去制約を追加する．14 行目の cbLazy も，コールバック関数の中でのみ使える関数であり，元の問

題に含まれていない制約を追加するために用いられる．

欄外ゼミナール６

〈切除平面法と分枝カット法〉

切除平面法 (cutting plane method) は，1954 年に線形最適化の生みの親である George Dantzig と同僚である Ray Fulkerson, Selmer Johnson によって巡回セールスマン問題（5.1 節参照）に適用されたのが起源である．巡回セールスマン問題に対する切除平面法については，5.1 節で述べたが，以下では，4.2 節で紹介した最大安定集合問題を例として切除平面法を解説する．

例として，3 つの点から構成される簡単な例題を考えよう（図 5.2，上図）．変数は，各点 1, 2, 3 が安定集合に含まれるか否かを表す 0-1 変数 x_1, x_2, x_3 であり，(x_1, x_2, x_3) の組は 3 次元空間内の点となる．変数 $x = (x_1, x_2, x_3)$ を用いて，安定集合問題を整数最適化問題として定式化すると，以下のようになる．

$$\begin{align}
\text{maximize} \quad & x_1 + x_2 + x_3 \\
\text{subject to} \quad & x_1 + x_2 \leq 1 \\
& x_1 + x_3 \leq 1 \\
& x_2 + x_3 \leq 1 \\
& x_1, x_2, x_3 \in \{0, 1\}
\end{align}$$

上の定式化における制約は，各枝の両端点は同時に安定集合に入れることはできないことを表す．この例での実行可能な解は $(0,0,0)$, $(1,0,0)$, $(0,1,0)$, $(0,0,1)$ の 4 点となる．

この 4 点の中で目的関数を最大にする点を見つける組合せ的な問題を，3 次元の線形最適化問題に帰着させることを考える．端点を「くるんだ」最小の空間を**多面体** (polytope) とよび，この場合には 4 点を端点とする 4 面体になる（図 5.2，左下図）．

もし，この多面体が線形不等式で記述できているとしたら，その線形不等式下で，目的関数 $x_1 + x_2 + x_3$ を最大化する端点を求めることによって，最適解を得ることができる．この例題の場合は自明であり，最適解は $(1,0,0)$, $(0,1,0)$, $(0,0,1)$ のいずれかであり，最適値は 1 となる．

一般には，多面体を表現するための線形不等式系を求めることは，もとの問題を解くことより難しい（だって，すべての解を列挙しなければならないのだから）．以下では，現実的なアプローチとして，多面体を含む線形不等式系からはじめて，徐々に安定集合多面体に近づけていく方法を考えよう．

まず，安定集合問題の定式化における変数の 0-1 制約を，以下の 0 以上 1 以下の制約に緩和した問題を考える．

$$\begin{align}
0 \leq x_1 \leq 1 \\
0 \leq x_2 \leq 1 \\
0 \leq x_3 \leq 1
\end{align}$$

緩和した線形最適化問題（線形緩和問題）を解くと，最適解 $(0.5, 0.5, 0.5)$ となり，目的関数値は 1.5 となる（図 5.2，右下図）．一般には線形最適化問題を解くだけでは最大安定集合問題の最適解は得られない．上の不等式系に，x が整数であるという条件を付加して解けば，最適解が得られるが，ここでは半端な解 $(0.5, 0.5, 0.5)$ を除くような式をさらに追加することを考えよ

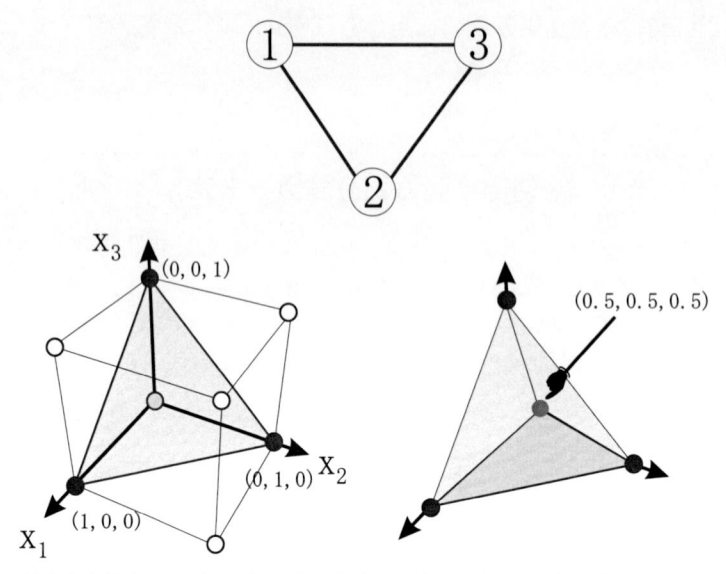

図 5.2 最大安定集合問題（上図）の多面体表現（左下図）と不等式系 $x_1+x_2 \leq 1$, $x_1 + x_3 \leq 1$, $x_2 + x_3 \leq 1$, $x_1, x_2, x_3 \geq 0$ から構成される多面体（右下図）.

う．

　最適解を除かないようにするためには，安定集合問題の多面体を含むような式を生成する必要がある．最適解を除かない不等式を，**妥当不等式** (valid inequality) と呼ぶ．たとえば，$x_1 + x_2 \leq 1$ や $x_1 + x_2 + x_3 \leq 10$ は妥当不等式である．妥当不等式の中で，線形緩和問題の解を除くものを**切除平面** (cuttting plane) と呼ぶ．たとえば，$x_1 + x_2 + x_3 \leq 1$ は切除平面である．この例では，式 $x_1 + x_2 + x_3 \leq 1$ は安定集合問題の多面体の 2 次元の面で接している．このような式を，特に**側面** (facet) と呼ぶ．側面は最も強い妥当不等式であると言える．

　切除平面（できれば側面である方が望ましい）を順次追加しながら線形最適化問題を繰り返し解く解法が切除平面法である（図 5.3）．

　切除平面法は，1958 年に Princeton 大の Ralph Gomory によって一般の整数最適化問題に拡張された．この解法は有限回の反復で収束することが示されていたが，実際には中規模の問題例でさえ求解に失敗した．切除平面法はその後，理論的な発展を遂げ，整数最適化問題の汎用解法である分枝限定法（33 ページの欄外ゼミナール参照）に組み込まれるようになった．分枝限定法の分枝ノードの中で切除平面を加える方法は**分枝カット法** (branch and cut method) と呼ばれ，モダンな数理最適化ソルバーの中核を成す．Gurobi もこの解法を搭載しており，大規模で難しい整数最適化問題を解く際には必須なテクニックである．

モデリングのコツ 7

制約の数が非常に多いときには切除平面法もしくは分枝カット法を使え．
巡回セールスマン問題に対する部分巡回路除去制約のように，その数が膨大になる定式化においては，必要な制約だけを見つけて追加する切除平面法が必要になる．本書でも巡回セールスマン問題の他に，容量制約付き配送計画問題，スケジューリング問題，ロットサイズ決定問題に対しても切除平面法もしくは分枝カット法を構築している．

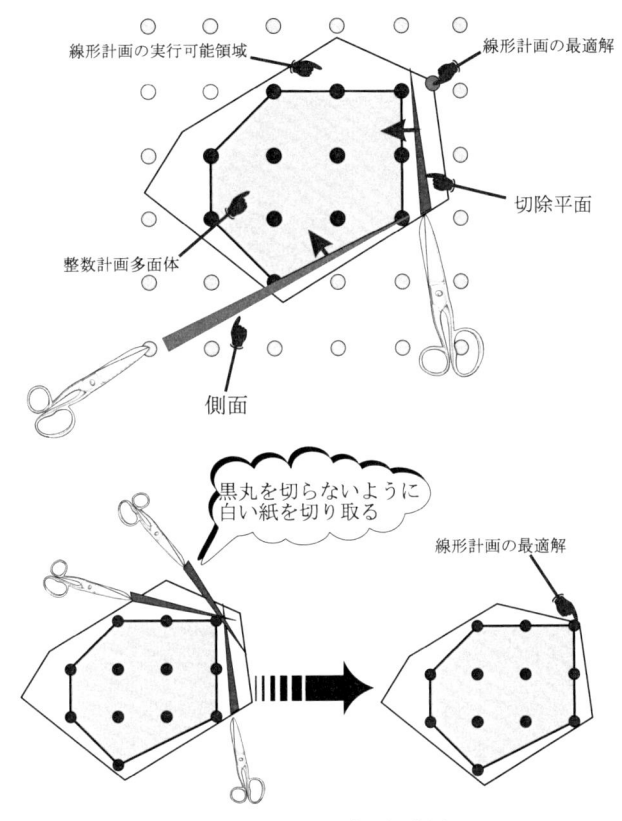

図 5.3 切除平面法の概念図.

5.1.2 Miller-Tucker-Zemlin（ポテンシャル）定式化

今度は，多項式オーダーの本数の制約をもつ定式化を考えていこう．

非対称巡回セールスマン問題を考える．グラフは有向グラフ $G = (V, A)$ であり，点集合 V，有向枝集合 A，枝上の距離関数 $c : A \to \mathbb{R}$ を与えたとき，最短距離の巡回路を求めることが目的である．

点 i の次に点 j を訪問するとき 1，それ以外のとき 0 になる 0-1 変数 x_{ij} と点 i の訪問順序を表す実数変数 u_i を導入する．出発点 1 における u_1 を 0 と解釈しておく（実際には u_1 は定式化の中に含める必要はない）．点 i の次に点 j を訪問するときに，$u_j = u_i + 1$ になるように制約を付加すると，点 1 以外の点 i に対しては，u_i は $1, 2, \ldots, n-1$ のいずれかの整数の値をとることになる．これらの変数を用いると，非対称巡回セールスマン問題は，以下のように定式化できる．

88　第 5 章　巡回路問題

$$
\begin{aligned}
\text{minimize} \quad & \sum_{i \neq j} c_{ij} x_{ij} \\
\text{subject to} \quad & \sum_{j:j \neq i} x_{ij} = 1 & \forall i = 1, 2, \ldots, n \\
& \sum_{j:j \neq i} x_{ji} = 1 & \forall i = 1, 2, \ldots, n \\
& u_i + 1 - (n-1)(1 - x_{ij}) \leq u_j & \forall i = 1, 2, \ldots, n;\ j = 2, 3, \ldots, n; i \neq j \\
& 1 \leq u_i \leq n - 1 & \forall i = 2, 3, \ldots, n \\
& x_{ij} \in \{0, 1\} & \forall i \neq j
\end{aligned}
$$

最初の制約は出次数制約と呼ばれるものであり，点 i から出る枝がちょうど 1 本であることを規定する．2 番目の制約は入次数制約とよばれ，点 i に入る枝がちょうど 1 本であることを規定する．3 番目の制約は，Miller-Tucker-Zemlin [13] によって提案されたものであるので，**Miller-Tucker-Zemlin 制約** (Miller-Tucker-Zemlin constraint) と呼ばれることもあるが，ここでは，u_i は点 i のポテンシャルと解釈できることから，**ポテンシャル制約**と呼ぶことにする．ポテンシャル制約を用いた定式化は，部分巡回路除去制約を用いた定式化を非対称に拡張したものとくらべると，はるかに弱い．これは，$x_{ij} = 1$ になったときのみ，$u_j = u_i + 1$ を強制するための制約において，$(1 - x_{ij})$ の項の係数 $n - 1$ が，非常に大きな数を表す "Big M" (2.2 節参照) と同じ働きをするためである．4 番目の制約は，ポテンシャルの上下限を表す制約である．

以下では，持ち上げと呼ばれる操作を行うことによって，ポテンシャル制約を用いた定式化を強化する．

まず，ポテンシャル制約 (5.1) をもとにして，**持ち上げ** (lifting) と呼ばれる操作を適用することを考える．x_{ji} の項を左辺に追加し，その係数を α とおく．

$$u_i + 1 - (n-1)(1 - x_{ij}) + \alpha x_{ji} \leq u_j$$

係数 α を実行可能解を除かない範囲で，なるべく大きくすることを考える．$x_{ji} = 0$ のときには，もとのポテンシャル制約そのものであるので，妥当不等式になる．$x_{ji} = 1$ のときには，実行可能解ならかならず $x_{ij} = 0, u_j + 1 = u_i$ が成立するので，このとき α の範囲は，

$$\alpha \leq u_j - u_i - 1 + (n-1) = n - 3$$

と計算できる．なるべく強い制約にするためには，α を大きくすれば良いので，妥当不等式

$$u_i + 1 - (n-1)(1 - x_{ij}) + (n-3) x_{ji} \leq u_j$$

を得る．

次に，下限制約 $1 \leq u_i$ をもとにして，持ち上げ操作を適用する．最初に，$(1 - x_{1i})$ の項を左辺に追加することを考え，その係数を β とする．

$$1 + \beta(1 - x_{1i}) \leq u_i$$

$x_{1i} = 1$ のときには，もとの式に帰着されるので妥当不等式になる．$x_{1i} = 0$ のときには，実行可能解においては，点 i は 2 番目以降に訪問されるので，$u_i \geq 2$ となる．よって，$\beta = 1$ と設定すれば良いことが分かり，

$$1 + (1 - x_{1i}) \leq u_i$$

を得る．さらに，x_{i1} の項を左辺に追加することを考え，その係数を γ とする．

$$1 + (1 - x_{1i}) + \gamma x_{i1} \leq u_i$$

$x_{i1} = 0$ のときには，もとの式に帰着されるので妥当不等式になる．$x_{i1} = 1$ のときには，実行可能解においては，点 i は最後に訪問されるので，$x_{1j} = 0, u_i = n - 1$ となる．よって，$\gamma = n - 3$ と設定すれば良いことが分かり，

$$1 + (1 - x_{1i}) + (n - 3)x_{i1} \leq u_i$$

を得る．

上限制約 $u_i \leq n - 1$ に対しても，上と同様に持ち上げを行うことによって，

$$u_i \leq (n - 1) - (1 - x_{i1}) - (n - 3)x_{1i}$$

を得る．

巡回セールスマン問題に対するポテンシャル制約を用いた定式化を用いて，Gurobi/Python で解くためのプログラムは，以下のように書ける．ここで関数の引数として与えるのは，点の数 n と枝の距離を表す辞書 c であり，返値は，持ち上げ操作によって強化された Miller-Tucker-Zemlin 定式化の Gurobi モデルである．

```
def mtz_strong(n,c):
    model = Model("atsp-mtz-strong")
    x,u = {},{}
    for i in range(1,n+1):
        u[i] = model.addVar(lb=0, ub=n-1, vtype="C")
        for j in range(1,n+1):
            if i != j:
                x[i,j] = model.addVar(vtype="B")
    model.update()
    for i in range(1,n+1):
        model.addConstr(quicksum(x[i,j] for j in range(1,n+1) if j != i) == 1)
        model.addConstr(quicksum(x[j,i] for j in range(1,n+1) if j != i) == 1)
    for i in range(1,n+1):
        for j in range(2,n+1):
            if i != j:
                model.addConstr(u[i] - u[j] + (n-1)*x[i,j] + (n-3)*x[j,i] <= n-2)
    for i in range(2,n+1):
```

```
            model.addConstr(-x[1,i] - u[i] + (n-3)*x[i,1] <= -2)
            model.addConstr(-x[i,1] + u[i] + (n-3)*x[1,i] <= n-2)
    model.setObjective(quicksum(c[i,j]*x[i,j] for (i,j) in x), GRB.MINIMIZE)
    model.update()
    model.__data = x,u
    return model
```

モデリングのコツ8

弱い式は持ち上げを使って強くせよ．

しばしば（上で述べたポテンシャル制約のように）大きな数字("Big M")を含んだ定式化を使わざるをえない場合がある．もし，数理最適化ソルバーの下界と上界の差（双対ギャップ）が大きく，計算時間がかかる場合には，上で持ち上げによる式の強化を考えると良い．理論的には，側面と呼ばれる最強の妥当不等式を導くことが望ましいが，簡単な持ち上げでもその効果は大きい．

5.1.3 単一品種フロー定式化

本節と次節では，「もの」の流れ（フロー）の概念を用いた定式化を紹介する．ここで示すのは**単一品種フロー定式化** (single commodity flow formulation) と呼ばれる．

いま，特定の点（1）に $n-1$ 単位の「もの」が置いてあり，これを他のすべての点に対してセールスマンによって運んでもらうことを考える．（当然，セールスマンは点1を出発するものと仮定する．）点1からは $n-1$ 単位の「もの」が出て行き，各点では1単位ずつ消費される．また，セールスマンが移動しなた枝にだけ「もの」を流すことができるものとする．ネットワーク理論においては，流れる「もの」を**品種** (commodity) とよび，この定式化では一種類の「もの」を運ぶこことを考えるので，単一品種フロー定式化と呼ばれる．

前節までの定式化においては，セールスマンが枝 (i,j) を通過することを表す0-1変数 x_{ij} を用いていた．さらに，枝 (i,j) を通過する「もの」（品種）の量を表す連続変数を f_{ij} 導入する．これらの記号を用いて，単一品種フロー定式化は以下のように書ける．

5.1 巡回セールスマン問題

$$
\begin{aligned}
\text{minimize} \quad & \sum_{i \neq j} c_{ij} x_{ij} \\
\text{subject to} \quad & \sum_{j: j \neq i} x_{ij} = 1 && \forall i = 1, 2, \ldots, n \\
& \sum_{j: j \neq i} x_{ji} = 1 && \forall i = 1, 2, \ldots, n \\
& \sum_{j} f_{1j} = n - 1 \\
& \sum_{j} f_{ji} - \sum_{j} f_{ij} = 1 && \forall i = 2, 3, \ldots, n \\
& f_{1j} \leq (n-1) x_{1j} && \forall j \neq 1 \\
& f_{ij} \leq (n-2) x_{ij} && \forall i \neq j; i \neq 1; j \neq 1 \\
& x_{ij} \in \{0, 1\} && \forall i \neq j \\
& f_{ij} \geq 0 && \forall i \neq j
\end{aligned}
$$

ここで最初の 2 つの制約は次数制約であり，各点に入る枝と出る枝がちょうど 1 本であることを規定する．3 番目の制約は，最初の点 1 から $n-1$ 単位の「もの」が出荷されることを表し，4 番目の制約は「もの」が各点で 1 ずつ消費されることを表す．5 番目と 6 番目の制約は容量制約であり，セールスマンが移動しない枝に「もの」が流れないことを表す．ただし，点 1 に接続する枝 $(1, j)$ に対しては最大 $n-1$ 単位の「もの」が流れ，それ以外の枝に対しては最大 $n-2$ 単位の「もの」が流れることを規定している．（すべて $n-1$ 以下と規定しても良いが，多少強化された式になっている．）

単一品種フロー定式化を Gurobi/Python によって記述すると以下のようになる．

```
def scf(n,c):
    model = Model("atsp-scf")
    x,f = {},{}
    for i in range(1,n+1):
        for j in range(1,n+1):
            if i != j:
                x[i,j] = model.addVar(vtype="B")
                if i==1:
                    f[i,j] = model.addVar(ub=n-1, vtype="C")
                else:
                    f[i,j] = model.addVar(ub=n-2, vtype="C")
    model.update()
    for i in range(1,n+1):
        model.addConstr(quicksum(x[i,j] for j in range(1,n+1) if j != i) == 1)
        model.addConstr(quicksum(x[j,i] for j in range(1,n+1) if j != i) == 1)
    model.addConstr(quicksum(f[1,j] for j in range(2,n+1)) == n-1)
    for i in range(2,n+1):
        model.addConstr(quicksum(f[j,i] for j in range(1,n+1) if j != i)
            - quicksum(f[i,j] for j in range(1,n+1) if j != i) == 1)
    for j in range(2,n+1):
        model.addConstr(f[1,j] <= (n-1)*x[1,j])
```

```
            for i in range(2,n+1):
                if i != j:
                    model.addConstr(f[i,j] <= (n-2)*x[i,j])
    model.setObjective(quicksum(c[i,j]*x[i,j] for (i,j) in x), GRB.MINIMIZE)
    model.update()
    model.__data = x,f
    return model
```

5.1.4 多品種フロー定式化

前節と同様に「もの」の流れ(フロー)に基づいた定式化を考える．ここで示す定式化は，複数の「もの」(品種)を流すことを考えるので**多品種フロー定式化** (multi-commodity flow formulation) と呼ばれる．

多品種フロー定式化は，点ごとに運ばれる「もの」が区別されている（これが前節の単一品種フロー定式化との違いである）．点 1 からは他の点 k 行きの 1 単位の品種 k が出て行き，点 k では品種 k が 1 単位消費される．枝 (i,j) を通過する品種 k の量を表す連続変数を f_{ij}^k 導入する．これを用いると，多品種フロー定式化は以下のように書ける．

$$
\begin{aligned}
\text{minimize} \quad & \sum_{i \neq j} c_{ij} x_{ij} \\
\text{subject to} \quad & \sum_{j:j \neq i} x_{ij} = 1 & \forall i = 1, 2, \ldots, n \\
& \sum_{j:j \neq i} x_{ji} = 1 & \forall i = 1, 2, \ldots, n \\
& \sum_{j:j \neq i} f_{ji}^k - \sum_{j:j \neq j} f_{ij}^k = \begin{cases} -1 & i = 1 \\ 0 & \forall i \neq 1, k \\ 1 & i = k \end{cases} \forall k \\
& f_{ij}^k \leq x_{ij} & \forall k, i, j \\
& x_{ij} \in \{0,1\} & \forall i \neq j \\
& f_{ij}^k \geq 0 & \forall k \neq 1; i \neq j; j \neq 1
\end{aligned}
$$

ここで，最初の 2 つの制約は次数制約であり，各点に入る枝と出る枝がちょうど 1 本であることを規定する．3 番目の制約は，最初の点 1 から各品種 k が 1 単位出荷され，それが点 k で消費されることを表す．4 番目の制約は容量制約であり，セールスマンが移動しない枝に「もの」が流れないことを表す．

多品種フロー定式化を Gurobi/Python によって記述すると，以下のようになる．

```
def mcf(n,c,strong=True):
    model = Model("mcf")
    x,f = {},{}
    for i in range(1,n+1):
        for j in range(1,n+1):
            if i != j:
```

```
                x[i,j] = model.addVar(vtype="B")
            if i != j and j != 1:
                for k in range(2,n+1):
                    if i != k:
                        f[i,j,k] = model.addVar(ub=1, vtype="C")
    model.update()
    for i in range(1,n+1):
        model.addConstr(quicksum(x[i,j] for j in range(1,n+1) if j != i) == 1)
        model.addConstr(quicksum(x[j,i] for j in range(1,n+1) if j != i) == 1)
    for k in range(2,n+1):
        model.addConstr(quicksum(f[1,i,k] for i in range(2,n+1) if (1,i,k) in f) == 1)
        model.addConstr(quicksum(f[i,k,k] for i in range(1,n+1) if (i,k,k) in f) == 1)
        for i in range(2,n+1):
            if i != k:
                model.addConstr(quicksum(f[j,i,k] for j in range(1,n+1) if (j,i,k) in f)
                                ==quicksum(f[i,j,k] for j in range(1,n+1) if (i,j,k) in
                                    f))
    for (i,j,k) in f:
        model.addConstr(f[i,j,k] <= x[i,j])
    model.setObjective(quicksum(c[i,j]*x[i,j] for (i,j) in x), GRB.MINIMIZE)
    model.update()
    model.__data = x,f
    return model
```

5.2 時間枠付き巡回セールスマン問題

ここでは，巡回セールスマン問題に時間枠を追加した**時間枠付き巡回セールスマン問題** (traveling salesman problem with time windows) を考える．

この問題は，特定の点 1 を時刻 0 に出発すると仮定した非対称巡回セールスマン問題において，点間の移動距離 c_{ij} を移動時間とみなし，さらに点 i に対する出発時刻が最早時刻 e_i と最遅時刻 ℓ_i の間でなければならないという制約を課した問題である．ただし，時刻 e_i より早く点 i に到着した場合には，点 i 上で時刻 e_i まで待つことができるものとする．

5.2.1 ポテンシャル定式化

まず，5.1.2 節で考えた巡回セールスマン問題に対するポテンシャル (Miller-Tucker-Zemlin) 制約の拡張を考える．

点 i を出発する時刻を表す変数 t_i を導入する．t_i は以下の制約を満たす必要がある．

$$e_i \leq t_i \leq \ell_i \quad \forall i = 1, 2, \ldots, n$$

ただし，$e_1 = 0, \ell_1 = \infty$ と仮定する．

点 i の次に点 j を訪問する ($x_{ij} = 1$) ときには，点 j を出発する時刻 t_j は，点 i を出発する時刻に移動時間 c_{ij} を加えた値以上であることから，以下の式を得る．

$$t_i + c_{ij} - M(1 - x_{ij}) \leq t_j \quad \forall i, j : j \neq 1, i \neq j$$

ここで，M は大きな数を表す定数である．なお，移動時間 c_{ij} は正の数と仮定する．c_{ij} が 0 だと $t_i = t_j$ になる可能性があり，部分巡回路ができてしまう．これを避けるためには，巡回セールスマン問題と同様の制約を付加する必要があるが，$c_{ij} > 0$ の仮定の下では，上の制約によって部分巡回路を除去することができる．

このような大きな数 "Big M" を含んだ定式化はあまり実用的ではないので，時間枠を用いて強化することを考える．M の値はなるべく小さい方が強い制約になる．$x_{ij} = 0$ のときには，上の制約は，

$$M \geq t_i + c_{ij} - t_j$$

と書き直すことができる．すべての実行可能解に対して，上の式が成立するように M を設定する必要がある．$t_i \leq \ell_i$ であり，$t_j \geq e_j$ であるので，M の値は $\ell_i + c_{ij} - e_j$ 以上にすれば良い．もちろん，$M > 0$ でないと式として意味を成さないので，以下の式を得る．

$$t_i + c_{ij} - [\ell_i + c_{ij} - e_j]^+(1 - x_{ij}) \leq t_j \quad \forall i, j : j \neq 1, i \neq j$$

ここで $[\cdot]^+$ は $\max\{\cdot, 0\}$ を表す記号とする．

巡回セールスマン問題に対する次数制約と上の制約を合わせることによって，時間枠付き巡回セールスマン問題に対するポテンシャル定式化を得る．

$$
\begin{aligned}
\text{minimize} \quad & \sum_{i \neq j} c_{ij} x_{ij} \\
\text{subject to} \quad & \sum_{j : j \neq i} x_{ij} = 1 & \forall i = 1, 2, \ldots, n \\
& \sum_{j : j \neq i} x_{ji} = 1 & \forall i = 1, 2, \ldots, n \\
& t_i + c_{ij} - [\ell_i + c_{ij} - e_j]^+(1 - x_{ij}) \leq t_j & \forall i, j : j \neq 1, i \neq j \\
& x_{ij} \in \{0, 1\} & \forall i, j : i \neq j \\
& e_i \leq t_i \leq \ell_i & \forall i = 1, 2, \ldots, n
\end{aligned}
$$

巡回セールスマン問題のときと同様に，ポテンシャル制約と上下限制約は，持ち上げ操作によってさらに以下のように強化できる．

$$t_i + c_{ij} - [\ell_i + c_{ij} - e_j]^+(1 - x_{ij}) + [\ell_i - e_j + \min\{-c_{ji}, e_j - e_i\}]^+ x_{ji} \leq t_j \quad \forall i, j : j \neq 1, i \neq j$$

$$e_i + \sum_{j \neq i} [e_j + c_{ji} - e_i]^+ x_{ji} \leq t_i \quad \forall i = 2, \cdots, n$$

$$t_i \leq \ell_i - \sum_{j \neq 1, i} [\ell_i - \ell_j + c_{ij}]^+ x_{ij} \quad \forall i = 2, \cdots, n$$

この定式化を Gurobi/Python で記述すると，以下のようになる．

```
def mtz2tw(n,c,e,l):
    model = Model("tsptw - mtz-strong")
    x,u = {},{}
    for i in range(1,n+1):
        u[i] = model.addVar(lb=e[i], ub=l[i], vtype="C")
        for j in range(1,n+1):
            if i != j:
                x[i,j] = model.addVar(vtype="B")
    model.update()
    for i in range(1,n+1):
        model.addConstr(quicksum(x[i,j] for j in range(1,n+1) if j != i) == 1)
        model.addConstr(quicksum(x[j,i] for j in range(1,n+1) if j != i) == 1)
        for j in range(2,n+1):
            if i != j:
                M1 = max(l[i] + c[i,j] - e[j], 0)
                M2 = max(l[i] + min(-c[j,i], e[j]-e[i]) - e[j], 0)
                model.addConstr(u[i] + c[i,j] - M1*(1-x[i,j]) + M2*x[j,i] <= u[j])
    for i in range(2,n+1):
        model.addConstr(e[i] + quicksum(max(e[j]+c[j,i]-e[i],0) * x[j,i] for j in range
            (1,n+1) if i != j) <= u[i])
        model.addConstr(u[i] <= l[i] - quicksum(max(l[i]-l[j]+c[i,j],0) * x[i,j] for j in
            range(2,n+1) if i != j))
    model.setObjective(quicksum(c[i,j]*x[i,j] for (i,j) in x), GRB.MINIMIZE)
    model.update()
    model.__data = x,u
    return model
```

5.2.2 2添え字ポテンシャル定式化

上のポテンシャル定式化では，やはり大きな数 ("Big M") が使われていた．これを除くために以下の新しい変数を導入する．

$$y_{ij} = \begin{cases} \text{点 } i \text{ の発時刻} & x_{ij} = 1 \text{ のとき} \\ 0 & \text{それ以外のとき} \end{cases}$$

これを用いた時間枠付き巡回セールスマン問題の定式化は，以下のようになる [14]．

$$
\begin{aligned}
\text{minimize} \quad & \sum_{i \neq j} c_{ij} x_{ij} \\
\text{subject to} \quad & \sum_{j: j \neq i} x_{ij} = 1 & \forall i = 1, 2, \ldots, n \\
& \sum_{j: j \neq i} x_{ji} = 1 & \forall i = 1, 2, \ldots, n \\
& \sum_{i: i \neq j} y_{ij} + \sum_{i: i \neq j} c_{ij} x_{ij} \leq \sum_{k: k \neq j} y_{jk} & \forall j = 2, \cdots, n \\
& e_i x_{ij} \leq y_{ij} \leq \ell_i x_{ij} & \forall i, j : i \neq j \\
& x_{ij} \in \{0, 1\} & \forall i, j : i \neq j
\end{aligned}
$$

最初の 2 つの制約は次数制約である．3 番目の制約は，x_{ij} が 1 のとき，点 i の発時刻 ($\sum_{i:i \neq j} y_{ij}$) に i から j への移動時間 c_{ij} を加えたものより，点 j の発時刻 ($\sum_{k:k \neq j} y_{jk}$) が遅いことを表したものである．4 番目の制約は，x_{ij} が 1 のときだけ y_{ij} が正の値をとれることと，時間枠制約を同時に表したものである．

この定式化を Gurobi/Python で記述すると，以下のように書ける．

```
def tsptw2(n,c,e,l):
    model = Model("tsptw2")
    x,u = {},{}
    for i in range(1,n+1):
        for j in range(1,n+1):
            if i != j:
                x[i,j] = model.addVar(vtype="B")
                u[i,j] = model.addVar(vtype="C")
    model.update()
    for i in range(1,n+1):
        model.addConstr(quicksum(x[i,j] for j in range(1,n+1) if j != i) == 1)
        model.addConstr(quicksum(x[j,i] for j in range(1,n+1) if j != i) == 1)
    for j in range(2,n+1):
        model.addConstr(quicksum(u[i,j] + c[i,j]*x[i,j] for i in range(1,n+1) if i != j)
                        -
                        quicksum(u[j,k] for k in range(1,n+1) if k != j) <= 0)
    for i in range(1,n+1):
        for j in range(1,n+1):
            if i != j:
                model.addConstr(e[i]*x[i,j] <= u[i,j])
                model.addConstr(u[i,j] <= l[i]*x[i,j])
    model.setObjective(quicksum(c[i,j]*x[i,j] for (i,j) in x), GRB.MINIMIZE)
    model.update()
    model.__data = x, u
    return model
```

5.3 容量制約付き配送計画問題

ここでは，巡回セールスマン問題の実務的な拡張として**容量制約付き配送計画問題** (capacitated vehicle routing problem) を考える．

容量制約付き配送計画問題は，以下の仮定をもつ．

- **デポ** (depot) と呼ばれる特定の地点を出発した**運搬車** (vehicle) が，複数の顧客を経由し再びデポに戻る．このとき運搬車による顧客の通過順をルートとよぶ（図 5.4 参照）．なお，ここでは運搬車をトラック，トレーラー，船など様々な輸送手段を指す総称として用いる．

- デポに待機している運搬車の最大積載重量（これを容量とよぶ）は既知である．

- 顧客の位置は既知であり，各顧客の需要量も事前に与えられている．なお，顧客の需要量は，運搬車の最大積載重量を超えないものと仮定し，各顧客はちょうど1回訪問されるものとする．

- 地点間の移動費用は既知である．

- 1つのルートに含まれる顧客の需要量の合計は運搬車の最大積載重量を超えない（これを容量制約とよぶ）．

- 運搬車の種類は1種類とし，その台数はあらかじめ決められている．

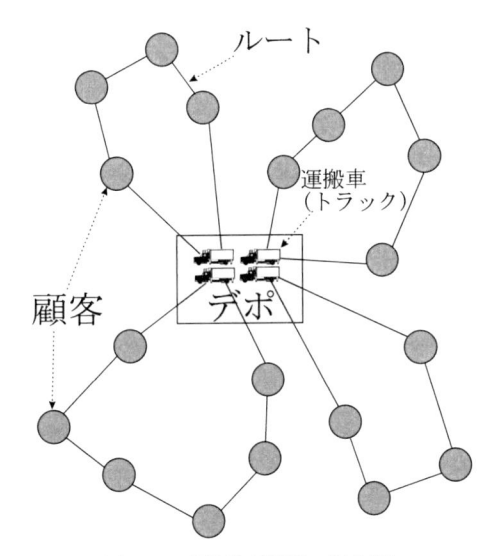

図 5.4 配送計画問題の概念図．

配送計画問題の応用としては，小売店への配送計画，スクールバスの巡回路決定，郵便や新聞の配達，ゴミの収集，燃料の配送などがある．もちろん，これらの応用に適用する際には，上の基本条件に様々な条件を付加する必要があるが，ここでは基本形として容量制約のみを扱う．

運搬車の数を m，点（顧客およびデポを表す）の数を n とする．顧客 $i = 2, 3, \ldots, n$ は需要量 q_i をもち，その需要はある運搬車によって運ばれる（または収集される）ものとする．運搬車 $k = 1, 2, \ldots, m$ は有限の積載量上限 Q をもち，運搬車によって運ばれる需要量の合計は，その値を超えないものとする．通常は，顧客の需要量の最大値 $\max\{q_i\}$ は，運搬車の容量 Q を超えないものと仮定する．もし，積載量の最大値を超える需要をもつ顧客が存在するなら，（積載量の上限に収まるように）需要を適当に分割しておくことによって，上の仮定を満たすように変換できる．

運搬車が点 i から点 j に移動するときにかかる費用を c_{ij} と書く．ここでは移動費用は対称 ($c_{ij} = c_{ji}$) とする．配送計画問題の目的はすべての顧客の需要を満たす m 台の運搬車の最適ルート（デポを出発して再びデポへ戻ってくる単純閉路）を求めることである．

点 i, j 間を運搬車が移動する回数を表す変数 x_{ij} を導入する．対称な問題を仮定するので，変数 x_{ij} は $i < j$ を満たす点 i, j 間にだけ定義される．x_{ij} がデポに接続しない枝に対しては，

運搬車が通過するときに 1，それ以外のとき 0 を表すが，デポからある点 j に移動してすぐにデポに帰還するいわゆるピストン輸送の場合には，x_{1j} は 2 となる．

容量制約付き配送計画問題の定式化は，以下のようになる．

$$
\begin{aligned}
\text{minimize} \quad & \sum_{i,j} c_{ij} x_{ij} \\
\text{subject to} \quad & \sum_{j} x_{1j} = 2m \\
& \sum_{j} x_{ij} = 2 & \forall i = 2, 3, \ldots, n \\
& \sum_{i,j \in S} x_{ij} \leq |S| - N(S) & \forall S \subset \{2, 3, \ldots, n\}; |S| \geq 3 \\
& x_{1j} \in \{0, 1, 2\} & \forall j = 2, 3, \ldots, n \\
& x_{ij} \in \{0, 1\} & \forall i < j : i \neq 1
\end{aligned}
$$

ここで，最初の制約は，デポ（点 1）から m 台の運搬車があることを規定する．すなわち，点 1 に出入りする運搬車を表す枝の本数が $2m$ 本であることを表す．2 番目の制約は，各顧客に 1 台の運搬車が訪問することを表す．3 番目の制約は，運搬車の容量制約と部分巡回路を禁止することを同時に規定する制約である．この制約で用いられる $N(S)$ は，顧客の部分集合 S を与えたときに計算される関数であり，以下のように定義される．

$$N(S) = S \text{ 内の顧客の需要を運ぶために必要な運搬車の数}.$$

$N(S)$ を計算するためには，第 3 章で説明した箱詰め問題を解く必要があるが，通常は以下の下界で代用する．

$$\left\lceil \sum_{i \in S} q_i / Q \right\rceil.$$

5.1.1 節で巡回セールスマン問題に対して適用したように，線形緩和問題の解を $\bar{x}_e (e \in E)$ としたとき，$\bar{x}_e$ が正の枝から構成されるグラフ上で連結成分を求めることによる分枝カットを考える．

配送計画問題の定式化を行うための基本部分の Gurobi/Python のプログラムは，以下のようになる．

```
def vrp(V, c, m, q, Q):
    model = Model("vrp")
    x = {}
    for i in V:
        for j in V:
            if j > i and i == V[0]:
                x[i,j] = model.addVar(vtype="I", ub=2)
            elif j > i:
                x[i,j] = model.addVar(vtype="I", ub=1)
    model.update()
```

5.3 容量制約付き配送計画問題

```
    model.addConstr(quicksum(x[V[0],j] for j in V[1:]) == 2*m)
    for i in V[1:]:
        model.addConstr(quicksum(x[j,i] for j in V if j < i) +
                        quicksum(x[i,j] for j in V if j > i) == 2)
    model.setObjective(quicksum(c[i,j]*x[i,j] for i in V for j in V if j>i), GRB.MINIMIZE)
    model.update()
    model.__data = x
    return model
```

与えられた枝集合 edges から成るグラフに対して，連結成分を求め，各連結成分 S に対して切除平面

$$\sum_{i,j \in S} x_{ij} \leq |S| - N(S)$$

を追加するためのコールバック関数 vrp_callback は，以下のように書ける．

```
def vrp_callback(model, where):
    if where != GRB.callback.MIPSOL:
        return
    edges = []
    for (i,j) in x:
        if model.cbGetSolution(x[i,j]) > .5:
            if i != V[0] and j != V[0]:
                edges.append( (i,j) )
    G = networkx.Graph()
    G.add_edges_from(edges)
    Components = networkx.connected_components(G)
    for S in Components:
        S_card = len(S)
        q_sum = sum(q[i] for i in S)
        NS = int(math.ceil(float(q_sum)/Q))
        S_edges = [(i,j) for i in S for j in S if i<j and (i,j) in edges]
        if S_card >= 3 and (len(S_edges) >= S_card or NS > 1):
            model.cbLazy(quicksum(x[i,j] for i in S for j in S if j > i) <= S_card-NS)
            print "adding cut for", S_edges
    return
```

上のコールバック関数を引数として最適化メソッド optimize を呼び出すことによって，分枝カット法が適用され，配送計画問題の最適解を得ることができる．

第6章 スケジューリング問題

 スケジューリング (scheduling)[1] とは，稀少資源（機械）を諸活動[2]へ（時間軸を考慮して）割り振るための方法に対する理論体系である．スケジューリングの応用は，工場内での生産計画，計算機におけるジョブのコントロール，プロジェクトの遂行手順の決定など，様々である．本章では，スケジューリングに関連する様々な定式化について考える．

 本章の構成は以下の通り．

- 6.1節 リリース時刻付き重み付き完了時刻和問題をとりあげ，離接定式化，完了時刻定式化，時刻添え字定式化の3通りの定式化を示す．
- 6.2節 総納期遅れ最小化問題を例として，時刻添え字定式化と線形順序付け定式化を示す．
- 6.3節 順列フローショップ問題を考え，位置データ定式化を示す
- 6.4節 一般的な資源制約つきスケジューリング問題に対する定式化を示す．

---

[1] 活動を行う順序を決める場合が多いので，しばしば**順序づけ** (sequencing) とも呼ばれる．
[2] ジョブ，タスク，仕事，作業，オペレーションなどの総称．

6.1　1機械リリース時刻付き重み付き完了時刻和問題

ここでは，**1機械リリース時刻付き重み付き完了時刻和問題** (one machine weighted completion time minimization problem with release time) に対する定式化について考える．

まず，具体的な例題をあげよう．

> あなたは6つの異なる得意先から製品の製造を依頼された製造部長だ．製品の製造は特注であり，それぞれ1, 4, 2, 3, 1, 4日の製造日数がかかる．ただし，製品の製造に必要な材料の到着する日は，それぞれ, 0, 2, 4, 1, 5日後と決まっている．得意先には上得意とそうでないものが混在しており，それぞれの重要度は3, 1, 2, 3, 1, 2と推定されている．製品を仕上げる日数に重みを乗じたものの和をなるべく小さくするように社長に命令されているが，さてどのような順序で製品を製造したら良いのだろう？

表 6.1　1機械リリース時刻付き重み付き完了時刻和問題の例題．

ジョブの番号 (j)	1	2	3	4	5	6
処理時間 (p_j)	1	4	2	3	1	4
リリース時刻 (r_j)	4	0	2	4	1	5
重み (w_j)	3	1	2	3	1	2

上の問題をきちんと定義すると，以下のようになる．

> **1機械リリース時刻付き重み付き完了時刻和最小化問題**
> 単一の機械で n 個のジョブを処理する問題を考える．この機械は一度に1つのジョブしか処理できず，ジョブの処理を開始したら途中では中断できないものと仮定する．ジョブの集合の添え字を $j = 1, 2, \ldots, n$，ジョブの集合を $J = \{1, 2, \ldots, n\}$ と書く．各ジョブ j に対する処理時間 p_j，重要度を表す重み w_j，リリース時刻（ジョブの処理が開始できる最早時刻）r_j が与えられたとき，各ジョブ j の処理完了時刻 C_j の重み付きの和を最小にするようなジョブを機械にかける順番（スケジュール）を求めよ．

上の例題における得意先はジョブ，部品が届く日はリリース時刻，製造に要する日数は処理時間，得意先の重要度はジョブの重みとみなすと，表 6.1 のデータをもつ1機械リリース時刻付き重み付き完了時刻和最小化問題となる．

この問題に対する従来法として優先ルールによる方法があげられる．これは，適当な優先ルールに基づきジョブを選択し，その順で前詰めに並べるだけの解法であるが，スケジューリングの現場ではよく使われている．たとえば，ジョブの重みを処理時間で除した値の大きい順に並べる方法（WSPT ルール (weighted shortest processing time rule) ルール；6.1.2 節参照）やリリース時刻の早い順（最早リリース時刻ルール）に並べる方法があげられる．図 6.1 に表 6.1 の例題を WSPT ルールならびに最早リリース時刻ルールで解いた結果と Gurobi/Python による解を示す．このように小規模な問題例でも，優先ルールによる方法が必ずしも最適解に

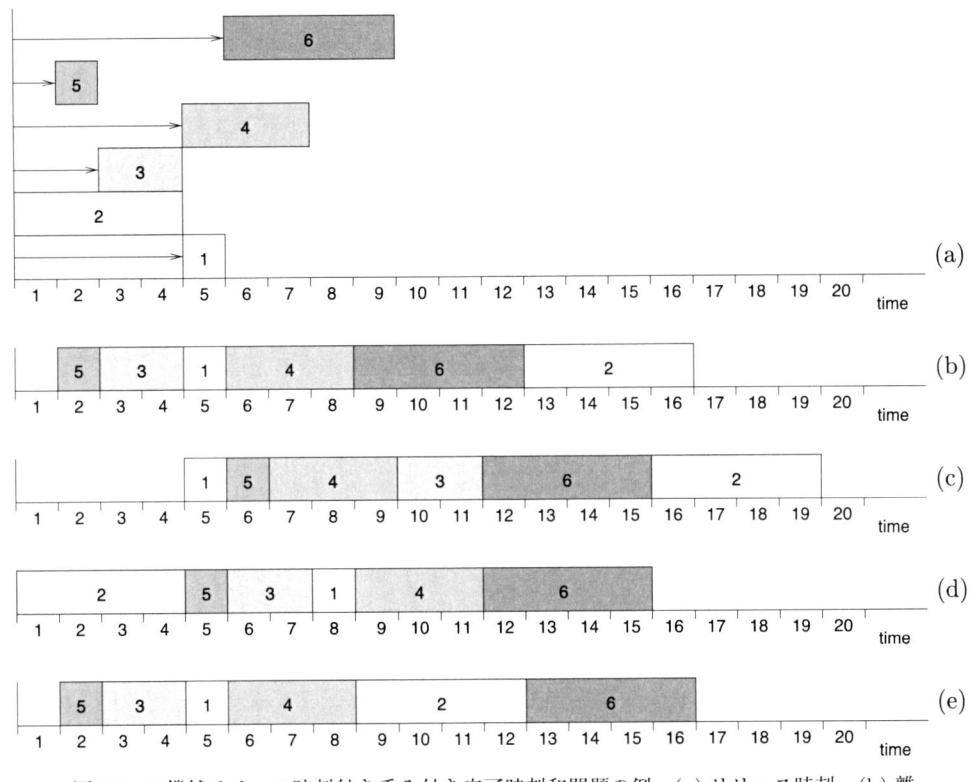

図 6.1 1機械リリース時刻付き重み付き完了時刻和問題の例. (a) リリース時刻. (b) 離接定式化ならびに完了時刻定式化による解（目的関数値は 89）. (c)WSPT ルールによる解（目的関数値は 119）. (d) 最早リリース時刻ルールによる解（目的関数値は 110）. (e) 完了時刻定式化に基づく近似解（目的関数値は 93）.

ならないことが理解できるだろう．

以下では，この問題に対する様々な定式化と Gurobi/Python によるプログラムを示す．

6.1.1 離接定式化

ここでは，**離接定式化** (disjunctive formulation) と呼ばれる単純な定式化を示す．
以下に定義される連続変数 s_j および 0-1 整数変数 x_{jk} を用いる．

$$s_j = \text{ジョブ } j \text{ の開始時刻}$$

$$x_{jk} = \begin{cases} 1 & \text{ジョブ } j \text{ が他のジョブ } k \text{ に先行する（前に処理される）とき} \\ 0 & \text{それ以外のとき} \end{cases}$$

離接定式化は，非常に大きな数 M を用いると，以下のように書ける．

$$\begin{aligned}
\text{minimize} \quad & \sum_{j=1}^{n} w_j s_j + \sum_{j=1}^{n} w_j p_j \\
\text{subject to} \quad & s_j + p_j - M(1 - x_{jk}) \leq s_k && \forall j \neq k \\
& x_{jk} + x_{kj} = 1 && \forall j < k \\
& s_j \geq r_j && \forall j = 1, 2, \ldots, n \\
& x_{jk} \in \{0, 1\} && \forall j \neq k
\end{aligned}$$

目的関数は重み付き完了時刻の和 $\sum w_j(s_j + p_j)$ を展開したものであり，それを最小化している．展開した式の第2項は定数であるので，実際には第1項のみを最小化すれば良い．最初の制約は，x_{jk} が1のとき，ジョブ j の完了時刻 $s_j + p_j$ よりジョブ k の開始時刻 s_k が後になることを表す．（x_{jk} が0のときには，M が大きな数なので制約にはならない．）2番目の制約は，ジョブ j がジョブ k に先行するか，ジョブ k がジョブ j に先行するかの何れかが成立することを表す．これを**離接制約** (disjunctive constraint) と呼ぶ．これが離接定式化の名前の由来である．3番目の制約は，ジョブ j の開始時刻 s_j がリリース時刻 r_j 以上であることを表す．

大きな数 M は，実際にはなるべく小さな値に設定すべきである．すべての制約で同じ M を用いるならば $\max(r_j) + \sum p_j$ とすれば十分である．

この定式化を Gurobi/Python で記述すると以下のようになる．

```
 1  def scheduling_disjunctive(J,p,r,w):
 2      model = Model("scheduling: disjunctive")
 3      M = max(r.values()) + sum(p.values())
 4      s,x = {},{}
 5      for j in J:
 6          s[j] = model.addVar(lb=r[j], vtype="C")
 7          for k in J:
 8              if j != k:
 9                  x[j,k] = model.addVar(vtype="B")
10      model.update()
11      for j in J:
12          for k in J:
13              if j != k:
14                  model.addConstr(s[j] - s[k] +M*x[j,k] <= (M-p[j]))
15              if j < k:
16                  model.addConstr(x[j,k] + x[k,j] == 1)
17      model.setObjective(quicksum(w[j]*s[j] for j in J), GRB.MINIMIZE)
18      model.update()
19      model.__data = s, x
20      return model
```

上のプログラムは，離接定式化を作成するための関数である．関数の引数は，ジョブの集合を表すリスト J，ならびに処理時間 p_j，リリース時刻 r_j，重み w_j を表す辞書 p, r, w である．

3 行目では，大きな数 M を $\max(r_j) + \sum p_j$ に設定している．6 行目では，変数 s_j を宣言するのと同時に，それがリリース時刻以上である制約 $s_j \geq r_j$ を付加している．

欄外ゼミナール 7

〈離接制約と論理条件〉

実際問題を扱う際に，2 本の制約の何れかが満たされていなければならないという条件がしばしば現れる．本文でも述べたように，これを離接制約と呼ぶ．たとえば，

$$2x_1 + x_2 \leq 30, \quad x_1 + 2x_2 \leq 20$$

の 2 本の制約の何れかが成立するという条件は，大きな数 M と 0-1 変数 y を用いて，

$$2x_1 + x_2 \leq 30 + My, \quad x_1 + 2x_2 \leq 2 + M(1-y)$$

と書くことができる．つまり，$y = 0$ の場合には最初の式が有効になり，2 番目の式は右辺が非常に大きな数になるので無視され，逆に $y = 1$ の場合には 2 番目の式が有効になり，最初の式は右辺が非常に大きな数になるので無視されるのである．

離接制約は，様々な論理条件を表す際にも用いることができる．たとえば，「制約 A が成立している場合には，制約 B も成立しなければならない」という条件は，以下に示すように離接制約を用いて表現できる．「制約 A が成立している場合には，制約 B も成立しなければならない (if A then B)」は，A が成立している場合には B が真でなければならず，A が成立していないときには B は真でなくても良いので，NOT A or B と同値である．if A then B と NOT A or B が同値ことは，以下の真偽表をみれば理解できるだろう．

A	B	if A then B	NOT A	NOT A or B
偽	偽	真	真	真
偽	真	真	真	真
真	偽	偽	偽	偽
真	真	真	偽	真

つまり，if A then B の条件は，A を表す制約を逆にした制約 (NOT A) と B を表す制約の離接制約 (or) によって表現できる．例として，

$$\text{if} \quad x_1 + x_2 \leq 10 \quad \text{then} \quad x_1 \leq 5$$

を考えよう．この条件は，

$$x_1 + x_2 > 10 \quad \text{or} \quad x_1 \leq 5$$

と同値であるので，0-1 変数 y と大きな数 M を用いて離接制約として表現すると，

$$x_1 + x_2 > 10 - My, \quad x_1 \leq 5 + M(1-y)$$

と書くことができる．

6.1.2 完了時刻定式化

1機械リリース時刻付き重み付き完了時刻和問題からリリース時刻の制約を外した問題を考える．この問題は，1機械重み付き完了時刻問題とよばれ最適解を容易に導くことができる．

この問題の最適解の特徴付けを，以下の定理の中で行っておこう．

定理 6.1 [Smith [15]] ジョブの番号が w_j/p_j の非増加順に $1, 2, \ldots, n$ と並べ替えてある，すなわち任意の 2 つのジョブ $j, k(j < k)$ に対して

$$\frac{w_j}{p_j} \geq \frac{w_k}{p_k}$$

が成立しているとする．このとき，ジョブを $1, 2, \ldots, n$ の順に機械にかけるスケジュールの中に重み付き完了時刻和を目的関数とした1機械スケジューリング問題の最適スケジュールが存在する．

証明： いま，w_j/p_j の非増加順に並んでいないスケジュールが最適であると仮定する．このスケジュールは，j, k の順に連続して処理される 2 つのジョブ $j, k(j < k)$ で

$$\frac{w_j}{p_j} < \frac{w_k}{p_k} \tag{6.1}$$

を満たすものを必ず含む．以下では，この 2 つのジョブを入れ替えると目的関数値が減少することを示す．ジョブ j の直前までのジョブの処理時間の合計を C と書くと，ジョブ j の完了時刻 C_j とジョブ k の完了時刻 C_k はそれぞれ以下のように書ける．

$$C_j = C + p_j$$
$$C_k = C + p_j + p_k$$

交換前の目的関数値を Z とし，交換後の目的関数値を Z^{new} と書く．交換後のジョブ j の完了時刻 C_j^{new} とジョブ k の完了時刻 C_k^{new} は

$$C_j^{\text{new}} = C + p_k + p_j$$
$$C_k^{\text{new}} = C + p_k$$

となるので，

$$\begin{aligned}
Z^{\text{new}} - Z &= w_j C_j^{\text{new}} + w_k C_k^{\text{new}} - (w_j C_j + w_k C_k) \\
&= w_j(C + p_k + p_j) + w_k(C + p_k) - w_j(C + p_j) - w_k(C + p_j + p_k) \\
&= w_j p_k - w_k p_j \\
&= p_j p_k \left(\frac{w_j}{p_j} - \frac{w_k}{p_k}\right)
\end{aligned}$$

式 (6.1) と p_j, p_k が正であることから上の最後の式は 0 未満になる．よって $Z^{\text{new}} < Z$ とな

り，ジョブ j, k を入れ替えると目的関数値が減少することがわかる．このことは，w_j/p_j の非増加順に並んでいないスケジュールが最適であるという仮定に矛盾するので，w_j/p_j の非増加順に並んでいるスケジュールの中に最適解があることが言える．∎

上の定理で用いた証明の方法は交換原理とよばれ，スケジューリング問題が適当な指標の並べ替えによって解けることを示す際の常套手段である．なお，ジョブを w_j/p_j の非増加順に並べる解法は，**WSPT ルール** (weighted shortest processing time rule) と呼ばれる優先ルールである．

すべての $j \in \mathcal{J}$ に対して $w_j = p_j$ と設定した1機械スケジューリング問題を考える．上の定理 6.1 から，w_j/p_j の非増加順に並べたものが，重み付き完了時刻和を最小にするスケジュールであるので，任意の順序で並べたものが最適スケジュールになる．仮に，$1, 2, \ldots, n$ の順でジョブを並べたものが $w_j = p_j$ $(j = 1, 2, \ldots, n)$ とおいた問題の最適スケジュールだとし，そのときの各ジョブ j の完了時刻を C_j^* と書く．すると，任意のジョブの部分集合 $S \subseteq \mathcal{J}$ に対して

$$\sum_{j \in S} p_j C_j \geq \sum_{j \in S} p_j C_j^*$$
$$= \sum_{j \in S} p_j \left(\sum_{i=1}^{j} p_i \right)$$
$$= \frac{1}{2} \sum_{j \in S} p_j^2 + \frac{1}{2} \left(\sum_{j \in S} p_j \right)^2$$

が成立する．このことから任意の実行可能なスケジュールの完了時刻の n 組 $(C_1, C_2, \ldots, C_n)$ は以下の不等式を満たさなければならないこと，言い換えれば，以下の不等式が1機械スケジューリング問題の妥当不等式になっていることが言える．

$$\sum_{j \in S} p_j C_j \geq \frac{1}{2} \sum_{j \in S} p_j^2 + \frac{1}{2} \left(\sum_{j \in S} p_j \right)^2 \quad \forall S \subseteq \mathcal{J} \tag{6.2}$$

実は，任意のジョブ数に対して，上で導いた妥当不等式から構成される多面体が，1機械スケジューリング問題の多面体と一致することが示される [14]．

式 (6.2) は非常にたくさんあるので，ジョブ数がある程度大きいときには，すべてを事前に列挙しておくことは実用的でない．このような場合には，，式 (6.2) の一部分から構成される線形最適化問題を解き，得られた線形最適化問題の解を破っている式を必要に応じて付け加える，いわゆる切除平面法（85 ページの欄外ゼミナール参照）に基づく解法が常套手段である．さらに，効率的な切除平面法のためには，緩和問題の解を与えたとき，その解を破っている制約を求める，いわゆる分離問題に対する効率的な解法が必要である．より正確に言うと，分離問題は以下のように定義される．

> **式 (6.2) に対する分離問題**
> n 個のジョブの完了時刻を表すベクトル $(C_1, C_2, \ldots, C_n)$ を与えたとき，式 (6.2) がすべて満たされていることを判定するか，もしくは破っている妥当不等式を 1 つ返す．

この分離問題は，以下のアルゴリズムで解くことができる．

> **式 (6.2) に対する分離問題を解くためのアルゴリズム**
> 1. ジョブを C_j の非減少順に $1, 2, \ldots, n$ と並べ替える．
> 2. ジョブの部分集合 S_k を $\{1, 2, \ldots, k\}$ と定義する．
> 3. 部分集合 $S = S_k (k = 1, 2, \ldots, n)$ で
> $$f(S) = \frac{1}{2} \sum_{j \in S} p_j^2 + \frac{1}{2} \left(\sum_{j \in S} p_j \right)^2 - \sum_{j \in S} p_j C_j$$
> を最大にする k を求め，それを k^* とする．
> 4. もし $f(S_{k^*}) \leq 0$ なら，すべての S に対して式 (6.2) は満たされる．もし $f(S_{k^*}) > 0$ なら，$S = S_{k^*}$ としたときの式 (6.2) が，破られた妥当不等式になる．

上のアルゴリズムで最も計算時間がかかるのは，ジョブを完了時刻の非減少順に並べ替える部分であるので，おおよそ $n \log n$ に比例する時間で行うことができる．

上のアルゴリズムの妥当性を，以下に定理として示す．

定理 6.2 式 (6.2) に対する分離問題を解くためのアルゴリズムは正しく働く．

証明： すべてのジョブの部分集合の中で，関数

$$f(S) = \frac{1}{2} \sum_{j \in S} p_j^2 + \frac{1}{2} \left(\sum_{j \in S} p_j \right)^2 - \sum_{j \in S} p_j C_j$$

を最大にするジョブの部分集合を S と書く．S 内のジョブ k に対して

$$f(S) = f(S \setminus \{k\}) + p_k \sum_{j \in S} p_j - p_k C_k$$

が成立する．S は $f(S)$ を最大にするように選んだので，$f(S \setminus \{j\}) \leq f(S)$ である．よって，

$$C_k \leq \sum_{j \in S} p_j$$

を得る．S に含まれていないジョブ k に対して

$$f(S \cup \{k\}) = f(S) + p_k \left(p_k + \sum_{j \in S} p_j - C_k \right)$$

が成立する．$f(S \cup \{j\}) \leq f(S)$ および $p_k > 0$ から，
$$C_k - p_k \geq \sum_{j \in S} p_j$$
を得る．

上の議論をまとめると，$k \in S$ なら $C_k \leq \sum_{j \in S} p_j$ であり，$k \notin S$ なら（$p_k > 0$ であるので）$C_k > \sum_{j \in S} p_j$ である．すなわち，$C_k \leq \sum_{j \in S} p_j$ が $k \in S$ であるための必要十分条件になっていることがわかる．このことから，$k \in S$ ならば $C_j \leq C_k$ を満たすすべてのジョブ j は S に含まれていることが言える．よって，完了時刻の非減少順に並べ，$\{1, 2, \ldots, j\}$ の形の部分集合 S だけに限定して $f(S)$ の最大値を求めるアルゴリズムの正当性が得られた．■

上で導いた妥当不等式と分離問題を解くためのアルゴリズムは，1機械スケジューリング問題に対する種々の（$\mathcal{NP}$-困難な）問題に対する切除平面法の導出に真価を発揮する．ここでは，1機械リリース時刻付き重み付き完了時刻和問題に対して適用する．以下に，完了時刻を変数とした定式化を示す．

$$\begin{aligned}
\text{minimize} \quad & \sum_{j=1}^{n} w_j C_j \\
\text{subject to} \quad & \sum_{j \in S} p_j C_j \geq \frac{1}{2} \sum_{j \in S} p_j^2 + \frac{1}{2} \left(\sum_{j \in S} p_j \right)^2 \quad \forall S \subseteq \{1, 2, \ldots, n\}, S \neq \emptyset \\
& C_j \geq r_j + p_j \quad \forall j = 1, 2, \ldots, n
\end{aligned}$$

ここで，最初の制約は上で導いた妥当不等式であり，分離問題を解くためのアルゴリズムによって必要なものだけを追加して解くことができる．2番目の制約は，ジョブ j の完了時刻 C_j がリリース時刻 r_j に処理時間 p_j を加えたもの以降であることを表す．

以下に示すのは，Gurobi/Python による完了時刻定式化に基づく切除平面法の実装（の一部）である．

```
1   def scheduling_cutting_plane(J,p,r,w):
2       model = Model("scheduling: cutting plane")
3       C = {}
4       for j in J:
5           C[j] = model.addVar(lb=r[j]+p[j], obj=w[j], vtype="C")
6       model.update()
7       sumP = sum([p[j] for j in J])
8       sumP2 = sum([p[j]**2 for j in J])
9       model.addConstr(C[j]*p[j] >= sumP2/2 + (sumP**2)/2)
10      model.setObjective(quicksum(w[j]*C[j] for j in J), GRB.MINIMIZE)
11      model.update()
12      cut = 0
13      while True:
14          model.optimize()
15          sol = sorted([(C[j].X,j) for j in C])
```

```
16              seq = [j for (completion,j) in sol]
17              S, S_ = [], []
18              sumP, sumP2, f = 0, 0, 0
19              for (C_,j) in sol:
20                  pj = p[j]
21                  delta = pj**2 + ((sumP+pj)**2 - sumP**2) - 2*pj*C_
22                  if f > 0 and delta <= 0:
23                      S = S_
24                      break
25                  f += delta/2.
26                  sumP2 += pj**2
27                  sumP += pj
28                  S_.append(j)
29              if S == []:
30                  break
31              cut += 1
32              model.addConstr(quicksum(C[j]*p[j] for j in S) >= sumP2/2.0 + (sumP**2)/2.0)
33          return C
```

この問題を解くことによって得られるのは線形最適化問題の解だけであるが，この緩和解の順にジョブを並べた解を近似解とすることによって，元のリリース時刻付きの問題に対する良好な解を得ることができる．103ページの図 6.1(e) に，この方法によって得られた近似解を示す．目的関数値は最適値より多少悪いが，最適解に近い解であることが確認できる．

6.1.3 時刻添え字定式化

ここでは，時刻の添え字をもつ変数を用いた定式化を示す．なお以下では，時刻を離散化して扱うために，リリース時刻を非負の整数，処理時間を正数と仮定する．

時刻を添え字とした変数を導入するためには，時間を離散化する必要がある．いま，適当な時刻 $0, 1, \ldots, T$ で時間を区切り，ある時刻からある時刻までの間を**期** (period) 呼ぶことにする．連続時間との対応づけは，時刻 $t-1$ から時刻 t までを期 t と呼ぶものとする．離散化した時刻 $0, 1, \ldots, T$ に対して，期の集合は $\{1, 2, \ldots, T\}$ と定義される．

C_{jt} をジョブ j が期 t に開始したときの費用とする．重み付け完了時刻の場合には，以下のように設定すれば良い．

$$C_{jt} = w_j(t - 1 + p_j)$$

ジョブ j が期 t に開始するとき 1，それ以外のとき 0 になる 0-1 変数 X_{jt} を用いると，定式化は以下のようになる．

6.1 1機械リリース時刻付き重み付き完了時刻和問題

$$\text{minimize} \quad \sum_{j=1}^{n} \sum_{t=1}^{T-p_j+1} C_{jt} X_{jt}$$

$$\text{subject to} \quad \sum_{t=r_j+1}^{T-p_j+1} X_{jt} = 1 \quad \forall j = 1, 2, \ldots, n$$

$$\sum_{j} \sum_{t'=t-p_j+1}^{t} X_{jt'} \leq 1 \quad \forall t = 1, 2, \ldots, T$$

$$X_{jt} \in \{0, 1\} \quad \forall j = 1, 2, \ldots, n, t = 1, 2, \ldots, T$$

最初の制約はジョブをかならず1度開始することを表す制約である．開始時刻は1期から $T_j^p + 1$ 期の間のいずれかであることに注意されたい．2番目の制約は機械上で同時に2つ以上のジョブを処理できないことを表す．

この定式化を Gurobi/Python で記述すると以下のように書ける．

```
1   def scheduling_time_index(J,p,r,w):
2       model = Model("scheduling: time index")
3       T = max(r.values()) + sum(p.values())
4       X = {}
5       for j in J:
6           for t in range(r[j], T-p[j]+2):
7               X[j,t] = model.addVar(vtype="B")
8       model.update()
9       for j in J:
10          model.addConstr(quicksum(X[j,t] for t in range(1,T+1) if (j,t) in X) == 1)
11      for t in range(1,T+1):
12          ind = [(j,t2) for j in J for t2 in range(t-p[j]+1,t+1) if (j,t2) in X]
13          if ind != []:
14              model.addConstr(quicksum(X[j,t2] for (j,t2) in ind) <= 1, "MachineUB(%s)"%t)
15      model.setObjective(quicksum((w[j] * (t - 1 + p[j])) * X[j,t] for (j,t) in X), GRB.MINIMIZE)
16      model.update()
17      model.__data = X
18      return model
```

欄外ゼミナール8

〈最適化 ≡ 分離〉

1979年に線形最適化問題に対する初めての理論的な意味で効率的な（多項式時間の）解法（楕円体法）が Leonid Khachiyan によって提案されたことは，8ページの欄外ゼミナールですでに紹介した．楕円体法が発表されてすぐに，Martin Grötschel, László Lovász, Alexander Schrijver を始めとする世界中の研究者が，この結果を使うと「分離問題が多項式時間で解けると，元の線形最適化問題も多項式時間で解ける」ことに気がついた．これは「最適化 ≡ 分離」定理と呼ばれ，組合せ理論，整数最適化，多面体理論などの諸理論を繋ぐ橋渡しとなる重要な結

果である．詳しくは，Grötschel-Lovász-Schriver によるモノグラフ [8] を参照されたい．

6.2　1機械総納期遅れ最小化問題

ここでは **1機械総納期遅れ最小化問題** (one machine total weighted tardiness problem) を考える．

まず，例題を示そう．

> あなたは売れっ子連載作家だ．あなたは，A, B, C, D の 4 社から原稿を依頼されており，それぞれ，どんなに急いで書いても 1 日，2 日，3 日，4 日かかるものと思われる．各社に約束した納期は，それぞれ 5 日後，9 日後，9 日後，4 日後であり，納期から 1 日遅れるごとに 1 万円の遅延ペナルティを払わなければならない．どのような順番で原稿を書けば，支払うペナルティ料の合計を最小にできるだろうか？

この例題は，原稿執筆をジョブ，執筆日数を処理時間，会社に約束した日を納期とすると，表 6.2 のデータをもつ 1 機械総納期遅れ最小化問題になる．

念のために問題をきちんと定義しておこう．

> **1機械総納期遅れ最小化問題**
> 単一の機械で n 個のジョブを処理する問題を考える．この機械は一度に 1 つのジョブしか処理できず，ジョブの処理を開始したら途中では中断できないものと仮定する．ジョブの添え字を $1, 2, \ldots, n$ と書く．各ジョブ j に対する処理時間 p_j，納期（ジョブが完了しなければならない時刻）d_j，が与えられたとき，各ジョブ j の納期からの遅れの和（総納期遅れ）を最小にするようなジョブを機械にかける順番（スケジュール）を求めよ．

この問題は，一般には 1 機械総納期遅れ最小化問題とよばれ，$\mathcal{NP}$-困難である [5]．表 6.2 の例題をジョブの番号順に処理すると総納期遅れは 6 になり，$4, 1, 3, 2$ の順に処理すると総納期遅れは 3 となる（図 6.2）．

6.2.1　時刻添え字定式化

1 機械総納期遅れ最小化問題は，6.1.3 節のものとほぼ同じであり，費用 C_{jt} を以下のように定義し直すだけで良い．

表 6.2　1機械総納期遅れ最小化問題の例題．

ジョブ	i	1	2	3	4
処理時間	p_i	1	2	3	4
納期	d_i	5	9	6	4

6.2 1機械総納期遅れ最小化問題

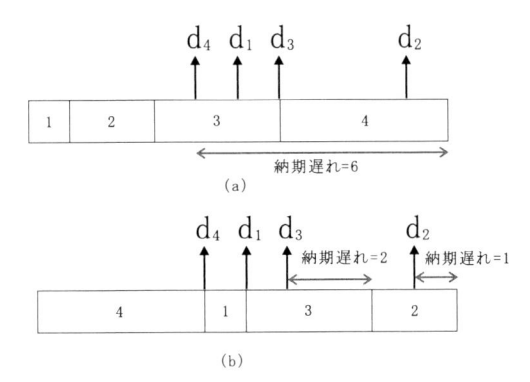

図 6.2 1 機械総納期遅れ最小化問題の解の例. (a) ジョブを $1, 2, 3, 4$ の順に処理（総納期遅れ 6）. (b) ジョブを $4, 1, 3, 2$ の順に処理（総納期遅れ 3 で最適解）.

$$C_{jt} = w_j[t - 1 + p_j - d_j]^+$$

ここで，$[\cdot]$ は $\max\{\cdot, 0\}$ を意味する.

6.2.2 線形順序付け定式化

ここでは，大きな数 M ("Big M") を用いない定式化として**線形順序付け定式化** (linear ordering formulation) を考える.

以下に定義される連続変数 T_j および 0-1 整数変数 x_{jk} を用いる.

$$T_j = \text{ジョブ } j \text{ の納期遅れ}$$

$$x_{jk} = \begin{cases} 1 & \text{ジョブ } j \text{ が他のジョブ } k \text{ に先行する（前に処理される）とき} \\ 0 & \text{それ以外のとき} \end{cases}$$

上の記号を用いると，線形順序付け定式化は，以下のように書ける.

$$\begin{aligned}
\text{minimize} \quad & \sum_j w_j T_j \\
\text{subject to} \quad & x_{jk} + x_{kj} = 1 & \forall j < k \\
& x_{jk} + x_{k\ell} + x_{\ell j} \leq 2 & \forall j \neq k \neq \ell \\
& \sum_{j=1}^n \sum_{k \neq j} p_k x_{kj} + p_j \leq d_j + T_j & \forall j = 1, 2, \ldots, n \\
& x_{jk} \in \{0, 1\} & \forall j \neq k
\end{aligned}$$

上の定式化において，目的関数は，各ジョブ j に対する納期遅れ T_j を重み w_j で乗じたものの和を最小化することを表す．最初の制約は，ジョブ j がジョブ k の前に処理されるか，その逆にジョブ k がジョブ j の前に処理されるかのいずれかが成立することを表す．（ここまでは離接定式化と同じである．）2 番目の制約は，異なるジョブ j, k, ℓ に対して，ジョブ j がジョブ k に先行，ジョブ k がジョブ ℓ に先行，ジョブ ℓ がジョブ j に先行の 3 つが同時に成り立つことがないことを表す．この 2 つの制約によって，ジョブ上に線形順序（ジョブが一

列に並べられること）が規定される．これが線形順序付け定式化の名前の由来である．3番目の制約は，変数xで規定される順序付けと納期遅れを表す変数Tを繋ぐための制約であり，ジョブjの完了時刻が納期d_jより超えている時間が納期遅れT_jであることを規定する．

上の定式化をGurobi/Pythonによって記述すると，以下のようになる．

```
1  def scheduling_linear_ordering(J,p,d,w):
2      model = Model("scheduling: linear ordering")
3      T,x = {},{}
4      for j in J:
5          T[j] = model.addVar(vtype="C")
6          for k in J:
7              if j != k:
8                  x[j,k] = model.addVar(vtype="B")
9      model.update()
10     for j in J:
11         model.addConstr(quicksum(p[k]*x[k,j] for k in J if k != j) - T[j] <= d[j]-p[j])
12         for k in J:
13             if k <= j:
14                 continue
15             model.addConstr(x[j,k] + x[k,j] == 1)
16             for ell in J:
17                 if ell > k:
18                     model.addConstr(x[j,k] + x[k,ell] + x[ell,j] <= 2)
19     model.setObjective(quicksum(w[j]*T[j] for j in J), GRB.MINIMIZE)
20     model.update()
21     model.__data = x,T
22     return model
```

6.3 順列フローショップ問題

ここでは**順列フローショップ問題** (permutation flowshop problem)と呼ばれるスケジューリング問題を考え，前節までとは異なるアイディアに基づく定式化（位置データ定式化）を示す．以下のようなシナリオを考える．

> あなたは日本食レストランのオーナーだ．あなたは，明日の元旦に向けて，3人のお客様に特製おせち料理を出さなければならない．この特製おせちは，3人の料理人の流れ作業によって作られる．最初の料理人は包丁担当で，これは彼ならではのテクニックで材料を切り刻む．2番目の料理人は煮込み担当で，3番目の料理人は飾り付け担当だ．当然，流れ作業なので，切りの後に煮込み，煮込みの後に飾り付けが行われ，作業の途中中断はできないものと仮定する．また，特注のおせちなので，お客様ごとに必要な時間は異なり，新鮮さを保持するために，製造するおせちの順序を作業人ごとに入れ替えてはいけないものとする．(すなわち，あるお客様のために切った材料は，すぐに煮込み担当に回され，他のお客様用の煮込みを割り込ませることができないものとする．) さて，どのようにしたらなるべく早く料理を終えることができるだろうか？

6.3 順列フローショップ問題

表 6.3 順列フローショップ問題の例題（単位は時間）．

ジョブの番号 (j)	1	2	3
機械 1 での処理時間 (p_{1j})	2	4	1
機械 2 での処理時間 (p_{2j})	3	2	4
機械 3 での処理時間 (p_{3j})	1	3	1

この問題は，特注おせちをジョブ，機械を料理人と考えると，流れ作業（フローショップ）におけるジョブの順序（これが順列になる）を決める問題になるので，表 6.3 のデータをもつ順列フローショップ問題になる．

上述したように，決めるべきことはジョブを投入する順番である．たとえばジョブ 1, 2, 3 の順に処理を行うこととすると，図 6.3(a) のように 13 時間かかるが，3, 2, 1 の順に処理すれば図 6.3(b) のように 11 時間で終わる．

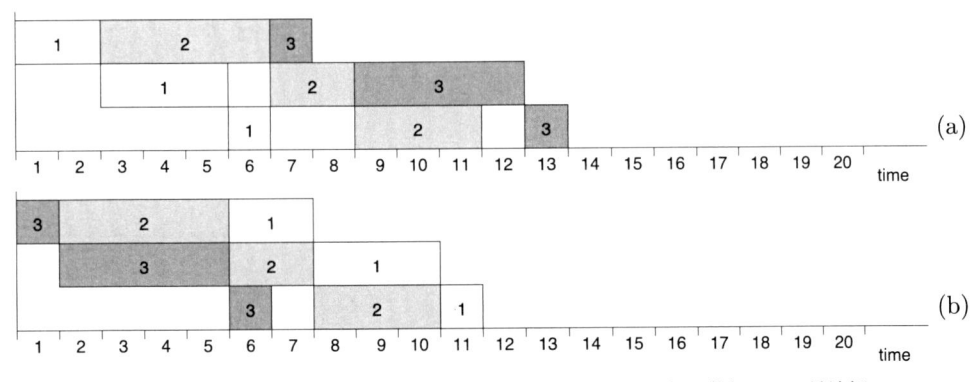

図 6.3 順列フローショップ問題の例題．(a) 最適でない実行可能解．(b) 最適解．

問題の正確な定義は，以下のようになる．

順列フローショップ問題

n 個のジョブを m 台の機械で順番に処理することを考える．この機械は一度に 1 つのジョブしか処理できず，ジョブの処理を開始したら途中では中断できないものと仮定する．いま，各機械におけるジョブの処理順序が同一であるとしたとき，最後の機械 m で最後に処理されるジョブの完了時刻を最小にする処理順を求めよ．

ここでは，この問題に対する**位置データ定式化** (positional data formulation) と呼ばれる定式化を示す．

いま，n 個のジョブ（添え字は j）と m 台の機械（添え字は i）があり，各ジョブは，機械 $1, 2, \ldots, m$ の順番で処理されるものとする．（これがフローショップと呼ばれる所以である．）ジョブ j の機械 i 上での処理時間を p_{ij} とする．ジョブの追い越しがないので，解はジョブの投入順序，いいかえれば順列で表現できる．（これが順列フローショップと呼ばれる所以である．）ジョブを並べたときの順番を κ で表すことにし，順番を表す変数 $x_{j\kappa}$ を用いる．

$$x_{j\kappa} = \begin{cases} 1 & \text{ジョブ } j \text{ が } \kappa \text{ 番目に投入されるとき} \\ 0 & \text{それ以外のとき} \end{cases}$$

$s_{i\kappa} = $ 機械 i の κ 番目に並べられてるジョブの開始時刻

$f_{i\kappa} = $ 機械 i の κ 番目に並べられてるジョブの完了（終了）時刻

この定式化は，ジョブ自身の開始時刻ではなく，機械にかかるジョブの順番（位置）に対する開始時刻や終了時刻のデータを用いるので，位置データ定式化と呼ばれる．定式化は以下のようになる．

$$\begin{aligned}
\text{minimize} \quad & f_{mn} \\
\text{subject to} \quad & \sum_{\kappa} x_{j\kappa} = 1 & \forall j = 1, 2, \ldots, n \\
& \sum_{j} x_{j\kappa} = 1 & \forall \kappa = 1, 2, \ldots, n \\
& f_{i\kappa} \leq s_{i,\kappa+1} & \forall i = 1, 2, \ldots, m; \kappa = 1, 2, \ldots, n-1 \\
& s_{i\kappa} + \sum_{j} p_{ij} x_{j\kappa} \leq f_{i\kappa} & \forall i = 1, 2, \ldots, m; \kappa = 1, 2, \ldots, n \\
& f_{i\kappa} \leq s_{i+1,\kappa} & \forall i = 1, 2, \ldots, m-1; \kappa = 1, 2, \ldots, n \\
& x_{j\kappa} \in \{0, 1\} & \forall j = 1, 2, \ldots, n; \kappa = 1, 2, \ldots, n \\
& s_{i\kappa} \geq 0 & \forall i = 1, 2, \ldots, m; \kappa = 1, 2, \ldots, n \\
& f_{i\kappa} \geq 0 & \forall i = 1, 2, \ldots, m; \kappa = 1, 2, \ldots, n
\end{aligned}$$

上の定式化において，目的関数は最後の機械 (m) の最後の（n 番目の）ジョブの完了時刻を最小化している．最初の制約は，各ジョブがいずれかの位置（順番）に割り当てられることを表す．2番目の制約は，各位置（場所）にいずれかのジョブが割り当てられることを表す．3番目の制約は，κ 番目のジョブの完了時刻より $\kappa+1$ 番目のジョブの開始時刻が遅いことを表す．4番目の制約は，機械 i の κ 番目のジョブの開始時刻と完了時刻の関係を規定する制約であり，ジョブの位置を表す変数 x と開始（終了）時刻を表す変数 $s(f)$ を繋ぐ制約である．これは，$x_{j\kappa}$ が 1 のときに処理時間が p_{ij} になることから導かれる．5番目の制約は，機械 i 上で κ 番目に割り当てられたジョブの完了時刻より，機械 $i+1$ 上で κ 番目の割り当てられたジョブの開始時刻が遅いことを表す．

Gurobi/Python によるプログラムは，以下のようになる．

```
1  def permutation_flow_shop(n,m,p):
2      model = Model("permutation flow shop")
3      x,s,f = {},{},{}
4      for j in range(1,n+1):
5          for k in range(1,n+1):
6              x[j,k] = model.addVar(vtype="B")
7      for i in range(1,m+1):
```

```
 8              for k in range(1,n+1):
 9                  s[i,k] = model.addVar(vtype='C')
10                  f[i,k] = model.addVar(vtype='C')
11      model.update()
12      for j in range(1,n+1):
13          model.addConstr(quicksum(x[j,k] for k in range(1,n+1)) == 1)
14          model.addConstr(quicksum(x[k,j] for k in range(1,n+1)) == 1)
15      for i in range(1,m+1):
16          for k in range(1,n+1):
17              if k != n:
18                  model.addConstr(f[i,k] <= s[i,k+1])
19              if i != m:
20                  model.addConstr(f[i,k] <= s[i+1,k])
21              model.addConstr(s[i,k] + quicksum(p[i,j]*x[j,k] for j in range(1,n+1)) <= f[i
                    ,k])
22      model.setObjective(f[m,n], GRB.MINIMIZE)
23      model.update()
24      model.__data = x,s,f
25      return model
```

6.4 資源制約付きスケジューリング問題

ここでは，**資源制約付きスケジューリング問題** (resource constrained scheduling problem) とその拡張に対する時刻添え字定式化を示す．

以下のような例を考える．

> あなたは1階建てのお家を造ろうとしている大工さんだ．あなたの仕事は，なるべく早くお家を完成させることだ．お家を造るためには，幾つかの作業をこなさなければならない．まず，土台を造り，1階の壁を組み立て，屋根を取り付け，さらに1階の内装をしなければならない．ただし，土台を造る終える前に1階の建設は開始できず，内装工事も開始できない．また，1階の壁を作り終える前に屋根の取り付けは開始できない．
>
> 各作業とそれを行うのに必要な時間（単位は日）は，以下のようになっている．
>
> **土台**：2人の作業員で1日
>
> **1階の壁**：最初の1日目は2人，その後の2日間は1人で，合計3日
>
> **内装**：1人の作業員で2日
>
> **屋根**：最初の1日は1人，次の1日は2人の作業員が必要で，合計2日
>
> いま，作業をする人は，あなたをあわせて2人いるが，相棒の1人は作業開始3日目に休暇をとっている．さて，すべての作業をなるべく前倒しで行うには，どのようなスケジューリングを組めば良いだろうか？

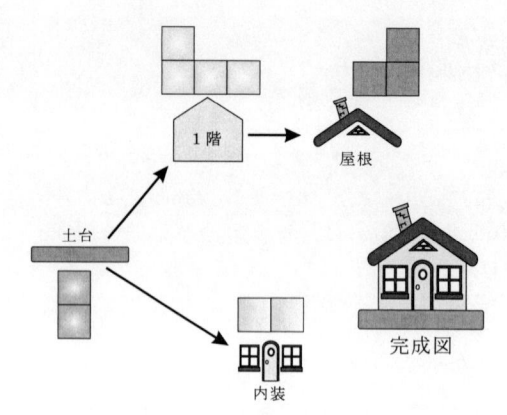

図 6.4 お家を造るための作業，先行制約，必要な人数．

作業間の先行制約と作業に必要な時間ならびに人数を，図 6.4 に示す．

この問題は，前節までに述べた様々なスケジューリング問題をさらに一般化した資源制約付きスケジューリング問題である．問題の正確な定義を示そう．

> **資源制約付きスケジューリング問題**
> ジョブの集合 $\mathcal{J}$，各時間ごとの使用可能量の上限をもつ資源 $\mathcal{R}$ が与えられている．資源は，ジョブごとに決められた作業時間の間はジョブによって使用されるが，作業完了後は，再び使用可能になる．ジョブ間に与えられた時間制約を満たした上で，ジョブの作業開始時刻に対する任意の関数の和を最小化するような，資源のジョブへの割り振りおよびジョブの作業開始時刻を求める．

ここでは，6.1.3 節の時刻添え字定式化と同様に，時刻を離散化した期の概念を用いる．まず，定式化で用いる集合，入力データ，変数を示す．

集合

$\mathcal{J}$: ジョブの集合；添え字は j, k．

$\mathcal{R}$: 資源の集合；添え字は r．

$\mathcal{P}$: ジョブ間の時間制約を表す集合．$\mathcal{J} \times \mathcal{J}$ の部分集合で，$(j, k) \in \mathcal{P}$ のとき，ジョブ j とジョブ k の開始（完了）時刻間に何らかの制約が定義されるものとする．．

入力データ

T: 最大の期数；期の添え字は $t = 1, 2, \ldots, T$．連続時間との対応づけは，時刻 $t-1$ から t までを期 t と定義する．なお，期を表す添え字は t の他に s も用いる．

p_j: ジョブ j の処理時間．非負の整数を仮定する．

c_{jt}: ジョブ j を期 t に開始したときの費用．

a_{jrt}: ジョブ j の開始後 $t(= 0, 1, \ldots, p_j - 1)$ 期経過時の処理に要する資源 r の量．

RUB_{rt}: 時刻 t における資源 r の使用可能量の上限.

変数

x_{jt}: ジョブ j を時刻 t に開始するとき 1,それ以外のとき 0 を表す 0-1 変数.

以下に資源制約付きスケジューリング問題の定式化を示す.

$$\text{minimize} \quad \sum_{j \in \mathcal{J}} \sum_{t=1}^{T-p_j+1} c_{jt} x_{jt}$$

$$\text{subject to} \quad \text{ジョブ遂行制約}$$
$$\text{資源制約}$$
$$\text{時間制約}$$

$$x_{jt} \in \{0,1\} \quad \forall j \in \mathcal{J}, t = 1, 2, \ldots, T - p_j + 1$$

ジョブ遂行制約:

$$\sum_{t=1}^{T-p_j+1} x_{jt} = 1 \quad \forall j \in \mathcal{J}$$

すべてのジョブは必ず 1 度処理されなければならないことを表す.

資源制約:

$$\sum_{j \in \mathcal{J}} \sum_{s=\max\{t-p_j+1,1\}}^{\min\{t,T-p_j+1\}} a_{jr,t-s} x_{js} \leq RUB_{rt} \quad \forall r \in \mathcal{R}, t \in \mathcal{T}$$

ある時刻 t に作業中であるジョブの資源使用量の合計が,資源使用量の上限を超えないことを規定する.時刻 t に作業中であるジョブは,時刻 $t - p_j + 1$ から t の間に作業を開始したジョブであるので,上式を得る.

なお,資源 r の使用可能な期が $[b_r, f_r]$ の間に限定されている場合には,

$$RUB_{rt} = 0 \quad \forall t < b_r \text{ または } t > f_r$$

時間制約:ジョブ j の開始時刻 S_j は $\sum_{t=2}^{T-p_j+1}(t-1)x_{jt}$ であるので,完了時刻 C_j はそれに p_j を加えたものになる.ジョブの対 $(j,k) \in \mathcal{P}$ に対しては,ジョブ j, k の開始(完了)時刻間に何らかの制約が付加される.たとえば,ジョブ j の処理が終了するまで,ジョブ k の処理が開始できないことを表す先行制約は,

$$\sum_{t=2}^{T-p_j+1}(t-1)x_{jt} + p_j \leq \sum_{t=2}^{T-p_k+1}(t-1)x_{kt} \quad \forall (j,k) \in \mathcal{P}$$

と書くことができる.ここで,左辺の式は,ジョブ j の完了時刻を表し,右辺の式はジョブ k の開始時刻を表す.

120　第6章　スケジューリング問題

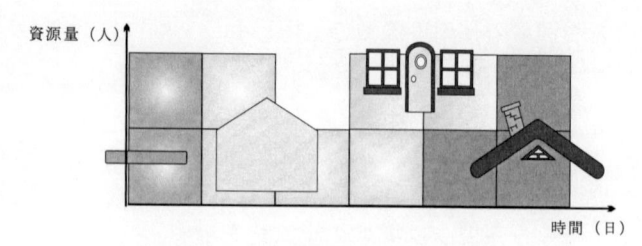

図 6.5　お家を造るための作業手順.

これは，土台は1日目，1階は2日目，内装は4日目，屋根は5日目に作業を開始するスケジュールを表している．完了時刻は6日で，これが最適解になる．図 6.5 に得られたスケジュールと使用する資源量を示す．

```
1   def rcs(J,P,R,T,p,c,a,RUB):
2       model = Model("resource constrained scheduling")
3       s,x = {},{}
4       for j in J:
5           s[j] = model.addVar(vtype="C")
6           for t in range(1,T-p[j]+2):
7               x[j,t] = model.addVar(vtype="B")
8       model.update()
9       for j in J:
10          model.addConstr(quicksum(x[j,t] for t in range(1,T-p[j]+2)) == 1)
11          model.addConstr(quicksum((t-1)*x[j,t] for t in range(2,T-p[j]+2)) == s[j])
12      for t in range(1,T-p[j]+2):
13          for r in R:
14              model.addConstr(
15                  quicksum(a[j,r,t-t_]*x[j,t_] for j in J for t_ in range(max(t-p[j]+1,1),
                        min(t+1,T-p[j]+2)))<= RUB[r,t])
16      for (j,k) in P:
17          model.addConstr(s[k] - s[j] >= p[j])
18      model.setObjective(quicksum(c[j,t]*x[j,t] for (j,t) in x), GRB.MINIMIZE)
19      model.update()
20      model.__data = x,s
21      return model
```

欄外ゼミナール 9

〈スケジューリング最適化〉

本章では，数理最適化ソルバーを用いてスケジューリング問題を定式化し，求解する方法について述べたが，実際の大規模なスケジューリング問題を解くためには，70ページの欄外ゼミナールで紹介した制約最適化（制約プログラミング；constraint programming）ソルバーやスケジューリング問題に特化したソルバーを用いることが推奨される．制約最適化ソルバーは，時間割作成やスタッフスケジューリング（9.3節参照）のような割当を決めるタイプのスケジューリング問題を得意とするが，生産スケジューリングのようにジョブの生産順序や開始時刻を決めるタイプのスケジューリングに対しては専門のスケジューリングソルバーを使わないと良好な解

を得ることは難しい．数理最適化ソルバー Gurobi と同様に Python から呼び出して使えるスケジューリングソルバーとして OptSeq がある．OptSeq の簡単な紹介と使用例については，付録 D を参照されたい．

モデリングのコツ 9

問題にあった定式化を行え．

上では一口にスケジューリング問題といっても，様々な定式化ができることを示した．どの定式化が最も優れているということはなく，適用すべき問題（もしくは問題例）によって推奨される定式化が変わってくる．したがって実際問題をモデル化する際には，将来的にどのような付加条件が追加されるかを考え，それにあった定式化を選択すべきである．

第7章 ロットサイズ決定問題

ロットサイズ決定問題は，スケジューリング問題とならんで工場内での生産計画における実務上重要な最適化問題である．

ロットサイズ決定問題は，古くから多くの研究が行われている問題であるが，国内での（特に実務家の間での）認知度は今ひとつのようである．適用可能な実務は，ERP（Enterprise Resource Planning）や APS（Advanced Planning and Scheduling）などを導入しており，かつ段取りの意思決定が比較的重要な分野である．そのような分野においては，ERP や APS で単純なルールで自動化されていた部分に最適化を持ち込むことによって，より現実的かつ効率的な解を得ることができる．特に，装置産業においては，ロットサイズ決定モデルは，生産計画の中核を担う．

本章では，ロットサイズ決定問題に対して効率的な定式化を示す．構成は以下の通り．

7.1 節 　容量制約付き複数品目ロットサイズ決定問題を考え，標準的な定式化と施設配置定式化と呼ばれる強化された定式化を示す．

7.2 節 　多段階ロットサイズ決定問題を考え，通常の定式化とエシェロン在庫に基づく定式化を示す．

7.1 容量制約付き複数品目ロットサイズ決定問題

ここでは，単一段階における容量制約付き複数品目ロットサイズ決定問題を考え，その定式化について述べる．

容量制約付き複数品目ロットサイズ決定問題は，以下の仮定をもつ．

- 期によって変動する需要量をもつ複数の品目の生産計画を考える．

- 品目の生産の際には，生産数量に依存しない段取り替え（生産準備）に要する費用（段取り費用）と生産数量に比例する変動費用がかかる．

- 各品目ごとに，1単位の量を生産するための時間（生産時間）は，1単位時間になるようにスケーリングされているものとする．

- 各期の生産時間には上限があり，段取り替えに要する時間と生産に要する時間の合計は，この上限を超えてはならない．

- 計画期間はあらかじめ決められており，最初の期における在庫量（初期在庫量）は0とする．この条件は，実際には任意の初期在庫量をもつように変形できるが，以下では議論を簡略化するため，初期在庫量が0であると仮定する．

- 次の期に持ち越した品目の量に比例して在庫（保管）費用がかかる．

- 段取り費用，生産変動費用，ならびに在庫費用の合計を最小にするような，各期における段取り，生産，在庫の計画をたてる．

7.1.1 標準定式化

まず，容量制約付き複数品目ロットサイズ決定問題の標準的な定式化に必要な記号を導入する．

集合

P: 品目の集合；品目を表す添え字を p と記す．

パラメータ

T: 計画期間数；期を表す添え字を $1, 2, \ldots, t, \ldots, T$ と記す．

f_t^p: 期 t に品目 p に対する段取り替え（生産準備）を行うときの費用（段取り費用）

g_t^p: 期 t に品目 p に対する段取り替え（生産準備）を行うときの時間（段取り時間）

c_t^p: 期 t における品目 p の生産変動費用

7.1 容量制約付き複数品目ロットサイズ決定問題

h_t^p: 期 t から期 $t+1$ に品目 p を持ち越すときの単位あたりの在庫費用

d_t^p: 期 t における品目 p の需要量

M_t: 期 t における生産時間の上限

例 7.1 問題を具体化するために，生産すべき製品（以下品目と呼ぶ）が1つの簡単な例題を導入しておく．品目が1つの場合には，品目を表す添え字 p は省略して記すものとする．計画期間 T を5期とし，在庫費用 h_t は期 t によらず一定で1とする．また，生産容量 M_t は十分に大きいので無視できるものとし，段取り時間は0とする．他のパラメータを表7.1に示す．

表 7.1 ロットサイズ決定モデルの例題．

期	1	2	3	4	5
段取り費用	3	3	3	3	3
生産変動費用	1	1	3	3	3
需要量	5	7	3	6	4

ロットサイズ決定モデルは，固定費用つきの最小費用流問題と考えることができる．例題をネットワーク（固定費用つきの最小費用流問題）として表現したものと，最適解を表すフローを図7.1に示す．最適解は，期 $1,2,5$ に生産を行うものであり，このときの段取り費用は9，変動費用は33，在庫費用は15となり，総費用57が最適値となる．

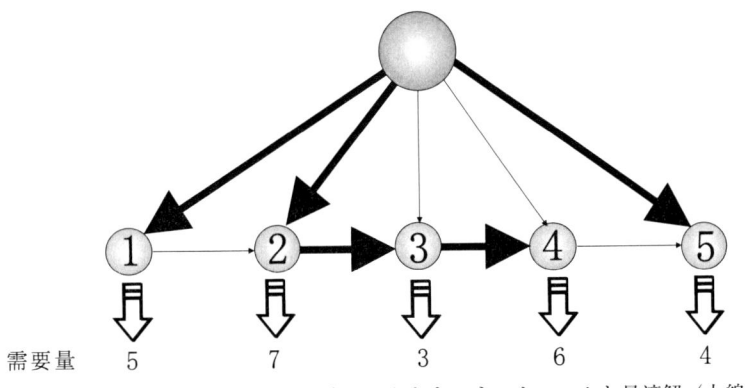

図 7.1 例題を最小費用流問題として表現したときのネットワークと最適解（太線）．

変数

I_t^p: 期 t における品目 p の在庫量

x_t^p: 期 t における品目 p の生産量（仮定よりこれは生産時間と一致する．）

y_t^p: 期 t に品目 p に対する段取りを行うとき 1，それ以外のとき 0 を表す 0-1 変数

上の記号を用いると，容量制約付き複数品目ロットサイズ決定問題は，以下のように定式化

できる．

$$\text{minimize} \quad \sum_{t=1}^{T}\sum_{p\in P}(f_t^p y_t^p + c_t^p x_t^p + h_t^p I_t^p)$$

$$\begin{aligned}
\text{subject to} \quad & I_{t-1}^p + x_t^p - I_t^p = d_t^p & \forall p \in P, t=1,2,\ldots,T \\
& \sum_{p\in P} x_t^p + \sum_{p\in P} g_t^p y_t^p \le M_t & \forall t=1,2,\ldots,T \\
& x_t^p \le (M_t - g_t^p) y_t^p & \forall p \in P, t=1,2,\ldots,T \\
& I_0^p = 0 & \forall p \in P \\
& x_t^p, I_t^p \ge 0 & \forall p \in P, t=1,2,\ldots,T \\
& y_t^p \in \{0,1\} & \forall p \in P, t=1,2,\ldots,T
\end{aligned}$$

上の定式化における最初の制約は，各期における品目の在庫保存式であり，前期からの繰り越しの在庫量 I_{t-1} に今期の生産量 x_t を加え，需要量 d_t を減じたものが，来期に持ち越す在庫量 I_t であることを意味する．2番目の制約は，各期における生産時間の上限制約であり，生産に要した時間と段取りに要した時間の和が生産時間の上限 M_t を超えないことを規定する．3番目の制約は，生産を行わない期における生産量が0であり，生産を行う期においては，品目 p の生産量が，生産時間の上限 M_t から生産準備時間 g_t^p を減じた値以下であることを保証するための式である．4番目の制約は，初期在庫量が0であることを表す．

この定式化を行うための関数は，Gurobi/Python を用いて以下のように記述することができる．

```python
def mils(T,P,f,g,c,d,h,M):
    model = Model("standard multi-item lotsizing")
    y, x, I = {}, {}, {}
    Ts = range(1,T+1)
    for p in P:
        for t in Ts:
            y[t,p] = model.addVar(vtype="B")
            x[t,p] = model.addVar(vtype="C")
            I[t,p] = model.addVar(vtype="C")
        I[0,p] = 0
    model.update()
    for t in Ts:
        model.addConstr(quicksum(g[t,p]*y[t,p] + x[t,p] for p in P) <=M[t])
        for p in P:
            model.addConstr(I[t-1,p] + x[t,p] == I[t,p] + d[t,p])
            model.addConstr(x[t,p] <= (M[t]-g[t,p])*y[t,p])
    model.setObjective(quicksum(f[t,p]*y[t,p] + c[t,p]*x[t,p] + h[t,p]*I[t,p] for t in Ts
         for p in P),GRB.MINIMIZE)
    model.update()
    model.__data = y, x, I
    return model
```

7.1.2 施設配置定式化

ここでは，施設配置定式化と呼ばれる強化された定式化を示す．

我々の想定しているロットサイズ決定問題では品切れは許さないので，期 t の需要は，期 t もしくはそれ以前の期で生産された量でまかなわれなければならない．そこで各品目 p に対して，期 t の需要のうち，期 $s(s \leq t)$ で生産したによってまかなわれた量を表す変数 X_{st}^p を導入する．

需要1単位あたりの変動費用は，生産変動費用 c_s^p と在庫費用 $\sum_{\ell=s}^{t-1} h_\ell^p$ の和になるので，X_{st}^p の係数 C_{st}^p は，以下のように定義される．

$$C_{st}^p = c_s^p + \sum_{\ell=s}^{t-1} h_\ell^p$$

すべての需要は満たされなければならず，また $X_{st}^p > 0$ のときには期 s で生産しなければならないので，$y_s^p = 1$ となる．ここで，y_t^p は前節の標準定式化における段取りの有無を表す 0-1 変数で，品目 p を期 t に生産をするときに 1，それ以外のとき 0 を表すことを思い起こされたい．よって，以下の定式化を得る．

$$\begin{aligned}
\text{minimize} \quad & \sum_{st:s \leq t} \sum_{p \in P} C_{st}^p X_{st}^p + \sum_{t=1}^T \sum_{p \in P} f_t^p y_t^p \\
\text{subject to} \quad & \sum_{s=1}^t X_{st}^p = d_t^p && \forall p \in P, t=1,2,\ldots,T \\
& \sum_{p \in P} \sum_{j:j \geq t} X_{tj}^p + \sum_{p \in P} g_t^p y_t^p \leq M_t && \forall t=1,2,\ldots,T \\
& X_{st}^p \leq d_t^p y_s^p && \forall p \in P, s=1,2,\ldots,t, t=1,2,\ldots,T \\
& X_{st}^p \geq 0 && \forall p \in P, s=1,2,\ldots,t, t=1,2,\ldots,T \\
& y_t^p \in \{0,1\} && \forall p \in P, t=1,2,\ldots,T
\end{aligned}$$

最初の制約は，各期の品目の需要が満たされることを規定する式であり，2番目の制約は，各期の生産時間の上限を表す．3番目の式は，品目段取りを行わない期には生産ができないことを表す．

Gurobi/Python によってモデル化を行う関数は，以下のように記述できる．

```
def mils_fl(T,P,f,g,c,d,h,M):
    Ts = range(1,T+1)
    model = Model("multi-item lotsizing -- facility location formulation")
    y, X = {}, {}
    for p in P:
        for t in Ts:
            y[t,p] = model.addVar(vtype="B")
            for s in range(1,t+1):
                X[s,t,p] = model.addVar(vtype="C")
    model.update()
    for t in Ts:
```

```
            model.addConstr(quicksum(X[t,s,p] for s in range(t,T+1) for p in P) + quicksum(g[
                t,p]*y[t,p] for p in P) <= M[t])
        for p in P:
            model.addConstr(quicksum(X[s,t,p] for s in range(1,t+1)) == d[t,p])
            for s in range(1,t+1):
                model.addConstr(X[s,t,p] <= d[t,p] * y[s,p])
    C = {}
    for p in P:
        for s in Ts:
            sumC = 0
            for t in range(s,T+1):
                C[s,t,p] = (c[s,p] + sumC)
                sumC += h[t,p]
    model.setObjective(quicksum(f[t,p]*y[t,p] for t in Ts for p in P) + quicksum(C[s,t,p
        ]*X[s,t,p] for t in Ts for p in P for s in range(1,t+1)),GRB.MINIMIZE)
    model.update()
    model.__data = y,X
    return model
```

7.1.3 妥当不等式

上では変数を増やすことによって強い定式化（施設配置定式化）を導いたが，ここでは元の定式化と同じ変数を用いて線形最適化緩和問題による下界を改良することを考える．そのためには，**妥当不等式** (valid inequality) と呼ばれる冗長な式を追加する方法が考えられる．1 品目の動的ロットサイズ決定問題に対する妥当不等式として，以下に示す (S,ℓ) 不等式がある [3]．新しい記号として，期 t から期 ℓ までの需要量の合計を表す $D_{t\ell}(=\sum_{i=t}^{\ell} d_i)$ を導入しておく．

定理 7.1 期集合の部分集合 $L = \{1,2,\cdots,\ell\}$ とその部分集合 $S \subseteq L$ が与えられたとき，

$$\sum_{t \in S} x_t \leq \sum_{t \in S} D_{t\ell} y_t + I_\ell \tag{7.1}$$

は妥当不等式である．

証明： 容量制約なしの動的ロットサイズ決定問題に対するある実行可能解 (x,y,I) を考える．すべての $t \in S$ に対して $y_t = 0$ のときには，生産できないので $x_t = 0 (t \in S)$ である．よって，式 (7.1) は $0 \leq I_\ell$ となるので妥当不等式である．ある $t \in S$ に対して $y_t = 1$ のとき，$y_t = 1$ を満たす最小の添え字 $t \in S$ を t^* とする．$t < t^*$ を満たすすべての $t \in S$ に対しては $x_t = 0$ であるので，

7.1 容量制約付き複数品目ロットサイズ決定問題

$$\sum_{t \in S} x_t \leq \sum_{t=t^*}^{\ell} x_t$$
$$\leq \sum_{t=t^*}^{\ell} d_t + I_\ell - I_{t^*-1}$$
$$\leq \sum_{t=t^*}^{\ell} d_t + I_\ell$$
$$\leq \sum_{t \in S} D_{t\ell} y_t + I_\ell$$

となり，やはり妥当不等式になる．(上の最後の不等式の変形は，$y_{t^*} = 1$ であることから明らかである．) ■

しばしば (S, ℓ) 不等式 (7.1) は，以下のように在庫を表す変数 I_ℓ を含まない形に変形して扱われる．

$$\sum_{t \in L \setminus S} x_t + \sum_{t \in S} D_{t\ell} y_t \geq D_{1\ell} \tag{7.2}$$

これは，オリジナルの式 (7.1) に $x_t = d_t + I_t - I_{t-1} (t \in L)$ を代入することによって得られる．

(S, ℓ) 不等式 (7.1) の特殊形として $S = \{t\}$ かつ $\ell = t$ の場合が考えられる．

補助定理 7.1 各期 $t \in \{1, 2, \cdots, T\}$ に対して，

$$x_t \leq d_t y_t + I_t \tag{7.3}$$

は妥当不等式である．

この妥当不等式の意味は単純である．期 t に生産をしない（すなわち $y_t = 0$）ならば，在庫量は非負 $I_t \geq 0$ であり，期 t に生産をする（すなわち $y_t = 1$）ならば，期 t 末の在庫量 I_t は生産量 x_t から需要量 d_t を減じた値以上であることを意味する．

式 (7.1) は強力であり，もとの定式化にすべての非空な S と ℓ に対して式 (7.1) を加えることによって，線形計画緩和問題が容量制約なしのロットサイズ決定問題の最適解を与えることが示される．しかし，式 (7.1) の本数は，非常に多くなる可能性がある．したがって，通常の定式化の線形最適化緩和問題を解き，その最適解を破っている妥当不等式 (7.1) だけを追加していく解法（切除平面法や分枝カット法；85 ページの欄外ゼミナール参照）が有効になる．

(S, ℓ) 不等式を用いた切除平面法や分枝カット法を設計するためには，線形最適化緩和問題の最適解を表すベクトル (x^*, y^*, I^*) が与えられたとき，この解を満たさないような (S, ℓ) 不等式を見つけることが必要になる．このような問題を，一般に**分離問題** (separation problem) と呼ぶ．

I_ℓ を含まない形の (S, ℓ) 不等式 (7.2) に対する分離問題は，以下のように簡単に解くことができる．固定された ℓ に対して $L = \{1, 2, \ldots, \ell\}$ とし，その各要素 $t(\in L)$ のうち $D_{t\ell} y_t^* < x_t^*$ を満たすものの集合を S とする．このとき，

$$\sum_{t \in L \setminus S} x_t^* + \sum_{t \in S} D_{t\ell} y_t^* < D_{1\ell}$$

が成立するなら，与えられた緩和解 (x^*, y^*, I^*) を切り落とすことができる以下の (S, ℓ) 不等式 (7.2) を得ることができる．

$$\sum_{t \in L \setminus S} x_t + \sum_{t \in S} D_{t\ell} y_t \geq D_{1\ell}$$

例 7.2 例題 7.1 の定式化における 0-1 変数 y_t をすべて $[0, 1]$ に緩和した線形計画問題を解くと，最適値 51，最適解 $y = (0.2, 0.4, 0, 0.24, 0.16)$，$x = (5, 10, 0, 6, 4)$ が得られる．線形計画緩和問題の最適値 51 は下界になっている．$\ell = 1$ のとき $D_{11} y_1^* < x_1^*$ であるので，$y_1 \geq 1$ が緩和解を切り落とす妥当不等式となる．

これを追加して再び線形計画緩和問題を解くと，最適値 53.4，解 $y = (1, 0.4, 0, 0.24, 0.16)$，$x = (5, 10, 0, 6, 4)$ が得られる．下界は改良されたがまだ y が整数でない．$\ell = 2$ のとき $D_{22} y_2^* < x_2^*$ であるので，$x_1 + 7 y_2 \geq 12$ が緩和解を切り落とす妥当不等式となる．

これを追加して線形計画緩和問題を解くと，最適値 54.48，解 $y = (1, 1, 0, 0, 0.16)$，$x = (5, 16, 0, 0, 4)$ が得られる．最後に，$\ell = 5$ のとき $D_{55} y_5^* < x_5^*$ より $x_1 + x_2 + x_3 + x_4 + 4 y_5 \geq 25$ を追加して線形計画緩和問題を解くと，最適値 57，最適解 $y = (1, 1, 0, 0, 1)$，$x = (5, 16, 0, 0, 4)$ を得る．この解を切り落とすような (S, ℓ) 不等式 (7.2) はもう見つからないので，これが最適解となる．

$S = \{t, t+1, \ldots, \ell\}$ の場合の (S, ℓ) 不等式の特殊型に，$t' = t, t+1, \cdots, \ell$ に対する等式 $x_{t'} = d_{t'} + I_{t'} - I_{t'-1}$ を代入することによって，以下の妥当不等式が得られる．

$$I_{t-1} \geq D_{t\ell}(1 - y_t - y_{t+1} - \cdots - y_\ell)$$

これは，期 t から期 $\ell (\geq t)$ まで一度も生産を行わないときには，期 $t-1$ 末の在庫によって，期 t から期 ℓ までの需要を満たす必要があることを示している（図 7.2）．また，$t = \ell$ の場合には，

$$I_{t-1} \geq d_t - d_t y_t$$

とさらに簡単になる．これは，期 t に生産しないときには，期 $t-1$ からもちこした在庫が d_t 以上なければならないことを表す．これは，式 (7.3) と同じことを表す．実務的には，この不等式を事前に加えておくだけで，線形計画緩和問題による下界が劇的に改善する．

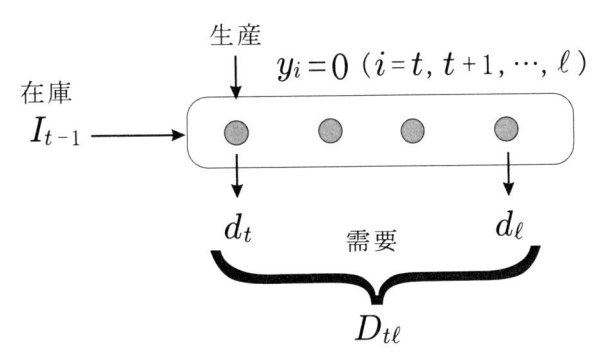

7.1 容量制約付き複数品目ロットサイズ決定問題

図 7.2 妥当不等式導出の参考図.

例 7.3 例題の定式化における 0-1 変数 y_t をすべて $[0,1]$ に緩和した線形計画問題に，T 本の妥当不等式 (7.3) をすべて加えて解くと，最適値 57，最適解 $y = (1,1,0,0,1)$, $x = (5,16,0,0,4)$ を得ることができる．緩和問題の解が整数になっているので，これは最適解である．

以下に，Gurobi/Python による複数品目のロットサイズ決定問題に対する分枝カット法のためのコールバック関数を示す．

```
1   def mils_callback(model, where):
2       if where != GRB.Callback.MIPSOL and where != GRB.Callback.MIPNODE:
3           return
4       for p in P:
5           for ell in Ts:
6               lhs = 0
7               S,L = [],[]
8               for t in range(1,ell+1):
9                   yt = model.cbGetSolution(y[t,p])
10                  xt = model.cbGetSolution(x[t,p])
11                  if D[t,ell,p]*yt < xt:
12                      S.append(t)
13                      lhs += D[t,ell,p]*yt
14                  else:
15                      L.append(t)
16                      lhs += xt
17              if lhs < D[1,ell,p]:
18                  model.cbLazy(quicksum(x[t,p] for t in L) +quicksum(D[t,ell,p] * y[t,p]
                        for t in S)>= D[1,ell,p])
19      return
```

この関数の 2 行目は，コールバック関数が呼ばれた場所を表す引数 `where` が，新しい解が見つかった (`MIPSOL`) もしくは分枝ノードを探索中 (`MIPNODE`) の場合のみ，切除平面を追加することを表す．その後 9,10 行目で，`cbGetSolution` メソッドで現在の緩和解を得て，(S, ℓ) 不等式がこの解を切り落とす場合には，18 行目の `cbLazy` メソッドで切除平面を追加する．

7.2 多段階ロットサイズ決定問題

ここでは，多段階にわたって製造を行うときのロットサイズ決定問題（多段階動的ロットサイズ決定問題）を考える．

本節の構成は以下の通り．

7.2.1 節では，多段階動的ロットサイズ決定問題に対する通常の定式化を示す．

7.2.2 節では，エシェロン在庫の概念を用いた定式化を示す．この定式化を用いることによって，多段階のモデルを単一の段階のモデルと同じように扱えるようになり，施設配置定式化などの強い定式化が適用可能になる．

7.2.1 単純な定式化

多段階動的ロットサイズ決定問題では，資材必要量計画における部品展開表を考慮する．以下の記号を導入する．

集合

P: 品目の集合

K: 生産を行うのに必要な資源（機械，生産ライン，工程などを表す）の集合

P_k: 資源 k で生産される品目の集合．

Parent$_p$: 部品展開表における品目（部品または材料）p の親品目の集合．言い換えれば，品目 p から製造される品目の集合．部品展開表を有向グラフ表現したときには，巡回を避けるために，グラフは閉路を含まないと仮定する．有向グラフ表現では，Parent$_p$ は点 p の直後の点の集合を表す．

パラメータ

T: 計画期間数；期を表す添え字を $1, 2, \ldots, t, \ldots, T$ と記す．

f_t^p: 期 t に品目 p に対する段取り替え（生産準備）を行うときの費用（段取り費用）

g_t^p: 期 t に品目 p に対する段取り替え（生産準備）を行うときの時間（段取り時間）

c_t^p: 期 t における品目 p の生産変動費用

h_t^p: 期 t から期 $t+1$ に品目 p を持ち越すときの単位あたりの在庫費用

d_t^p: 期 t における品目 p の需要量

a_t^{kp}: 品目 p を期 t に 1 単位製造するときに使用される資源 k の量

ϕ_{pq}: $q \in \mathrm{Parent}_p$ のとき，品目 q を 1 単位製造するのに必要な品目 p の数 (p-units)；ここで，p-units とは，品目 q の 1 単位と混同しないために導入された単位であり，品目 p の 1 単位を表す．ϕ_{pq} は，部品展開表を有向グラフ表現したときには，枝の重みを表す．

M_t^k: 期 t における資源 k の使用可能な生産時間の上限．定式化では，品目 1 単位の生産時間を 1 単位時間になるようにスケーリングしてあるものと仮定しているが，モデルでは単位生産量あたりの生産時間 R を定義している．

UB_t^p: 期 t における品目 p の生産時間の上限．品目 p を生産する資源が k のとき，資源の使用可能時間の上限 M_t^k から段取り替え時間 g_t^p を減じたものと定義される．

変数

x_t^p: 期 t における品目 p の生産量

I_t^p: 期 t における品目 p の在庫量

y_t^p: 期 t に品目 p に対する段取りを行うとき 1，それ以外のとき 0 を表す 0-1 変数

上の記号を用いると，多段階動的ロットサイズ決定問題は，以下のように定式化できる．

$$\begin{aligned}
\text{minimize} \quad & \sum_{t=1}^{T} \sum_{p \in P} f_t^p y_t^p + c_t^p x_t^p + h_t^p I_t^p \\
\text{subject to} \quad & I_{t-1}^p + x_t^p = d_t^p + \sum_{q \in \mathrm{Parent}_p} \phi_{pq} x_t^q + I_t^p && \forall p \in P; t = 1, 2, \ldots, T \\
& \sum_{p \in P_k} a_t^{kp} x_t^p + \sum_{p \in P_k} g_t^p y_t^p \leq M_t^k && \forall k \in K; t = 1, 2, \ldots, T \\
& x_t^p \leq UB_t^p y_t^p && \forall p \in P; t = 1, 2, \ldots, T \\
& I_0^p = 0 && \forall p \in P \\
& x_t^p, I_t^p \geq 0 && \forall p \in P; t = 1, 2, \ldots, T \\
& y_t \in \{0, 1\} && \forall t = 1, 2, \ldots, T
\end{aligned}$$

上の定式化における最初の制約は，各期および各品目に対する在庫の保存式を表す．より具体的には，品目 p の期 $t-1$ からの在庫量 I_{t-1}^p と生産量 x_t^p を加えたものが，期 t における需要量 d_t^p，次期への在庫量 I_t^p，および他の品目を生産するときに必要な量 $\sum_{q \in \mathrm{Parent}_p} \phi_{pq} x_t^q$ の和に等しいことを表す．2 番目の制約は，資源量の上限を表す．3 番目の制約は，生産時間の上限を表すとともに，段取りを表す変数 y と生産量を表す変数 x を繋ぐ強化式である．4 番目の制約は，初期在庫が 0 であることを表す．

以下に Gurobi/Python による記述を示す．

```
def mils_standard(T,K,P,f,g,c,d,h,a,M,UB,phi):
    model = Model("multi stage lotsize")
    y, x, I = {}, {}, {}
    Ts = range(1,T+1)
```

```
        for p in P:
            for t in Ts:
                y[t,p] = model.addVar(vtype="B")
                x[t,p] = model.addVar(vtype="C")
                I[t,p] = model.addVar(vtype="C")
            I[0,p] = model.addVar(vtype="C")
    model.update()
    for t in Ts:
        for p in P:
            model.addConstr(I[t-1,p] + x[t,p] == quicksum(phi[p,q]*x[t,q] for (p2,q) in
                phi if p2 == p) + I[t,p] + d[t,p])
            model.addConstr(x[t,p] <= UB[t,p]*y[t,p])
        for k in K:
            model.addConstr(quicksum(a[t,k,p]*x[t,p] + g[t,p]*y[t,p] for p in P) <= M[t,k
                ])
    for p in P:
        model.addConstr(I[0,p] == 0)
    model.setObjective(quicksum(f[t,p]*y[t,p] + c[t,p]*x[t,p] + h[t,p]*I[t,p] for t in Ts
        for p in P), GRB.MINIMIZE)
    model.update()
    model.__data = y, x, I
    return model
```

7.2.2 エシェロン在庫を用いた定式化

品目間の親子関係だけでなく，先祖（有向グラフを辿って到達可能な点）の集合を導入しておく．

集合

Ancestor$_p$: 品目 p の先祖の集合．親子関係を表す有向グラフを辿って到達可能な点に対応する品目から構成される集合．品目 p 自身は含まないものとする．

パラメータ

ρ_{pq}: $q \in \text{Ancestor}_p$ のとき，品目 q を 1 単位生産するのに必要な製品 p の量

H_t^p: 期 t における品目 p のエシェロン在庫費用；品目 p を製造するのに必要な品目の集合を Child$_p$ としたとき，以下のように定義される．

$$H_t^p = h_t^p - \sum_{q \in \text{Child}_p} h_t^q \phi_{qp}$$

変数

E_t^p: 期 t における品目 p のエシェロン在庫量；自分と自分の先祖の品目の在庫量を合わせたものであり，以下のように定義される．

$$E_t^p = I_t^p + \sum_{q \in \text{Ancestor}_p} \rho_{pq} I_t^q$$

上の記号を用いると，エシェロン在庫を用いた多段階動的ロットサイズ決定問題の定式化は，以下のようになる [2].

$$
\begin{aligned}
\text{minimize} \quad & \sum_{t=1}^{T} \sum_{p \in P} f_t^p y_t^p + c_t^p x_t^p + H_t^p E_t^p \\
\text{subject to} \quad & E_{t-1}^p + x_t^p - E_t^p = d_t^p + \sum_{q \in \text{Ancestor}_p} \rho_{pq} d_t^q & \forall p \in P; t = 1, 2, \ldots, T \\
& \sum_{p \in P_k} x_t^p + \sum_{p \in P_k} g_t^p y_t^p \leq M_t^k & \forall k \in K; t = 1, 2, \ldots, T \\
& E_t^p \geq \sum_{q \in \text{Parent}_p} \phi_{pq} E_t^q & \forall p \in P; t = 1, 2, \ldots, T \\
& x_t^p \leq UB_t^p y_t^p & \forall p \in P; t = 1, 2, \ldots, T \\
& E_0^p = 0 & \forall p \in P \\
& x_t^p, E_t^p \geq 0 & \forall p \in P; t = 1, 2, \ldots, T \\
& y_t^p \in \{0, 1\} & \forall p \in P; t = 1, 2, \ldots, T
\end{aligned}
$$

上の定式化における最初の制約は，各期および各品目に対するエシェロン在庫の保存式を表す．より具体的には，品目 p の期 $t-1$ からのエシェロン在庫量 E_{t-1}^p と生産量 x_t^p を加えたものが，期 t における品目 p の先祖 q の需要量を品目 p の必要量に換算したものの合計 $\sum_{q \in \text{Ancestor}_p} \rho_{pq} d_t^q$ と次期へのエシェロン在庫量 I_t^p の和に等しいことを表す．この制約は，単一段階の場合と同じ構造をもっているので，施設配置定式化や妥当不等式の追加が可能になる．2 番目の制約は，各期の生産時間の上限制約を表す．3 番目の制約は，各品目のエシェロン在庫量が，その親集合の品目のエシェロン在庫量の合計以上であることを規定する．4 番目の制は，段取り替えをしない期は生産できないことを表す強化式である．5 番目の制約は，初期在庫が 0 であることを表す．

以下に Gurobi/Python による記述を示す．

まず，ρ_{pq} を ϕ_{pq} から生成する関数を記述しておく．

```
def sum_phi(k,rho,pred,phi):
    for j in pred[k]:
        rho[j,k] = phi[j,k]
        sum_phi(j,rho,pred,phi)
        keys = [(i,jj) for (i,jj) in rho if jj == j]
        for (i,jj) in keys:
            if (i,k) in rho:
                rho[i,k] += rho[i,j] * phi[j,k]
            else:
                rho[i,k] = rho[i,j] * phi[j,k]
    return
```

この関数を用いることによって，エシェロン在庫を用いた定式化は，以下のように書ける．

```python
def mils_echelon(T,K,P,f,g,c,d,h,a,M,UB,phi):
    rho = calc_rho(phi)
    model = Model("multi stage echelon")
    y, x, E, H = {}, {}, {}, {}
    Ts = range(1,T+1)
    for p in P:
        for t in Ts:
            y[t,p] = model.addVar(vtype="B")
            x[t,p] = model.addVar(vtype="C")
            H[t,p] = h[t,p] - sum([h[t,q]*phi[q,p] for (q,p2) in phi if p2 == p])
            E[t,p] = model.addVar(vtype="C")
        E[0,p] = model.addVar(vtype="C")
    model.update()
    for t in Ts:
        for p in P:
            dsum = d[t,p] + sum([rho[p,q]*d[t,q] for (p2,q) in rho if p2 == p])
            model.addConstr(E[t-1,p] + x[t,p] == E[t,p] + dsum)
            model.addConstr(x[t,p] <= UB[t,p]*y[t,p])
        for k in K:
            model.addConstr(quicksum(a[t,k,p]*x[t,p] + g[t,p]*y[t,p] for p in P) <= M[t,k]
                )
    for p in P:
        model.addConstr(E[0,p] == 0)
        for t in Ts:
            model.addConstr(E[t,p] >= quicksum(phi[p,q]*E[t,q] for (p2,q) in phi if p2 =
                = p))
    model.setObjective(quicksum(f[t,p]*y[t,p] + c[t,p]*x[t,p] + H[t,p]*E[t,p] for t in Ts
        for p in P), GRB.MINIMIZE)
    model.update()
    model.__data = y, x, E
    return model
```

第8章 非線形関数の区分的線形近似

昔,線形最適化(当時は線形計画と呼ばれていた)の生みの親である George Dantzig(8ページの欄外ゼミナール参照)がはじめて線形最適化の解法である単体法について発表したとき,「でもね君,世の中はすべて非線形なのだよ.線形だけのモデルがどれだけ役に立つのかね.」というコメントがあったという逸話があるが,確かに,多くの実際問題は線形関数だけでは表現することが難しく,正確には非線形関数を用いる方が妥当である場合がほとんどである.

非線形な関数を含む問題に遭遇したとき,数理最適化ソルバーを用いて問題解決を図ろうとする実務家には,2つの選択肢が考えられる.

1つめの選択肢は,非線形な問題を解くことができるソルバーを使うことである.非線形最適化に対する汎用ソルバーには,凸関数を最小化(もしくは凹関数を最大化)することを主目的としたものと,任意の非線形関数の最小化(もしくは最大化)を近似的に行うものがある.ここで,凸(凹)関数とは以下のように定義される(図 8.1).

定義 8.1 実数全体の集合を $\mathbb{R}$ と記す.関数 $f : \mathbb{R}^n \to \mathbb{R}$ は,すべての $x, y \in \mathbb{R}^n$ と $\lambda \in [0, 1]$ に対して

$$f(\lambda x + (1-\lambda)y) \leq \lambda f(x) + (1-\lambda)f(y)$$

が成立するとき,凸 (convex) 関数と呼ばれ,

$$f(\lambda x + (1-\lambda)y) \geq \lambda f(x) + (1-\lambda)f(y)$$

が成立するとき,凹 (concave) 関数と呼ばれる.

凸関数の最小化は,(微分して 0 と置いた方程式系を解いた解が最適解になるので)一般には易しい問題である.したがって,解こうとする問題が凸関数の最小化になる場合には,非線形関数に対応したソルバーで求解できる.ちなみに,Gurobi でも凸二次関数の最小化や二次錐最適化なら容易に解くことができる.しかし,一般の非線形関数の最適化の場合には最適解

第 8 章 非線形関数の区分的線形近似

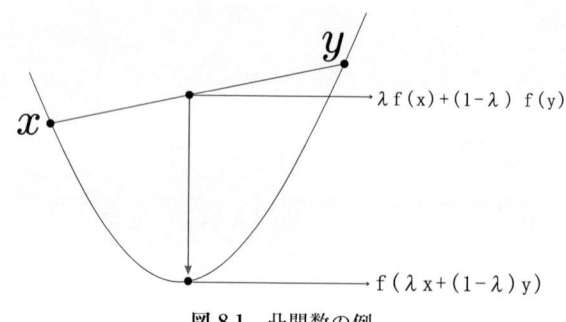

図 8.1 凸関数の例.

が求まるとは限らない．（多くの非線形最適化ソルバーは局所的最適解[1]を求めるに過ぎない．）

もう 1 つの選択肢は，Gurobi に代表される混合整数最適化ソルバーで解けるように問題を変形することである．以下に示すように，非線形関数を含んだ数理最適化問題は，線形最適化もしくは混合整数最適化問題に帰着でき，（関数は近似ではあるが任意の精度で）大域的最適解を求めることができるのである．

多くの数理最適化の教科書でも，非線形関数を線形関数の集まりで近似する方法を紹介しており，実際問題への適用も数多く存在するが，しばしば不格好で効率の悪い定式化を見かける．特に，非常に大きな数（"Big M"）を安易に使った定式化は，混合整数最適化ソルバーに多大な負担をかけるので，避けるべきである．

以下では，"Big M" を用いない「良い」定式化を示す．ここで，「良い」定式化とは，解きやすい（ソルバーに負担をかけない）定式化のことであり，そのためには，非線形関数の構造を利用する必要がある．

- 8.1 節 凸関数を含んだ最小化問題を線形最適化に（近似的に）帰着させる方法について述べる．
- 8.2 節 凹関数を含んだ最小化問題を考える．この問題に対しては，線形最適化に帰着することができないため，特殊順序集合もしくは混合線形最適化を用いた幾つかの定式化を紹介する．
- 8.3 節 一般の（連続でない）区分的線形関数に対する記述法を例を用いて紹介する．
- 8.4 節 凸関数最小化の例として経済発注量問題を考え，区分的線形近似による定式化を示す．
- 8.5 節 凹関数最小化の例として，凹費用施設配置問題を考える．これは，2.1 節で考えた容量制約付き施設配置問題において倉庫における費用が出荷量の合計の凹関数になっている拡張である．
- 8.6 節 凹関数最小化のもう 1 つの例として安全在庫配置問題を考える．

---

[1] その解のまわりにそれ以上良い解がないとき，局所的最適解 (local optima, locally optimal solution) と呼ぶ．それに対比させてすべての解の中で最良のものを大域的最適解 (global optima, globally optimal solution) と呼ぶ．

8.1 凸関数の最小化

まず，凸関数を最小化する問題を線形最適化問題に（近似的に）帰着する方法を考えよう．凸関数を線形関数の繋げたものとして近似する．このように一部をみれば線形関数であるが，繋ぎ目では折れ曲がった関数を**区分的線形関数**（piecewise linear function）と呼ぶ．

ここでは，1 変数の凸関数 $f(x)$ を区分的線形関数で近似する方法を考える．ちなみに，多変数の場合でも，直線の集まりで近似するかわりに超平面の集まりで近似することによって，同様の定式化が可能である．また，補助変数を導入することによって，1 変数の（分離可能な）関数の和として記述できることが知られている．たとえば，$x_1 x_2$ という 2 変数から成る関数は，補助変数 y を導入することによって，

$$y = x_1 + x_2$$
$$x_1 x_2 = \frac{y^2 - (x_1)^2 - (x_2)^2}{2}$$

と分離可能な形に書くことができる．

変数 x の範囲を $L \leq x \leq U$ とし，範囲 $[L, U]$ を K 個の区分 $[a_k, a_{k+1}]$ ($k = 0, 1, \ldots, K-1$) に分割する．ここで，a_k は，

$$L = a_0 < a_1 < \cdots < a_{K-1} < a_K = U$$

を満たす点列である．各点 a_k における関数 f の値を b_k とする．

$$b_k = f(a_k) \quad k = 0, 1, \ldots, K$$

各区分 $[a_k, a_{k+1}]$ に対して，点 (a_k, b_k) と点 (a_{k+1}, b_{k+1}) を通る線分を引くことによって区分的線形関数を構成する（図 8.2）．

k 番目の区分 $[a_k, a_{k+1}]$ 内の任意の点 x は，両端点 a_k, a_{k+1} の**凸結合** (convex combination) として，以下のように表すことができる．

$$x = a_k y + a_{k+1}(1-y) \quad 0 \leq y \leq 1$$

上の変数 y を z_k，$1 - y$ を z_{k+1} とすると，区分 $[a_k, a_{k+1}]$ 内の任意の点 x は，

$$x = a_k z_k + a_{k+1} z_{k+1}$$
$$z_k + z_{k+1} = 1$$
$$z_k, z_{k+1} \geq 0$$

と書き直すことができる．また，$a_k \leq x \leq a_{k+1}$ における関数 $f(x)$ の線形関数による近似は，

$$f(x) \approx b_k z_k + b_{k+1} z_{k+1}$$

となる．（ここで $\approx$ は近似的に等しいことを表す記号であり，最小化問題を考える場合には $\geq$

第 8 章 非線形関数の区分的線形近似

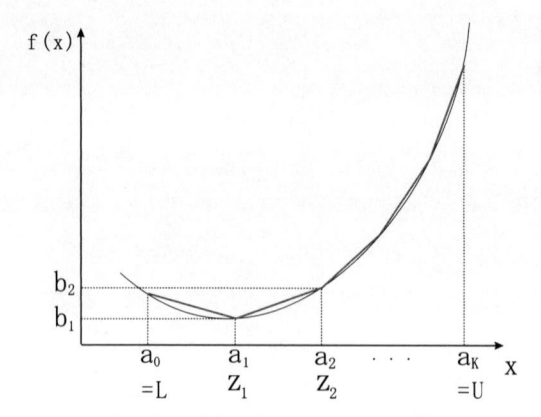

図 8.2 凸関数の区分的線形関数による近似（凸結合定式化）．

で置き換えても良い）．

上の議論を，すべての区分に対して一般化しよう．k 番目の点 a_k に対する変数を上と同様に z_k とする．いま，$f(x)$ は凸関数であるので，隣り合う 2 つの添え字 $k, k+1$ に対してだけ z_k が正となるので，

$$f(x) \approx \sum_{k=0}^{K} b_k z_k$$

$$x = \sum_{k=0}^{K} a_k z_k$$

$$\sum_{k=0}^{K} z_k = 1$$

$$z_k \geq 0 \quad \forall k = 0, 1, \ldots, K$$

が区分的線形近似を与えることが分かる（図 8.2）．凸結合によって線分を表現していることから，この定式化は**凸結合定式化** (convex combination formulation) と呼ばれる．

与えられたモデル model，区分の情報を表すリスト $\mathrm{a} = [a_0, a_1, \ldots, a_K]$，ならびに $f(a_k)$ の情報を保管したリスト $\mathrm{b} = [b_0, a_1, \ldots, b_K]$ を引数として入力すると，凸結合定式化をモデルに追加する Gurobi/Python の関数は，以下のように記述できる．

```
1   def convex_comb(model, a, b):
2       K = len(a)-1
3       z = {}
4       for k in range(K+1):
5           z[k] = model.addVar(ub=1)
6       x = model.addVar(lb=a[0],ub=a[K])
7       f = model.addVar(lb=-GRB.INFINITY)
8       model.update()
9       model.addConstr(x == quicksum(a[k]*z[k] for k in range(K+1)))
10      model.addConstr(f == quicksum(b[k]*z[k] for k in range(K+1)))
11      model.addConstr(quicksum(z[k] for k in range(K+1)) == 1)
12      return x, f, z
```

8.2 凹関数の最小化

前節では，凸関数の最小化問題における区分的線形近似が，線形最適化問題として（整数変数を使うことなしに）定式化できることを示した．ここでは，最小化すべき関数が凹関数である場合を考える．

凹関数の最小化問題は，凸関数の場合と比べて遙かに難しい．凸関数の最小化においては，解はある線分の上にあるので，かならず2つの連続する z_k だけが正の値をとるが，凹関数を最小化する場合には，隣り合わない2つの z_k が正になる場合があり，そのような解を除く必要があるからである．

8.2.1 特殊順序集合を用いた凸結合定式化

最初の方法は，前節の凸結合定式化に**特殊順序集合** (Special Ordered Set: SOS) と呼ばれる制約を付加するものである．

特殊順序集合は，変数の集合に対して適用される制約であり，タイプ1とタイプ2の2種類がある．タイプ1の特殊順序集合は，集合に含まれる変数のうち，たかだか1つが0でない値をとることを規定する．これは通常，変数が0-1変数である場合に用いられ，幾つかのオプションから1つを選択することを表す．タイプ2の特殊順序集合は，順序が付けられた集合（順序集合）に含まれる変数のうち，（与えられた順序のもとで）連続するたかだか2つが0でない値をとることを規定する．

凸結合定式化における変数 z_k に対してタイプ2の特殊順序集合を宣言することによって，凹関数でも正しい解を得ることができる．

特殊順序集合を用いた凸結合定式化を行うための Gurobi/Python の関数は，凸結合定式化を行う関数 `convex_comb` の最後に，以下の行を追加するだけで良い．

    model.addSOS(GRB.SOS_TYPE2, [z[k] **for** k **in** range(K+1)])

8.2.2 整数変数を用いた凸結合定式化

次に，0-1の整数変数を用いて凸結合定式化における2つの連続する z_k だけが正の値をとることを規定し，凹関数でも使えるようにする．

k 番目の区分に対して，2つの非負の連続変数 y_k^L, y_k^R と1つの0-1変数 z_k を用いる．$y_k^L + y_k^R = 1$ を満たすとき，$a_k y_k^L + a_{k+1} y_k^R$ は2点 a_k, a_{k+1} の線分上の任意の点（凸結合）を表す．したがって，区分 k が選ばれたときに $z_k = 1$ になるようにし，そのときに限って $y_k^L + y_k^R = 1$ の制約を課すようにすれば，区分的線形関数で近似できることになる（図8.3）．

何れかの区分が選ばれることは，

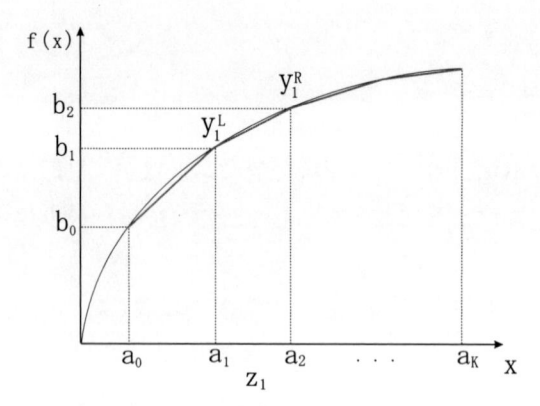

図 8.3 凹関数の区分的線形関数による近似（凸結合定式化）.

$$\sum_{k=0}^{K-1} z_k = 1$$

で表現され，区分 k が選ばれたときに a_k, a_{k+1} の凸結合になることは，

$$x = \sum_{k=0}^{K-1} \left(a_k y_k^L + a_{k+1} y_k^R \right)$$

$$y_k^L + y_k^R = z_k \quad k = 0, 1, \ldots, K-1$$

で表現できる．関数 $f(x)$ は，b_k, b_{k+1} の凸結合であるので，

$$f(x) \approx \sum_{k=0}^{K-1} \left(b_k y_k^L + b_{k+1} y_k^R \right)$$

と書くことができる．

上の定式化（非集約型凸結合定式化）をモデルに追加するための Gurobi/Python の関数は，以下のように記述できる．

```
1  def convex_comb_dis(model, a, b):
2      K = len(a)-1
3      yL, yR, z = {}, {}, {}
4      for k in range(K):
5          yL[k] = model.addVar(ub=1)
6          yR[k] = model.addVar(ub=1)
7          z[k] = model.addVar(vtype="B")
8      x = model.addVar(lb=a[0],ub=a[K])
9      f = model.addVar(lb=-GRB.INFINITY)
10     model.update()
11     model.addConstr(x == quicksum(a[k]*yL[k] + a[k+1]*yR[k] for k in range(K)))
12     model.addConstr(f == quicksum(b[k]*yL[k] + b[k+1]*yR[k] for k in range(K)))
13     for k in range(K):
14         model.addConstr(yL[k] + yR[k] == z[k])
15     model.addConstr(quicksum(z[k] for k in range(K)) == 1)
16     return x, f, z
```

上の定式化では，1つの区分に対して2つの連続変数y_k^L, y_k^Rを用いたが，これを1つの連続変数に集約することによって多少弱い凸結合定式化（集約型凸結合定式化）を得ることができる．

点a_kに対応して連続変数$y_k (k=0,1,\ldots,K)$を準備する．上と同様に，区分kが選ばれたときに$z_k=1$であり，何れかの区分が選択されることを表す制約を付加しておく．

$$\sum_{k=0}^{K-1} z_k = 1$$

さらに凸結合であるのでy_kの和が1であることを規定して，$x, f(x)$をy_kの凸結合として表現する．

$$\sum_{k=0}^{K} y_k = 1$$
$$x = \sum_{k=0}^{K} a_k y_k$$
$$f(x) \approx \sum_{k=0}^{K} b_k y_k$$

また，y_kが正の値をとれるのは，区分$k-1$もしくはkが選択されたときに限るので，以下の制約を付加する．

$$y_0 \leq z_0, y_K \leq z_{K-1}, y_k \leq z_{k-1} + z_k \quad k=1,\ldots,K-1$$

8.2.3 対数個の0-1変数を用いた定式化

8.2.2節の整数変数を用いた凸結合定式化において，区分kを2進数として表すことによって0-1変数の数を減らすことを考える [16]．

区分数Kに対して必要なビット数Bは，以下のように計算できる．

$$G = \lceil \log_2 K \rceil$$

各ビット$j=0,1,\ldots,G-1$に対して0-1変数g_jを準備する．

まず，非集約型凸結合定式化を考える．前節と同様に，

$$x = \sum_{k=0}^{K-1} \left(a_k y_k^L + a_{k+1} y_k^R \right)$$
$$f(x) \approx \sum_{k=0}^{K-1} \left(b_k y_k^L + b_{k+1} y_k^R \right)$$

と区分的線形関数で近似し，

$$\sum_{k=0}^{K-1} \left(a_k y_k^L + a_{k+1} y_k^R \right) = 1$$

の制約を付加する．

さらに，区分の番号 k を 2 進数で表現したものが，変数ベクトル g と一致したときだけ $y_k^L + y_k^R$ が 1 になるように，以下の制約を付加する．

$$\sum_{k \text{ の 2 進展開の第 } j \text{ ビットが } 1} (y_k^L + y_k^R) \leq g_j \quad \forall j = 0, 1, \ldots, G-1$$

$$\sum_{k \text{ の 2 進展開の第 } j \text{ ビットが } 0} (y_k^L + y_k^R) \leq 1 - g_j \quad \forall j = 0, 1, \ldots, G-1$$

区分数 K が 6 のときには，必要なビット数 G は $\lceil \log_2 K \rceil = 3$ になる．g_0, g_1, g_2 の 3 つの 0-1 変数を用いて，6 つの区分のどこが選択されたかを表すことができる．たとえば，区分 $k = 5$ の 2 進展開は $(1,0,1)$ なので，$y_5^L + y_5^R$ が 1 になるのは，$g_0 = 1, g_1 = 0, g_2 = 1$ のときだけであり，上の制約はそれを規定する．

上の定式化をモデルに追加するための Gurobi/Python の関数は，以下のように記述できる．

```
1  def convex_comb_dis_log(model,a,b):
2      K = len(a)-1
3      G = int(math.ceil((math.log(K)/math.log(2))))
4      N = 1<<G
5      yL, yR, z = {}, {}, {}
6      for k in range(N):
7          yL[k] = model.addVar(ub=1)
8          yR[k] = model.addVar(ub=1)
9      x = model.addVar(lb=a[0],ub=a[K])
10     f = model.addVar(lb=-GRB.INFINITY)
11     g = {}
12     for i in range(G):
13         g[i] = model.addVar(vtype="B")
14     model.update()
15     model.addConstr(x == quicksum(a[k]*yL[k] + a[k+1]*yR[k] for k in range(K)))
16     model.addConstr(f == quicksum(b[k]*yL[k] + b[k+1]*yR[k] for k in range(K)))
17     model.addConstr(quicksum(yL[k] + yR[k] for k in range(K)) == 1)
18     for k in range(N):
19         if k >= K:
20             yL[k] + yR[k] == 0
21             continue
22         for j in range(G):
23             if k & (1<<j):
24                 model.addConstr(yL[k] + yR[k] <= g[j])
25             else:
26                 model.addConstr(yL[k] + yR[k] <= 1-g[j])
27     return x, f, yL, yR
```

上のプログラムはの 2 行目では，与えられた区分を表すリスト a $= [a_0, a_1, \ldots, a_K]$ から区分数 K を計算している．3 行目の G は，区分数 K を表すのに必要なビット数である．4 行目の N =1<<G は，G ビットで表現可能な最大の区分数であり，1 を G 回ビットシフトすることによって計算している．たとえば，1 を 3 回左にビットシフトすると 2 進表現 $(1,0,0,0)$（10 進表記では 8）であるので，3 ビットで表現可能なのは 2 進表現 $(0,0,0)$ から $(1,1,1)$ までのの 8 つの数となる．必要のない区分に対しては，22 行から 24 行で変数 z の上限を 0 に設定し，それ以外の変数に対しては，25 行から 29 行で変数 b との関係を定義している．26 行目では，区分数 k と，1 を j 回左ビットシフトしたものとのビットごとの AND 演算子 & を用いてとることによって，k の 2 進展開の第 j ビットが 1 か否かを判定している．

集約型凸結合定式化に対しては，y_k が正の値をとれるのは，$k-1$ 番目の区分か k 番目の区分が選ばれたときである．ここでは，区分 k を 2 進数で表すために **Gray コード** (Gray code) を用いる．Gray コードとは，連続する値が 1 つのビットだけ異なるという特徴をもつ．たとえば，2 桁の Gray コードは，$00, 01, 11, 10$ であり，3 桁では $000, 001, 011, 010, 110, 111, 101, 100$ となる．

Gray コードの第 j ビットの値に対応させて 0-1 変数 g_j を準備する．どの区分が選択されたかは，ベクトル g で表すことができる．区分 $k-1$ もしくは区分 k が選択されたときに y_k は正の値をとることができるので，$k-1, k$ の Gray コード表現の第 j ビットが両方とも 1 のときには，

$$y_k \leq g_j$$

のタイプの制約を，逆に，Gray コード表現が両方とも 0 のときには，

$$y_k \leq 1 - g_j$$

のタイプの制約を加える．上の議論から，対数個の 0-1 変数を用いた集約型凸結合定式化に対する定式化は，以下のように書ける．

$$\sum_{k=0}^{K} y_k = 1$$

$$x = \sum_{k=0}^{K} a_k y_k$$

$$f(x) \approx \sum_{k=0}^{K} b_k y_k$$

$$\sum_{k-1, k \text{ の Gray コードの第 } j \text{ ビットが } 1} y_k \leq g_j \quad \forall j = 0, 1, \ldots, G-1$$

$$\sum_{k-1, k \text{ の Gray コードの第 } j \text{ ビットが } 0} y_k \leq 1 - g_j \quad \forall j = 0, 1, \ldots, G-1$$

8.2.4 多重選択定式化

区分的線形関数は線形関数の集まりと考えることができる．凸関数を最小化する場合には，傾きが c_k, y-切片が d_k の直線 $f(x) = c_k x + d_k$ の集まりを与え，それらの一番上側（最大値）をとることによって区分的線形関数を表現できる．ちなみに，$c_k = (b_{k+1} - b_k)/(a_{k+1} - a_k)$ で，d_k は傾き c_k でかつ点 (a_k, b_k) を通過する直線の y-切片であるので，$d_k = b_k - c_k a_k$ と計算される（図 8.4）．

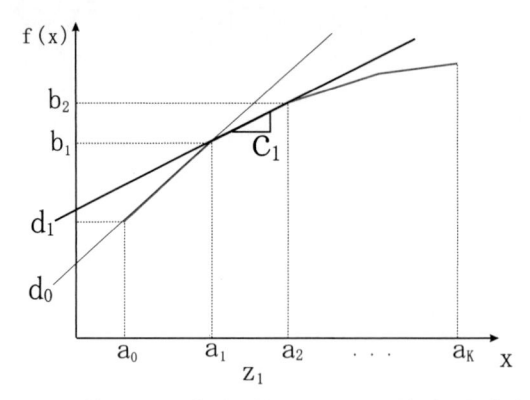

図 8.4 凹関数の区分的線形関数による近似（多重選択定式化）．

凹関数の場合には，区分に対応した直線が正しく選択されることを 0-1 変数を導入することによって規定する必要がある．区分 k が選択されたとき 1，それ以外のとき 0 になる 0-1 変数 z_k を導入する．区分 $[a_k, a_{k+1}]$ 内の x を表す連続変数 y_k が，$z_k = 1$ のときのみ正になれるので，

$$a_k z_k \leq y_k \leq a_{k+1} z_k \quad \forall k = 0, 1, \ldots, K-1$$

であり，1 つの区分が選択されるためには，

$$\sum_{k=0}^{K-1} z_k = 1$$

が必要である．上の条件の下で，関数 $f(x)$ は，

$$x = \sum_{k=0}^{K-1} y_k$$

としたとき

$$f(x) \approx \sum_{k=0}^{K-1} (d_k z_k + c_k y_k)$$

と近似することができる．

上の定式化をモデルに追加するための Gurobi/Python の関数は，以下のように記述できる．

```
1   def mult_selection(model, a, b):
2       K = len(a)−1
3       y, z = {}, {}
4       for k in range(K):
5           y[k] = model.addVar(lb=−GRB.INFINITY)
6           z[k] = model.addVar(ub=1, vtype="B")
7       x = model.addVar(lb=a[0],ub=a[K])
8       f = model.addVar(lb=−GRB.INFINITY)
9       model.update()
10      for k in range(K):
11          model.addConstr(y[k] >= a[k]*z[k])
12          model.addConstr(y[k] <= a[k+1]*z[k])
13      model.addConstr(quicksum(z[k] for k in range(K)) == 1)
14      model.addConstr(x == quicksum(y[k] for k in range(K)))
15      c = [float(b[k+1]−b[k])/(a[k+1]−a[k]) for k in range(K)]
16      d = [b[k]−c[k]*a[k] for k in range(K)]
17      model.addConstr(f == quicksum(d[k]*z[k] + c[k]*y[k] for k in range(K)))
18      return x, f, z
```

8.3 一般の区分的線形関数の最小化

前節の凹関数の区分的線形近似のための定式化は，一般の（連続でない）区分的線形関数に対してもそのまま適用できる．ただし，最小化を考えた場合には，不連続な点 x の十分近くの関数の値は，$f(x)$ に近いかもしくは大きいものとする．（この性質を満たす関数を**下半連続** (lower semicontinuous) と呼ぶ．）たとえば，図 8.5 は下半連続な区分的線形関数である．

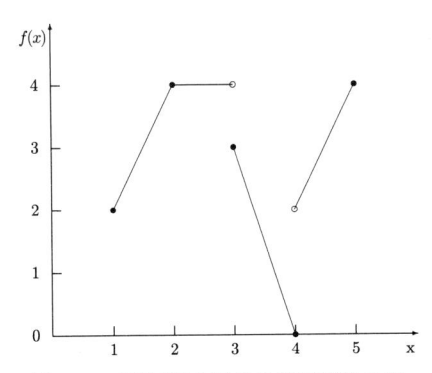

図 8.5 下半連続な区分的線形関数の例．

この区分的線形関数は，以下のように定義される．

$$f(x) = \begin{cases} 2x & x \in [1,2) \\ 4 & x \in [2,3) \\ -3x+12 & x \in [3,4] \\ 2x-6 & x \in (4,5] \end{cases}$$

第8章 非線形関数の区分的線形近似

下半連続な区分的線形関数は，前節と同じ定式化で最小化ができる．ただし，$f(x) \approx \cdots$ の部分は，$f(x) \geq \cdots$ と置き換える必要がある．

上で示した例題の関数の非集約型凸結合定式化は，以下のようになる．

$$x = 1y_0^L + 2y_0^R + 2y_1^L + 3y_1^R + 3y_2^L + 4y_2^R + 4y_3^L + 5y_3^R$$
$$f(x) \geq 2y_0^L + 4y_0^R + 4y_1^L + 4y_1^R + 3y_2^L + 0y_2^R + 2y_3^L + 4y_3^R$$
$$y_k^L + y_k^R = z_k \qquad \forall k = 0, 1, 2, 3$$
$$z_0 + z_1 + z_2 + z_3 = 1$$
$$y_k^L, y_k^R \geq 0 \qquad \forall k = 0, 1, 2, 3$$
$$z_k \in \{0, 1\} \qquad \forall k = 0, 1, 2, 3$$

また，対数個の変数を用いた場合には，変数 $z_k(k = 0, 1, 2, 3)$ のかわりに変数 $g_j(j = 0, 1)$ を用いて，以下のように記述できる．

$$x = 1y_0^L + 2y_0^R + 2y_1^L + 3y_1^R + 3y_2^L + 4y_2^R + 4y_3^L + 5y_3^R$$
$$f(x) \geq 2y_0^L + 4y_0^R + 4y_1^L + 4y_1^R + 3y_2^L + 0y_2^R + 2y_3^L + 4y_3^R$$
$$y_0^L + y_0^R + y_1^L + y_1^R + y_2^L + y_2^R + y_3^L + y_3^R = 1$$
$$(y_1^L + y_1^R) + (y_3^L + y_3^R) \leq g_0$$
$$(y_2^L + y_2^R) + (y_3^L + y_3^R) \leq g_1$$
$$(y_0^L + y_0^R) + (y_2^L + y_2^R) \leq 1 - g_0$$
$$(y_0^L + y_0^R) + (y_1^L + y_1^R) \leq 1 - g_1$$
$$y_k^L, y_k^R \geq 0 \qquad \forall k = 0, 1, 2, 3$$
$$g_0, g_1 \in \{0, 1\}$$

一方，集約型凸結合定式化は，以下のようになる．

$$x = 1y_0 + 2y_1 + 3y_2 + 4y_3 + 5y_4$$
$$f(x) \geq 2y_0 + 4y_1 + 3y_2 + 0y_3 + 4y_4$$
$$y_0 + y_1 + y_2 + y_3 + y_4 = 1$$
$$z_0 + z_1 + z_2 + z_3 = 1$$
$$0 \leq y_0 \leq z_0$$
$$0 \leq y_1 \leq z_0 + z_1$$
$$0 \leq y_2 \leq z_1 + z_2$$
$$0 \leq y_3 \leq z_2 + z_3$$
$$0 \leq y_4 \leq z_3$$
$$z_k \in \{0, 1\} \qquad \forall k = 0, 1, 2, 3$$

また，対数個の変数を用いた場合には，集約型凸結合定式化は以下のように記述できる．

$$x = 1y_0 + 2y_1 + 3y_2 + 4y_3 + 5y_4$$
$$f(x) \geq 2y_0 + 4y_1 + 3y_2 + 0y_3 + 4y_4$$
$$y_0 + y_1 + y_2 + y_3 + y_4 = 1$$
$$y_2 \leq g_0$$
$$y_3 + y_4 \leq g_1$$
$$y_0 + y_4 \leq 1 - g_0$$
$$y_0 + y_1 \leq 1 - g_1$$
$$y_k \geq 0 \qquad \forall k = 0, 1, 2, 3, 4$$
$$g_0, g_1 \in \{0, 1\}$$

最後に，多重選択定式化を示す．

$$x = y_0 + y_1 + y_2 + y_3$$
$$f(x) \geq (2y_0 + 0z_0) + (0y_1 + 4z_1) + (-3y_2 + 12z_2) + (2y_3 - 6z_3)$$
$$1z_0 \leq y_0 \leq 2z_0$$
$$2z_1 \leq y_1 \leq 3z_1$$
$$3z_2 \leq y_2 \leq 4z_2$$
$$4z_3 \leq y_3 \leq 5z_3$$
$$z_0 + z_1 + z_2 + z_3 = 1$$
$$z_k \in \{0, 1\} \qquad \forall k = 0, 1, 2, 3$$

8.4 経済発注量問題

ここでは凸費用関数をもつ問題の例として，経済発注量モデルの古典である Harris [10] のモデルを考える．このモデルは解析的に（微分を用いて）最適解を得ることができるので，区分的線形近似を用いる必要はない．ここでは，複数品目で容量制約付きの問題を考え，区分的線形近似を用いて定式化を行い，求解する．

単一品目の経済発注量問題（Harris のモデル）は以下の仮定に基づく．

1. 品目（商品，製品）は一定のスピードで消費されており，その使用量（これを需要量と呼ぶ）は 1 日あたり $d(> 0))$ 単位である．

2. 品目の品切れは許さない．

3. 品目は発注を行うと同時に調達される．言い換えれば発注リード時間（注文してから品目が到着するまでの時間）は 0 である．

4. 発注の際には，発注量によらない固定的な費用（これを発注費用と呼ぶ）$F(> 0)$ 円が課せられる．

5. 在庫保管費用は保管されている在庫量に比例してかかり，品目1個あたりの保管費用は1日で$h(>0)$円とする．

6. 考慮する期間は無限期間とする．

7. 初期在庫は0とする．

上の仮定の下で，1日あたりの総費用を最小化する発注方策を求めることが，ここで考える問題の目的である．

容易にわかるように，最適な発注方策は以下の2つの性質を満たす．

定常 (stationary): 方策が時間に依存しない．

在庫ゼロ発注性 (zero inventory ordering property): 在庫量が0になったときのみ発注する．

上の性質の下では，在庫レベルの時間的な経過を表すグラフは図8.6のようなノコギリの歯型になり，最適な発注方策を求める問題は1回あたりの発注量Qを求める問題に帰着される．

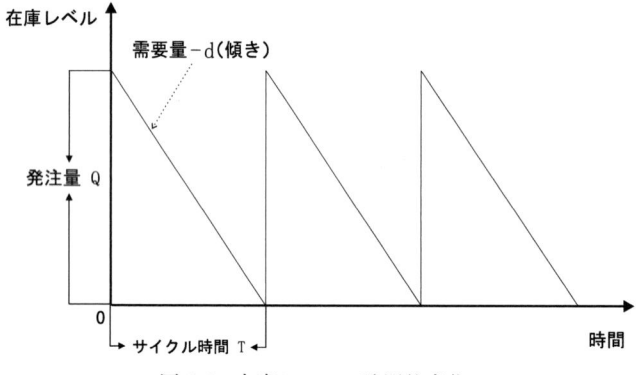

図 8.6 在庫レベルの時間的変化．

発注を行う間隔を**サイクル時間 (cycle time)** と呼びTと書く．発注量Qとサイクル時間Tの間には

$$d = \frac{Q}{T}$$

の関係がある．需要量（需要の速度）dが一定であるという仮定の下では，発注量Qを求めることとサイクル時間Tを求めることは同じである．

まず，発注を1回行う間（1周期あたり）の総費用を考えよう．総費用は発注費用と在庫保管費用の和である．サイクル時間T内では発注は1回だけであり，在庫保管費用は図8.6の在庫レベルの面積に比例する．よって，1周期あたりの総費用は

$$F + \frac{hTQ}{2}$$

となる．単位時間（1日）あたりの費用は，これをTで除することにより

$$\frac{F}{T} + \frac{hQ}{2}$$

となる．式 (8.1) を用いて Q を消去し，サイクル時間 T だけの式に変形することによって

$$\frac{F}{T} + \frac{hdT}{2}$$

を得る．

この問題は解析的に（微分を用いて）解くことができ（導出については，たとえば [18, 19, 17] 参照），最適なサイクル時間 T^* は

$$T^* = \sqrt{\frac{2F}{hd}}$$

最適値 $f(T^*)$ は

$$f(T^*) = \sqrt{2Fhd}$$

となり，最適発注量 Q^* は

$$Q^* = dT^* = \sqrt{\frac{2Fd}{h}}$$

となることが示される．この式は，**Harris の公式** (Harris' formula，もしくは **EOQ 公式** (economic ordering quantity formula)) と呼ばれる．

次に，複数の品目を小売店に卸している倉庫における経済発注量モデルを考える．この場合には，上のように簡単な公式で解析的には解くことができない．ここでは，非線形関数を区分的線形関数で近似することにより，Gurobi/Python で解くことを考える．

品目の集合を I とする．倉庫には，置けるものの量に上限があり，これを容量制約と呼ぶ．品目 $i(\in I)$ の大きさを w_i とし，倉庫に置ける量の上限を W とする．また，各品目は，すべて異なるメーカーに注文するので，発注費用は各品目を注文するたびにかかるものとし，品目 i の発注費用を F_i とする．品目 i の在庫保管費用を h_i，需要量を d_i としたとき，容量制約を破らない条件の下で，総費用が最小になる発注方策を導こう．

Harris のモデルと同様に，発注費用と在庫費用の和を最小化するが，容量制約を表現するための制約が付加される．非線形の目的関数をもつ数理最適化モデルとして定式化すると，容量を考慮した複数品目モデルは，以下のように書ける．

$$\begin{aligned}
\text{minimize} \quad & \sum_{i \in I} \frac{F_i}{T_i} + \frac{h_i d_i T_i}{2} \\
\text{subject to} \quad & \sum_{i \in I} w_i d_i T_i \leq W \\
& T_i > 0 \qquad \forall i \in I
\end{aligned}$$

非線形な目的関数を区分的線形関数で近似して Gurobi/Python で求解するためのプログラムは，以下のようになる．

```
 1  def eoq(I,F,h,d,w,W,a0,aK,K):
 2      a, b = {}, {}
 3      delta = float(aK-a0)/K
 4      for i in I:
 5          for k in range(K):
 6              T = a0 + delta*k
 7              a[i,k] = T
 8              b[i,k] = F[i]/T + h[i]*d[i]*T/2.
 9      model = Model("multi-item, capacitated EOQ")
10      x, y, c = {}, {}, {}
11      for i in I:
12          x[i] = model.addVar(vtype='C')
13          c[i] = model.addVar(vtype='C')
14          for k in range(K):
15              y[i,k] = model.addVar(vtype="C", ub=1)
16      model.update()
17      for i in I:
18          model.addConstr(quicksum(y[i,k] for k in range(K)) == 1)
19          model.addConstr(quicksum(a[i,k]*y[i,k] for k in range(K)) == x[i])
20          model.addConstr(quicksum(b[i,k]*y[i,k] for k in range(K)) == c[i])
21      model.addConstr(quicksum(w[i]*d[i]*x[i] for i in I) <= W)
22      model.setObjective(quicksum(c[i] for i in I), GRB.MINIMIZE)
23      model.update()
24      model.__data = x, y
25      return model
```

8.5 凹費用関数をもつ施設配置問題

2.1 節で考えた容量制約付き施設配置問題において倉庫における費用が出荷量の合計の凹費用関数になっている場合を考える．

顧客数を n，施設数を m とし，顧客を $i = 1, 2, \ldots, n$，施設を $j = 1, 2, \ldots, m$ と番号で表すものとする．顧客 i の需要量を d_i，顧客 i と施設 j 間に 1 単位の需要が移動するときにかかる輸送費用を c_{ij}，施設 j の容量（出荷量の上限）を M_j とする．ここまでは，2.1 節と同じであるが，ここでは施設 j に対する固定費用のかわりに，施設 j から輸送される量の合計 X_j に対して以下の凹費用関数がかかるものと仮定する．

$$f_j \sqrt{X_j}$$

平方根の費用は，前節の経済発注量問題から類推されるように，在庫費用と輸送の固定費用の和を表している．

以下に定義される連続変数 x_{ij} を用いる．

$$x_{ij} = 顧客 i の需要が施設 j によって満たされる量$$

上の記号および変数を用いると，凹費用関数をもつ施設配置問題は以下の混合整数最適化問題として定式化できる．

$$
\begin{aligned}
\text{minimize} \quad & \sum_{j=1}^{m} f_j \sqrt{\sum_{i=1}^{n} x_{ij}} + \sum_{i=1}^{n}\sum_{j=1}^{m} c_{ij} x_{ij} \\
\text{subject to} \quad & \sum_{j=1}^{m} x_{ij} = d_i && \forall i = 1, 2, \ldots, n \\
& \sum_{i=1}^{n} x_{ij} \leq M_j && \forall j = 1, 2, \ldots, m \\
& x_{ij} \geq 0 && \forall i = 1, 2, \ldots, n; j = 1, 2, \ldots, m
\end{aligned}
\tag{8.1}
$$

上の定式化では非線形関数が含まれているので，このままでは数理最適化ソルバーで解くことができない．以下では区分的線形関数に近似するための3通りの方法を示す．

8.5.1 特殊順序集合を用いた凸結合定式化

施設 j からの出荷量を表す連続変数 $X_j = \sum_{i=1}^{n} x_{ij}$ の範囲は $0 \leq X_j \leq M_j$ であるので，これを K 個の区分 $[a_{jk}, a_{j,k+1}], k = 0, 1, \ldots, K-1$ に分割する．ここで，a_{jk} は，

$$0 = a_{j0} < a_{j1} < \cdots < a_{j,K-1} < a_{jK} = M_j$$

を満たす点列である．各点 a_{jk} における関数 $f_j \sqrt{X_j}$ の値を b_{jk} とする．

$$b_{jk} = f_j \sqrt{a_{jk}} \quad k = 0, 1, \ldots, K$$

連続変数 z_{jk} を用いて区分的線形近似を行う．ここで，$[z_{j0}, z_{j1}, \ldots, z_{jK}]$ はタイプ2の特殊順序集合として宣言する．目的関数は，

$$\text{minimize} \sum_{j=1}^{m}\sum_{k=0}^{K} b_{jk} z_{jk} + \sum_{i=1}^{n}\sum_{j=1}^{m} c_{ij} x_{ij}$$

と変更し，制約には以下を追加する．

$$
\begin{aligned}
& \sum_{i=1}^{n} x_{ij} = \sum_{k=0}^{n} a_{jk} z_{jk} && \forall j = 1, 2, \ldots, m \\
& \sum_{k=0}^{n} z_{jk} = 1 && \forall j = 1, 2, \ldots, m \\
& z_{jk} \geq 0 \quad \forall k = 0, 1, \ldots, K; j = 1, 2, \ldots, m
\end{aligned}
$$

施設配置問題に対して強い定式化を得るために追加した式があったことを思い起こされたい（2.2節参照）．

$$x_{ij} \leq d_i y_j$$

ここで，y_j は施設 j を開設するときに 1，それ以外のとき 0 の 0-1 変数であったが，上で導いた区分的線形近似では，これに対応する変数がない．

その代わりとして，変数 z_{jk} を用いることによって定式化を強化することを考える．いま，z_{jk} はタイプ 2 の特殊順序集合と宣言されているので，2 つの連続した添え字 k と $k+1$ に対してのみ正の値をとることができる．そのような k に対して，$\sum_{k=0}^{n} z_{jk} = 1$ の制約があるので，z_{jk} と $z_{j,k+1}$ の和は 1 になる．このとき，施設 j から顧客 i への輸送量 x_{ij} の上限は，顧客の需要量 d_i と $a_{jk} z_{jk} + a_{j,k+1} z_{j,k+1}$ の小さい方になる．よって，以下の制約を得る．

$$x_{ij} \leq \sum_{k=1}^{K} \min\{d_i, a_{jk}\} z_{jk} \quad \forall i = 1, 2, \ldots, n; j = 1, 2, \ldots, m$$

この制約を付加することによって下界が強化されるが，必ずしも計算時間が短縮されるとは限らない．

8.5.2 整数変数を用いた凸結合定式化

施設 j の費用を近似するための k 番目の区分に対して，2 つの非負の連続変数 y_{jk}^L, y_{jk}^R と 1 つの 0-1 変数 z_{jk} を用いる．

何れかの区分が選ばれることは，

$$\sum_{k=0}^{n-1} z_{jk} = 1 \quad \forall j = 1, 2, \ldots, m$$

で表現され，区分 k が選ばれたときに出荷量が $a_{jk}, a_{j,k+1}$ の凸結合になることは，

$$\sum_{i=1}^{n} x_{ij} = \sum_{k=0}^{K-1} \left(a_{jk} y_{jk}^L + a_{j,k+1} y_{jk}^R \right) \quad \forall j = 1, 2, \ldots, m$$

$$y_{jk}^L + y_{jk}^R = z_{jk} \quad k = 0, 1, \ldots, K-1; j = 1, 2, \ldots, m$$

で表現できる．目的関数の凹費用関数は $b_{jk}, b_{j,k+1}$ の凸結合で表現できるので，

$$\text{minimize} \sum_{j=1}^{m} \sum_{k=0}^{K-1} \left(b_{jk} y_{jk}^L + b_{j,k+1} y_{jk}^R \right) + \sum_{i=1}^{n} \sum_{j=1}^{m} c_{ij} x_{ij}$$

と変更する．

この定式化に対しては，8.2.3 節の対数個の変数を用いた定式化を行うことによって，さらなる高速化が可能である．

8.5.3 多重選択定式化

施設 j に対して，傾きが c_{jk}，y-切片が d_{jk} の直線 $y = c_{jk} x + d_{jk}$ を用いて区分的線形関数による近似を行う．ここで，$c_{jk} = (b_{j,k+1} - b_{jk})/(a_{j,k+1} - a_{jk})$ で，d_{jk} は傾き c_{jk} でかつ点 (a_{jk}, b_{jk}) を通過する直線の y-切片であるので，$d_{jk} = b_{jk} - c_{jk} a_{jk}$ と計算される．

8.5 凹費用関数をもつ施設配置問題

区分 k が選択されたとき 1,それ以外のとき 0 になる 0-1 変数 z_{jk} を導入する.区分 $[a_{jk}, a_{j,k+1}]$ 内の値をとる連続変数 y_{jk} が,$z_{jk}=1$ のときのみ正になれることを表すために,以下の制約を加える.

$$a_{jk} z_{jk} \leq y_{jk} \leq a_{j,k+1} z_{jk} \quad \forall k=0,1,\ldots,K-1, j=1,2,\ldots,m$$

1 つの区分が選択されるためには,

$$\sum_{k=0}^{K-1} z_{jk} = 1 \quad \forall j=1,2,\ldots,m$$

が必要である.また,出荷量が輸送量の合計になるために,以下の制約を加える.

$$\sum_{i=1}^{n} x_{ij} = \sum_{k=0}^{K-1} y_{jk} \quad \forall j=1,2,\ldots,m$$

最後に,目的関数を以下のように変更する.

$$\text{minimize} \sum_{j=1}^{m} \sum_{k=0}^{K-1} (d_{jk} z_{jk} + c_{jk} y_{jk}) + \sum_{i=1}^{n} \sum_{j=1}^{m} c_{ij} x_{ij}$$

上の定式化の Gurobi/Python によるプログラムは,以下のようになる.

```
 1  def flp_nonlinear_mselect(I, J, d, M, f, c, K):
 2      U = M[J[0]]
 3      L = 0
 4      width = U/float(K-1)
 5      a, b = {}, {}
 6      for j in J:
 7          a[j] = [k*width for k in range(K)]
 8          b[j] = [f[j]*math.sqrt(value) for value in a[j]]
 9      model = Model("nonlinear flp -- piecewise linear version with multiple selection")
10      x = {}
11      for j in J:
12          for i in I:
13              x[i,j] = model.addVar(vtype="C")
14      model.update()
15      X, F, z = {}, {}, {}
16      for j in J:
17          X[j], F[j], z[j] = mult_selection(model, a[j], b[j])
18          X[j].ub = M[j]
19      for i in I:
20          model.addConstr(quicksum(x[i,j] for j in J) == d[i])
21      for j in J:
22          model.addConstr(quicksum(x[i,j] for i in I) == X[j])
23      model.setObjective(quicksum(F[j] for j in J) + quicksum(c[i,j]*x[i,j] for j in J for i in I),GRB.MINIMIZE)
24      model.update()
```

```
25      model.__data = x,X,F
26      return model
```

8.6 安全在庫配置問題

ここでは，直列多段階システムにおける，安全在庫配置問題を考える．このモデルは以下の仮定に基づく．

- 単一の品目を供給するための在庫点が n 個直列に並んでいるものとする（図 8.7 参照）．第 n 段階は原料の調達を表し，第 1 段階は最終需要地点における消費を表す．第 i 段階の在庫点は，第 $i+1$ 段階の在庫点から補充を受ける．

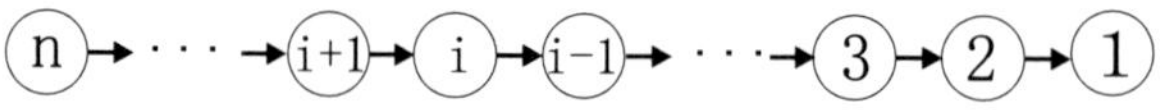

$$n \to \cdots \to i+1 \to i \to i-1 \to \cdots \to 3 \to 2 \to 1$$

図 8.7 直列多段階モデル．

- 各段階は，各期における最終需要地点における需要量だけ補充を行うものとする．言い換えれば，各段階における在庫補充方策は，エシェロン在庫に対する基準在庫方策にしたがうものとする．また，期とは，基準になる時間の区切りを表し，通常は 1 日（もしくは 1 週間，1 ヶ月）を表す．以下では，モデルに具体性を出すために期を日に置き換えて論じる．

- 第 1 段階で消費される品目の 1 日あたりの需要量は，期待値 μ をもつ定常な分布をもつ．また，t 日間における需要の最大値を $D(t)$ とする．たとえば，需要が平均値 μ，標準偏差 σ の正規分布にしたがい，意思決定者が品切れする確率を安全係数 $z(>0)$ で制御していると仮定したときには，$D(t)$ は

$$D(t) = \mu t + z\sigma\sqrt{t}$$

と書ける．

- 第 i 段階における品目の生産時間は，T_i 日である．T_i には各段階における生産時間の他に，待ち時間および輸送時間も含めて考える．

- 第 i 段階の在庫点は，第 $i-1$ 段階の発注後，ちょうど L_i 日後に品目の補充を行うことを保証しているものとする．これを（第 i 段階の）**保証リード時間** (guaranteed lead time, guaranteed service time) と呼ぶ．なお，第 1 段階（最終需要地点）における保証リード時間 L_1 は，事前に決められている定数とする．

- 在庫（保管）費用は保管されている在庫量に比例してかかり，第 i 段階における在庫費用は，品目 1 個，1 日あたり h_i 円とする．品目ごとに適切な在庫費用を設定することは難

しい場合には，**在庫保管比率** (holding cost ratio) に品目の価値を乗じたものを品目にかかる在庫費用と考えれば良い．ここで，在庫保管比率とは，対象とする企業体が品目の価値を現金として保有して他の活動に利用したときの利率であり，各段階での品目の価値とは，第 0 段階から調達するときの品目の費用に，各段階で付加される価値（製造費用や調達費用の和）を加えたものである．

- 第 $n+1$ 段階に仮想の在庫点を設け，保証リード時間 0 で第 n 段階の在庫点に品目を補充できるものとする．

- 補充量の上限はない，言い換えれば生産の容量は無限大とする．

上の仮定の下で，1 日あたりの在庫費用を最小化するように，各段階における安全在庫レベルと保証リード時間を決めることが，ここで考える問題の目的である．

第 i 段階の在庫点を考える．この地点に在庫を補充するのは，第 $i+1$ 段階の在庫点であり，そのリード時間は L_{i+1} であることが保証されている．したがって，それに T_i を加えたものが，補充の指示を行ってから第 i 段階が生産を完了するまでの時間となる．これを，**補充リード時間** (replenishment lead time) と呼ぶ．また，第 i 段階は第 $i-1$ 段階に対して，リード時間 L_i で補充することを保証している．したがって，第 i 段階では，補充リード時間から L_i を減じた時間内の最大需要に相当する在庫を保持していれば，在庫切れの心配がないことになる．補充リード時間から L_i を減じた時間 $(L_{i+1}+T_i-L_i)$ を**正味補充時間** (net replenishment time) とよび，x_i と記す．第 i 段階における安全在庫量 I_i は，正味補充時間内における最大需要量から平均需要量を減じた量であるので，

$$I_i = D(x_i) - x_i \mu$$

となり，これに h_i を乗じたものが安全在庫費用になる．第 i 段階の安全在庫費用を正味補充時間 x_i の凹関数として $f_i(x_i)$ とすると，直列多段階安全在庫配置問題は，以下のように定式化できる．

$$\begin{aligned}
\text{minimize} \quad & \sum_{i=1}^{n} h_i f_i(x_i) \\
\text{subject to} \quad & x_i + L_i - L_{i+1} = T_i && \forall i = 1, 2, \ldots, n \\
& L_{n+1} = 0 \\
& L_i \geq 0 && \forall i = 2, 3, \ldots, n \\
& x_i \geq 0 && \forall i = 1, 2, \ldots, n
\end{aligned}$$

Gurobi/Python によるプログラムは以下のようになる．

```
def ssa(n, h, K, f, T):
    model = Model("safety stock allocation")
    a, b = {}, {}
    for i in range(1,n+1):
```

```
            a[i] = [k for k in range(K)]
            b[i] = [f(i,k) for k in range(K)]
    x, y, s = {}, {}, {}
    L = {}
    for i in range(1,n+1):
        x[i], y[i], s[i] = convex_comb_sos(model, a[i], b[i])
        if i == 1:
            L[i] = model.addVar(ub=0, vtype="C")
        else:
            L[i] = model.addVar(vtype="C")
    L[n+1] = model.addVar(ub=0, vtype="C")
    model.update()
    for i in range(1,n+1):
        model.addConstr(x[i] + L[i] == T[i] + L[i+1])
    model.setObjective(quicksum(h[i]*y[i] for i in range(1,n+1)), GRB.MINIMIZE)
    model.update()
    model.__data = x,s,L
    return model
```

第9章　多目的最適化

　通常の数理最適化問題は1つの目的関数をもち，その他は制約として扱う．一方で，多くの実際問題では複数の目的のトレードオフを考慮して意思決定が成される．このギャップを埋めるための理論が多目的最適化である．本章では，多目的最適化問題を1目的に帰着して解く方法について述べる．

　本章の構成は次の通り．

9.1節　多目的最適化の基本的な用語を解説する．

9.2節　多目的の巡回セールスマン問題を例として，スカラー化による方法と制約を移動させることによる方法を紹介する．

9.3節　具体的なスタッフスケジューリング問題を例として，現実における複数の目的のトレードオフを考慮した意思決定法について述べる．

9.1 多目的最適化の基礎理論

まず，多目的最適化の基礎と用語について述べる．

以下に定義される m 個の目的をもつ多目的最適化問題を対象とする．

解の集合 $\mathcal{F}$ ならびに $\mathcal{F}$ から m 次元の実数ベクトル全体への写像 $f: \mathcal{F} \to \mathbb{R}^m$ が与えられている．ベクトル f を目的関数ベクトルとよび，その第 i 要素を f_i と書く．ここでは，ベクトル f を「何らかの意味」で最小にする解（の集合）を求めることを目的とする．

2つの目的関数ベクトル $f, g \in \mathbb{R}^m$ に対して，f と g が同じでなく，かつベクトルのすべての要素に対して f の要素が g の要素以下であるとき，ベクトル f がベクトル g に優越しているとよび，$f \prec g$ と記す．

すなわち，順序 $\prec$ を以下のように定義する．

$$f \prec g \Leftrightarrow f \neq g, f_i \leq g_i \quad \forall i$$

たとえば，2つのベクトル $f = (2, 5, 4)$ と $g = (2, 6, 8)$ に対しては，第1要素は同じであるが，第2,3要素に対しては g の方が大きいので $f \prec g$ である．

2つの解 x, y に対して，$f(x) \prec f(y)$ のとき，解 x は解 y に優越していると呼ぶ．以下の条件を満たすとき，x は**非劣解** (nondominated solution) もしくは **Pareto最適解** (Pareto optimal solution) と呼ばれる．

$f(y) \prec f(x)$ を満たす解 $y \in \mathcal{F}$ は存在しない．

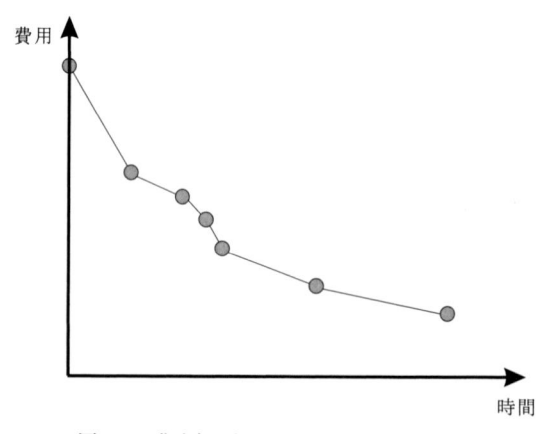

図 9.1 非劣解（Pareto 最適解）の集合．

多目的最適化問題の目的は，すべての非劣解（Pareto最適解）の集合を求めることである．非劣解の集合から構成される境界は，金融工学における株の構成比を決める問題（ポートフォリオ理論）では**有効フロンティア** (efficient frontier) と呼ばれる．ポートフォリオ理論のように目的関数が凸関数である場合には，有効フロンティアは凸関数になるが，一般には非劣解を繋いだものは凸になるとは限らない（図 9.1）．

非劣解の総数は非常に大きくなる可能性がある．そのため，実際にはすべての非劣解を列挙

するのではなく，意思決定者の好みにあった少数の非劣解を選択して示すことが重要になる．

意思決定者の選好を効用関数として表現することは，実務的には極めて難しい．通常は，限られた入力項目をもとに，意思決定の助けになるような非劣解を提示し，さらなる入力項目を追加することによって，好みの解に近づけていく反復過程が用いられる．

1目的だけを扱うことができる最適化ソルバーを用いて，多目的の実際問題を扱うには，幾つかの方法がある．

1つめの方法は，複数の目的関数を何らかのテクニックを用いて単一の目的関数にすることである．これを**スカラー化** (scalarization) と呼ぶ．

最も単純なスカラー化は複数の目的関数を適当な比率を乗じて足し合わせることである．m次元の目的関数ベクトルは，m次元ベクトルλを用いてスカラー化できる．通常，パラメータλは

$$\sum_{i=1}^{m} \lambda_i = 1$$

を満たすように正規化しておく．

このλを用いて重み付きの和をとることにより，以下のような単一の（スカラー化された）目的関数f_λに変換できる．

$$f_\lambda(x) = \sum_{i=1}^{m} \lambda_i f_i(x)$$

また，意思決定者が理想点を表すベクトルf^*を示したときには，理想点からの（λで重み付けした）距離

$$f_\lambda(x) = \sqrt{\sum_{i=1}^{m} \lambda_i |f_i(x) - f^*|^2}$$

を最小化する方法も有効である．もちろん，最適化するのは平方根の中身だけで良いので，

$$f_\lambda(x) = \sum_{i=1}^{m} \lambda_i |f_i(x) - f^*|^2$$

を目的関数とした最適化を行えば良い．

スカラー化された問題は，通常の（単一目的の）最適化問題になるので，より扱いやすくなるが，一方では，有効な（意思決定者が欲しい）非劣解を見落とす危険性がある．

2つめの方法は，第1目的関数以外を「第$j(\geq 2)$目的関数$\leq b_j$」の形式で制約として扱い，制約の右辺b_jを色々と変えて単一目的の最適化を行うことである．第$j(\geq 2)$番目の目的関数値がある範囲内の整数値であることが分かっている場合には，その範囲内のb_jをすべて探索することによって，原理的にはすべての非劣解を得ることができる．

9.2 多目的巡回セールスマン問題

> あなたは工場のスケジューリング担当課長だ．あなたは 5 つの製品をなるべく早く製造するように急かされているが，ある製品を製造した後に別の製品を製造する際には段取り時間と段取り費用を要する．機械の停止状態から始めてすべての製品を 1 つずつ製造し，再び停止状態に戻す製造順序を決めたいが，時間と費用はトレードオフ関係にあるので，幾つか案を出して製造部長の指示を仰ぐ必要がある．部長には，なるべくたくさんの代替案を出すように言われているが，無駄な案を出すと怒られる．さて，どのようにして無駄なく多くの代替スケジュールを作成すれば良いのであろうか？

この問題は費用と時間の 2 つの目的をもった多目的最適化問題になる．以下に 2 目的に限定した問題の定義を示す．

> **2 目的巡回セールスマン問題**
> n 個の点（都市）から構成される無向グラフ $G = (V, E)$，枝 $e \in E$ 上の費用 c_e ならびに（移動）時間 t_e が与えられたとき，すべての点をちょうど 1 回ずつ経由する巡回路で，時間と費用の対を目的関数ベクトルとしたときのすべての非劣解の集合を求めよ．

前節で示した様々な多目的最適化の手法を Gurobi/Python で実現するために，以下の関数を準備しておく．

最初の関数は基本モデルを構築するための関数 base_model である．このプログラムの 2 行目では，5.1.2 節の Miller-Tucker-Zemlin（ポテンシャル）定式化モジュール atsp.py から mtz_strong 関数を読み込み，3 行目でモデルオブジェクトを作成する．その後，費用と時間の合計を表す実数変数 C と T を追加し，解 x の費用と時間の合計が，それぞれ C と T になるように制約を追加する（8,9 行目）．

```
1   def base_model(n,c,t):
2       from atsp import mtz_strong
3       model = mtz_strong(n,c)
4       x,u = model.__data
5       C = model.addVar(vtype="C", name="C")
6       T = model.addVar(vtype="C", name="T")
7       model.update()
8       model.addConstr(T == quicksum(t[i,j]*x[i,j] for (i,j) in x), "Time")
9       model.addConstr(C == quicksum(c[i,j]*x[i,j] for (i,j) in x), "Cost")
10      model.update()
11      model.__data = x,u,C,T
12      return model
```

もう 1 つの関数 optimize は，非劣解の候補 cand を引数として与えると，探索中に得られた解を追加するための関数である．ここで cand は時間と費用のタプル（組）を要素としたリ

ストで表現している.

```
1  def optimize(model,cand):
2      model.optimize()
3      x,y,C,T = model.__data
4      for k in range(model.SolCount):
5          model.Params.SolutionNumber = k
6          cand.append((T.Xn,C.Xn))
```

上のプログラムの4行目では,モデルオブジェクトのSolCount属性で探索中に求まった解の数を得ている.(Gurobiでは一度の最適化で複数の解を得ることができる.)次に,5行目ではパラメータSolutionNumberをkに設定することによって,6行目でk番目の解の値(時間と費用)を得ている.

9.2.1 線形和によるスカラー化

時間を第1目的関数とし,費用を第2目的関数とした2目的の巡回セールスマン問題を考える.

点iから点jへの移動時間をt_{ij}とし,移動費用をc_{ij}とする.巡回路xを与えたときの移動時間を$T(x)$,移動費用を$C(x)$と書く.

移動時間を最小にする最短時間巡回路をx_1^*,移動費用を最小にする最小費用巡回路をx_2^*とする.これは,非劣解の集合を繋いだ線(有効フロンティア)の両端点を出していることに相当する.

この両端点を繋ぐ直線の傾きは,

$$\alpha = \frac{C(x_1^*) - C(x_2^*)}{T(x_2^*) - T(x_1^*)}$$

となる.これを用いて新たな枝の重み(距離)$c_{ij} + \alpha t_{ij}$を定義し,距離の合計が最小になる巡回路x_M^*を計算する(図9.2).これが,x_1^*やx_2^*によって優越されない場合には,移動時間と費用の両者を考慮した新たな非劣解が求まったことになる.

x_M^*がx_1^*に優越されない場合には,

$$\alpha = \frac{C(x_1^*) - C(x_M^*)}{T(x_M^*) - T(x_1^*)}$$

をもとに$c_{ij} + \alpha t_{ij}$を距離にした巡回路を計算し,同様にx_M^*がx_2^*に優越されない場合には,

$$\alpha = \frac{C(x_M^*) - C(x_2^*)}{T(x_2^*) - T(x_M^*)}$$

をもとに$c_{ij} + \alpha t_{ij}$を距離とした巡回路を計算する.この操作を繰り返すことによって,スカラー化された単一の目的関数をもつ巡回セールスマン問題を次々と生成し,非劣解の集合の近似を得ることができる.

この方法では,すべての非劣解を生成するという保証はないが,簡単に多くの非劣解を生成することができる[9].

164　第 9 章　多目的最適化

費用

X_1^*

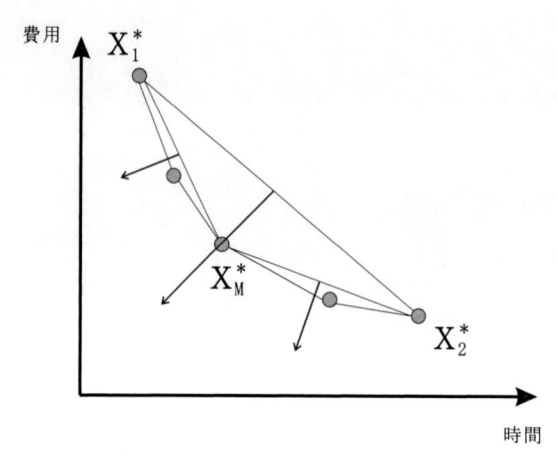

X_M^*

X_2^*

時間

図 9.2　スカラー化による非劣解の部分集合の生成.

このアルゴリズムを Gurobi/Python で記述しよう．まず，新しい非劣解の集合（有効フロンティア）front を探索するための関数 explore を記述しておく．この関数は，引数として2つの異なる解 x_1^*, x_2^* の費用と時間の対 C1,T1，C2,T2 を与えたとき，その傾き alpha を計算し（2行目），対応する距離を目的関数に設定する（4行目）．6行目の pareto_front は非劣解の候補から非劣解だけを抽出する関数 [1] であり，非劣解 front が変化しなくなったら終了する（8行目）．新しい非劣解 CM,TM が得られた場合には，新たに C1,T1，CM,TM ならびに CM,TM，C2,T2 を引数として関数 explore を再帰的に呼び出す（11,13行目）．

```
1   def explore(C1, T1, C2, T2, front):
2       alpha = float(C1 − C2)/(T2 − T1)
3       init = list(front)
4       model.setObjective(quicksum((c[i,j] + alpha*t[i,j])*x[i,j] for (i,j) in x),GRB.MINIMIZE)
5       optimize(model,front)
6       front = pareto_front(front)
7       if front == init:
8           return front
9       CM, TM = C.X, T.X
10      if TM > T1:
11          front = explore(C1,T1,CM,TM,front)
12      if T2 > TM:
13          front = explore(CM,TM,C2,T2,front)
14      return front
```

上で定義した関数 explore を用いると，スカラー化による非劣解の生成は，以下のように記述できる．

---

[1] ここでは記述を省略している．pareto_front の実装についてはサポートページを参照されたい．

```
1   def solve_scalarization(n,c,t):
2       model = base_model(n,c,t)
3       x,u,C,T = model.__data
4       cand = []
5       model.setObjective(T,GRB.MINIMIZE)
6       optimize(model,cand)
7       C1, T1 = C.X, T.X
8       model.setObjective(C,GRB.MINIMIZE)
9       optimize(model,cand)
10      C2, T2 = C.X, T.X
11      front = pareto_front(cand)
12      return explore(C1, T1, C2, T2, front)
```

まず7行目で時間を最小化する解 C1,T1 を求め，次に10行目で費用を最小にする解 C2,T2 を求める．関数 pareto_front で非劣解を抽出した後（11行目），explore を呼び出す（12行目）．

9.2.2 最小ノルムによるスカラー化

次に理想点からの距離（ノルム）を最小にする多目的最適化を行ってみよう．理想点からの距離は凸二次関数であるので，Gurobi（バージョン 4.0 以降）を用いて最小化することができる．

意思決定者の理想点 f^* を，時間だけを最小化したときの目的関数値 T^* と費用だけを最小化したときの目的関数値 C^* の対 (T^*, C^*) とする．この理想点からの（パラメータ λ で重み付けした）距離を最小化するためには，

$$f_\lambda(x) = \left\{ \sum_{i=1}^{m} \lambda_i |f_i(x) - f^*|^2 \right\}^{1/2}$$

を最小化すれば良い．ここで λ は，各目的関数の重要性を考慮するためのパラメータである．

2目的巡回セールスマン問題における理想点からの距離を最小化するための目的関数は，

$$f_1(x) = \sum t_{ij} x_{ij} - T^*$$
$$f_2(x) = \sum c_{ij} x_{ij} - C^*$$

としたとき，スカラーパラメータ λ を用いて

$$\lambda (f_1(x))^2 + (1-\lambda)(f_2(x))^2$$

となる．

Gurobi/Python によるプログラムは，以下のようになる．

```
1   def solve_ideal(n,c,t,segments):
2       model = base_model(n,c,t)
3       x,u,C,T = model.__data
```

```
 4        cand = []
 5        model.setObjective(T,GRB.MINIMIZE)
 6        optimize(model,cand)
 7        model.setObjective(C,GRB.MINIMIZE)
 8        optimize(model,cand)
 9        times = [ti for (ti,ci) in cand]
10        costs = [ci for (ti,ci) in cand]
11        min_time = min(times)
12        min_cost = min(costs)
13        f1 = model.addVar(vtype="C")
14        f2 = model.addVar(vtype="C")
15        model.update()
16        model.addConstr(f1 == T - min_time)
17        model.addConstr(f2 == C - min_cost)
18        for i in range(segments+1):
19            lambda_ = float(i)/segments
20            Obj = QuadExpr(lambda_*f1*f1 + (1-lambda_)*f2*f2)
21            model.setObjective(Obj,GRB.MINIMIZE)
22            optimize(model,cand)
23        return cand
```

上のプログラムでは，6行目で最小移動時間の解を得て，8行目で最小費用の解を算出し，最小時間 min_time と最小費用 min_cost を理想点とし，重み lambda_[2] を区分数を表すパラメータ segments を用いて変化させながら，非劣解を得ている．

9.2.3 制約を移動させることによる方法

第2目的関数（費用）を目的関数とし，第1目的関数である時間を制約とし，制約の上限を徐々に変えていくことによって，すべての非劣解を系統的に計算する．

```
 1  def solve_segment_time(n,c,t,segments):
 2        model = base_model(n,c,t)
 3        x,u,C,T = model.__data
 4        cand = []
 5        model.setObjective(T,GRB.MINIMIZE)
 6        optimize(model,cand)
 7        model.setObjective(C,GRB.MINIMIZE)
 8        optimize(model,cand)
 9        times = [ti for (ti,ci) in cand]
10        max_time = max(times)
11        min_time = min(times)
12        delta = (max_time-min_time)/segments
13        TimeConstr = model.addConstr(T <= max_time, "TimeConstr")
14        model.update()
15        for i in range(segments+1):
```

---

[2] ギリシア文字 λ の英語表記は lambda であるが，Python では lambda は関数を生成するための予約語であるので，後ろにアンダーバー (_) をつけて表記している．

```
16            time_ub = max_time − delta*i
17            TimeConstr.setAttr("RHS",time_ub)
18            optimize(model,cand)
19     return cand
```

6行目で最小移動時間の解を得て，8行目で最小費用の解を得ている．次に，得られた解の中での最小時間 min_time と最大時間 max_time を区分数 segments で割ることによって，時間の刻み幅 delta を計算する（12行目）．13行目で時間に対する上限制約を付加し，その後時間の上限を delta ずつ小さくして求解することによって非劣解を得る．17行目の setAttr は属性を変更するためのメソッドであり，ここでは制約オブジェクト TimeConstr の右辺定数 RHS 属性を変更している．

9.3 スタッフスケジューリング

ここでは，多目的最適化の実践例として簡単なスタッフスケジューリング問題を考える．多くの職場では，スタッフスケジューリングは重要な意思決定問題の1つである．この問題は，社員，アルバイト，パートなどから，必要なスタッフをどのように確保し，費用を最小化することが主目的であるが，「人」がからむ複雑な制約のため，複数の制約違反のトレードオフをとり，みんなが納得する解を得ることが必要になる．

スタッフスケジューリング問題の基本モデルは，以下のデータを必要とする．

スタッフの集合：職場で働くことができる人員の候補集合であり，社員，アルバイト，パートなどのグループに分けて管理される．通常は，期・シフトごとに，グループ別の必要最低人数が与えられる．また，スタッフごとに時給や希望シフトなどの情報が与えられる．

期の集合：スケジューリングを組む対象となる期間の集合．通常は，日単位で管理を行い，7日もしくは30日程度が対象期間となる．

シフトの集合：期ごとに決められる仕事の種類の集合．たとえば，朝，昼，夜の3シフトから構成される職場の場合には，シフトの集合は休みを追加して｛朝，昼，夜，休｝と定義される．

以下に，簡単なスタッフスケジューリング問題の例を示す．

> あなたは24時間営業の弁当屋のオーナーだ．いま8人のスタッフを雇ってやりくりしているが，以下のような条件がついていて，スケジュールを立てるのに苦労している．さて，どのようにスタッフをシフトに割り当てると良いであろうか？

第9章 多目的最適化

- 1シフトは8時間で，朝，昼，夜の3シフトの交代制とする．
- 8人のスタッフは，1日の高々1つのシフトしか行うことができない．
- スタッフ $i = 1, 2, \ldots, 8$ の基本日給は，$7000 + 1000 \times i$ 円とする．ただし，夜勤は2倍の手当がつき，週末（土，日）は1.5倍の手当がつくものとする．
- 1週間（7日間）のスケジュールの中で，スタッフは5日勤務し，2日は休まなければならない．
- 各シフトに割り当てられるスタッフの数は，2人以上でなければならない．
- 異なるシフトを翌日に行ってはいけない．（つまり異なるシフトに移るときには，必ず休日を入れる．）
- 昼，夜のシフトは，少なくとも2日間は連続で行わなければならない．

この例題をモデル化するために，休日を表すシフト0を導入し，シフトに休日を加えた集合 $\{0, 1, 2, 3\}$ を可能なシフトとする．スタッフは $1, 2, \ldots, 8$ で表し，期（日にち）は $1, 2, \ldots, 7$ で表す．

以下の変数を用いる．

$$x_{itj} = \begin{cases} 1 & \text{スタッフ } i \text{ が期 } t \text{ のシフト } j \text{ に割り当てられたとき} \\ 0 & \text{それ以外のとき} \end{cases}$$

スタッフ i が t 期のシフト j に出勤したときの日給を c_{itj} とすると，上のスタッフスケジューリング問題は，以下のように定式化できる．

$$\begin{aligned}
\text{minimize} \quad & \sum_{i=1}^{8} \sum_{t=1}^{7} \sum_{j=1}^{3} c_{itj} x_{itj} \\
\text{subject to} \quad & \sum_{j=0}^{3} x_{itj} = 1 && \forall i = 1, 2, \ldots, 8; t = 1, 2, \ldots, 7 \\
& \sum_{t=1}^{7} \sum_{j=1}^{3} x_{itj} = 5 && \forall i = 1, 2, \ldots, 8 \\
& \sum_{i=1}^{8} x_{itj} \geq 2 && \forall t = 1, 2, \ldots, 7; j = 1, 2, 3 \\
& x_{itj} + \sum_{k \neq j, k \geq 1} x_{i,t+1,k} \leq 1 && \forall i = 1, 2, \ldots, 8; t = 1, 2, \ldots, 6; j = 1, 2, 3 \\
& x_{i,t-1,j} + x_{i,t+1,j} \geq x_{itj} && \forall i = 1, 2, \ldots, 8; t = 1, 2, \ldots, 6; j = 2, 3
\end{aligned} \quad (9.1)$$

最初の制約は，各スタッフが各期に必ず1つのシフト（休日も含む）に割り当てられることを表す．2番目の制約は，各スタッフの出勤日数が5日であることを規定する．3番目の制約は，各期の各シフトに必ず2人以上のスタッフが割り当てられることを表す．4番目の制約は異なるシフトを翌日にやってはいけないことを表すが，これは x_{itj} が1のときには，異な

るシフト k（休日を含まない）が期 $t+1$ にはできないこと（$x_{i,t+1,k}=0$ であること）を制約として表している．最後の制約は，シフト $2,3$ が少なくとも 2 日間は連続で行わなければならないことを表しているが，これは x_{itj} が 1 のときには，$t-1$ 期か $t+1$ 期のいずれかにシフト j が割り当てられていること（$x_{i,t-1,j}$ か $x_{i,t+1,j}$ のいずれかが 1 であること）を制約として表している．なお，最後の制約では，$t-1$ もしくは $t+1$ がない場合（$t=1,7$ の場合）には，対応する項はないものとする．

上の定式化をそのまま Gurobi/Python で記述して最適化した後で，いつものように最適値や最適解を出力しようとするとエラーをする．つまり，この問題例では，何らかの理由によって最適解が得られなかったのだ．これは，実際問題を解く際においては頻繁に発生する現象であり，主な理由としては以下のものが考えられる．

1. 制約式が不完全であったため，目的関数値が無限に良くなることが可能になってしまった．この状態を非有界 (unbounded) と呼ぶ．

2. 制約式がきつすぎたため，制約をすべて満たす解（実行可能解）を見つけることができなかった．この状態を実行不可能 (infeasible) と呼ぶ．

3. その他の理由でソルバーが終了した．たとえば，ユーザーが設定した計算時間の上限を超えたり，数値的に不安定になった場合にも，ソルバーは自動終了する．

1.10 節で示したように，最適化をした後のモデルの状態の属性 (Status) を調べると，このスタッフスケジューリングの問題例は実行不可能であることが分かる．1.10 節で行ったように，既約不整合部分系 (Irreducible Inconsistent Subsystem：IIS) を求めることによって実行不可能の原因になる制約や実行可能解からの逸脱ペナルティの和を最小化することもできるが，ここでは多目的最適化のアプローチをとることにする．

期 t のシフト j に必ず 2 人以上のスタッフが割り当てられることを表す制約 (9.1) を破っても良いものと仮定し，逸脱量（不足するスタッフの数）を表す実数変数 y_{tj} を導入する．すると，式 (9.1) は，以下のようになる．

$$\sum_{i=1}^{8} x_{itj} = 2 - y_{tj} \quad \forall t=1,2,\ldots,7; j=1,2,3$$

不足する人数の合計 $\sum_{t,j} y_{tj}$ ともとの問題の目的関数である総費用を 2 つの目的関数とした多目的最適化を考える．Gurobi/Python による記述は，以下のようになる．

```
def staff_mo(I, T, N, J, S, c, b):
    Ts = range(1,T+1)
    model = Model("staff scheduling -- multiobjective version")
    x, y = {}, {}
    for t in Ts:
        for j in J:
            for i in I:
```

第 9 章 多目的最適化

```
                    x[i,t,j] = model.addVar(vtype="B")
                y[t,j] = model.addVar(vtype="C")
C = model.addVar(vtype="C", name="cost")
U = model.addVar(vtype="C", name="uncovered")
model.update()
model.addConstr(C >= quicksum(c[i,t,j]*x[i,t,j] for i in I for t in Ts for j in J if
    j != 0))
model.addConstr(U >= quicksum(y[t,j] for t in Ts for j in J if j != 0))
for t in Ts:
    for j in J:
        if j == 0:
            continue
        model.addConstr(quicksum(x[i,t,j] for i in I) >= b[t,j] - y[t,j])
for i in I:
    model.addConstr(quicksum(x[i,t,j] for t in Ts for j in J if j != 0) == N)
    for t in Ts:
        model.addConstr(quicksum(x[i,t,j] for j in J) == 1)
        for t in range(1,T):
            for j in J:
                if j != 0:
                    model.addConstr(x[i,t,j] + quicksum(x[i,t+1,k] for k in J if k !=
                        j and k != 0) <= 1, "Require(%s,%s,%s)" % (i,t,j))
        for t in Ts:
            for j in S:
                if t==1:
                    model.addConstr(x[i,t+1,j] >= x[i,t,j], "SameShift(%s,%s,%s)"
                        % (i,t,j))
                elif t==T:
                    model.addConstr(x[i,t-1,j] >= x[i,t,j], "SameShift(%s,%s,%s)"
                        % (i,t,j))
                else:
                    model.addConstr(x[i,t-1,j] + x[i,t+1,j] >= x[i,t,j],
                        "SameShift(%s,%s,%s)" % (i,t,j))
model.update()
model.__data = x, y, C, U
return model
```

このモデルに対しても，9.2.3 節と同様のアプローチで，図 9.3 のような非劣解の集合（有効フロンティア）を求めることができる．

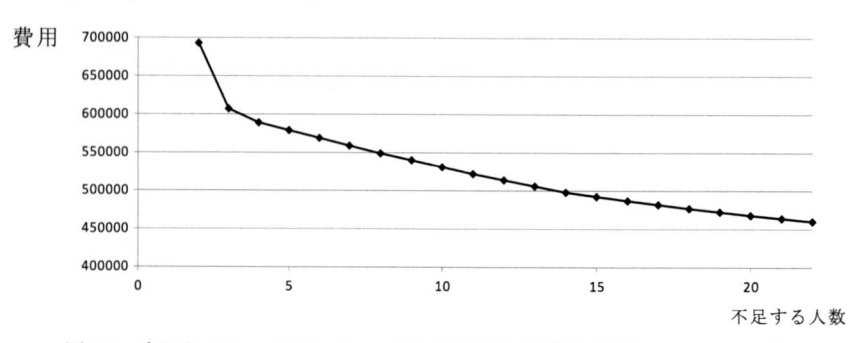

図 9.3 多目的スタッフスケジューリング問題の非劣解（有効フロンティア）．

第10章 二次錐最適化問題

この章では二次錐最適化問題を扱う．二次錐最適化問題はあまり聞き慣れない用語かもしれないが，近年話題となっている最適化モデルである．

一番基本的な二次錐は3次元の**二次錐** (second-order cone)

$$\{(z, x, y) : z \geq \sqrt{x^2 + y^2}\}$$

であり，これを $\mathcal{K}_3$ と書く[1]．図10.1は $\mathcal{K}_3$ を表している．丁度アイスクリームのコーンをさらに無限に延ばしたような形をしていることが分かる．

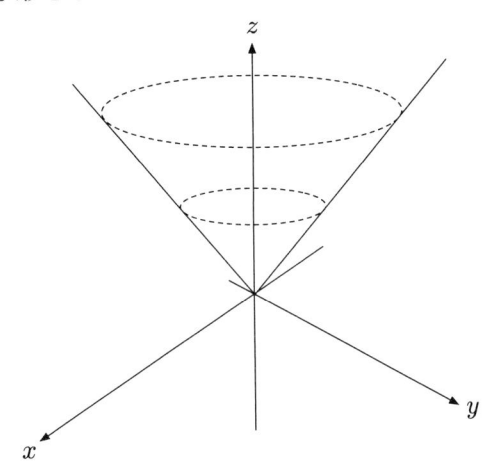

図 10.1 3次元の二次錐

二次錐最適化問題では，「変数のうち幾つかがこの二次錐の中に入っている」という制約（二次錐制約）を持つ．二次錐制約を用いることにより，凸二次関数を基本とする非線形制約を扱うことができるため，様々な応用が考えられ，また，理論的には，内点法を用いて効率良く解くことができることが知られている．内点法と二次錐最適化問題の位置づけについては179ページの欄外ゼミナールを参照してほしい．

Gurobiはバージョン5.0でこの内点法を実装し，二次錐最適化問題を解くことができるようになった．それだけでなく，10.2節で見るように二次錐最適化問題のモデルの記述方法も

---

[1] 通常，3次元ベクトルは (x, y, z) の順で書くのが普通であるが，二次錐計画においては z が特別な役割を担っているため，これが最初の成分であるとする．

整備され，使いやすくなっている．

二次錐最適化問題の幅広い応用のうち，幾つかはこの章で解説する．しかし，二次錐最適化問題はまだあまり教科書にも載っていない，新しい最適化問題である．意外な応用が隠れている可能性は多々ある．読者にはぜひ，自分でその応用を見つけ出す楽しみを味わっていただきたい．

本章の構成は以下のようになっている．

10.1 節 Weber 問題という古典的な問題を通して，二次錐最適化問題の基本を学ぶ．

10.2 節 n 次元の二次錐を定義し，どのような制約が二次錐制約として定式化可能かを学ぶ．一例として，8.3 節で見た経済発注量問題の分数目的関数を二次錐制約に定式化する．

10.3 節 ロバスト最適化問題に触れる．ここでは，1.7 節でみた混合問題を単純化したものに関し，問題データが誤りを含む可能性を考え，それが二次錐最適化問題として定式化可能であることを見る．

10.4 節 テーマはポートフォリオ最適化問題である．Markowitz の標準的なモデルと，損をする確率を押さえるモデルの双方が二次錐最適化問題に帰着できることを示す．

ここまでは連続変数を持つ二次錐最適化問題を扱うが，最後の 10.5 節では，8.5 節で述べた凹費用関数を持つ単一ソース制約付き施設配置問題を題材に，整数変数を持つ二次錐最適化問題（混合整数二次錐最適化問題）を扱う．これは，通常の二次錐最適化問題に比べると格段に難しい問題になるが，Gurobi/Python は解くことができる．

10.1 Weber 問題

次の問題を考えよう．

> 砂漠に 7 組の家がある．表 10.1 に各家の位置と人数が書かれている．この地域には井戸がなく，水は何キロも離れたところへ，毎日取りにいかねばならないのが重労働であった．そこでみんなで出資して新しく井戸を掘ることになった．なるべく公平に井戸を位置を決めたいので，「各家が水を運ぶ距離 × 各家の水の消費量」の総和が最小になる場所に井戸を掘ることにした．どこを掘っても水が出るものとしたとき，どのようにして掘る場所を決めれば良いだろうか．ただし，各家の水の消費量は人数に比例するものとする．

表 10.1 家の位置と人数．

家	x 座標	y 座標	人数
1	24	54	2
2	60	63	1
3	1	84	2
4	23	100	3
5	84	48	4
6	15	64	5
7	52	74	4

この問題は **Weber 問題** (Weber problem) と呼ばれ，一般的には以下のように書ける．

> **Weber 問題**
> 家の集合を H とする．各家の位置を (x_i, y_i) $(i \in H)$ とする．井戸の位置を (X, Y) とすれば，家 i から井戸までの距離は
> $$\sqrt{(x_i - X)^2 + (y_i - Y)^2}$$
> である．家 i が 1 日に必要とする水の量を w_i としたとき，
> $$\sum_{i \in H} w_i \sqrt{(x_i - X)^2 + (y_i - Y)^2}$$
> を最小にする (X, Y) を求めよ．

Weber 問題は次のように定式化することができる．

$$\begin{aligned} \text{minimize} \quad & \sum_{i \in H} w_i z_i \\ \text{subject to} \quad & \sqrt{(x_i - X)^2 + (y_i - Y)^2} \leq z_i \quad \forall i \in H \end{aligned} \quad (10.1)$$

この問題の変数は (X, Y) および z_i $(i \in H)$ である．実際，何らかの方法で (10.1) の最適解が得られたとして，それを (X^*, Y^*) および z_i^* $(i \in H)$ としよう．このとき各家 i に関して $\sqrt{(x_i - X^*)^2 + (y_i - Y^*)^2} = z_i^*$ が成り立っている．なぜなら，もしある家 i に関して

$\sqrt{(x_i-X^*)^2+(y_i-Y^*)^2} < z_i^*$ が成り立っているとすれば，最適解の他の部分を全く変えずに，$z_i = \sqrt{(x_i-X^*)^2+(y_i-Y^*)^2} < z_i^*$ とすることにより，制約を満たしながら，より目的関数を下げることができてしまう．(X^*,Y^*) および z_i^* $(i \in H)$ が (10.1) の最適解であるならば，このようなことはありえない．従って，最適解において z_i^* は家 i と井戸との距離を表しており，問題 (10.1) は最適な井戸の位置を求める問題となっている．

問題 (10.1) の制約は「(z_i, x_i-X, y_i-Y) が $\mathcal{K}_3$ に属している」ことを示している．このような制約は**二次錐制約** (second-order cone constraint) と呼ばれ，いくつあっても Gurobi はたいへん効率良く処理することができる．

以下で二次錐制約の記述の方法を見ていこう．

二次錐制約の記述にはやや細かい注意が必要である．例えば，素朴に考えると

```
model.addConstr((x[i]–X)*(x[i]–X) + (y[i]–Y)*(y[i]–Y) <= z[i]*z[i])
```

とやりたくなるが，これではソルバーが二次錐制約だと認識できず，

```
gurobipy.GurobiError: Q matrix is not positive semi-definite (PSD)
```

というエラーが出る．これは「行列 Q が半正定値でない」と文句を言っているのである[2]．

実際には計算すればこの式の左辺の二次式は凸二次関数になっているのだが，Gurobi ではその計算は自動的にはしてくれない．そこで，一時的な受け皿の変数 xaux と yaux を用意する．Gurobi/Python による Weber 問題のモデルを返す関数は，以下のように書ける．

```
def weber(I, x, y, w):
    model = Model("weber")
    X, Y, z, xaux, yaux = {}, {}, {}, {}, {}
    X = model.addVar(vtype="C", lb=-GRB.INFINITY)
    Y = model.addVar(vtype="C", lb=-GRB.INFINITY)
    for i in I:
        z[i] = model.addVar(vtype="C")
        xaux[i] = model.addVar(vtype="C", lb=-GRB.INFINITY)
        yaux[i] = model.addVar(vtype="C", lb=-GRB.INFINITY)
    model.update()
    for i in I:
        model.addConstr(xaux[i]*xaux[i] + yaux[i]*yaux[i] <= z[i]*z[i])
        model.addConstr(xaux[i] == (x[i]–X))
        model.addConstr(yaux[i] == (y[i]–Y))
    model.setObjective(quicksum(w[i]*z[i] for i in I), GRB.MINIMIZE)
    model.update()
    model.__data = X, Y, z
    return model
```

実際に表 10.1 に基づいた Weber 問題を解くと，最適解は $(33.0, 69.0)$ となった．この点を図 10.2 に＃で記す．合理的な感じがしないだろうか？

---

[2] 行列の半正定値性については，175 ページの欄外ゼミナールを参照．

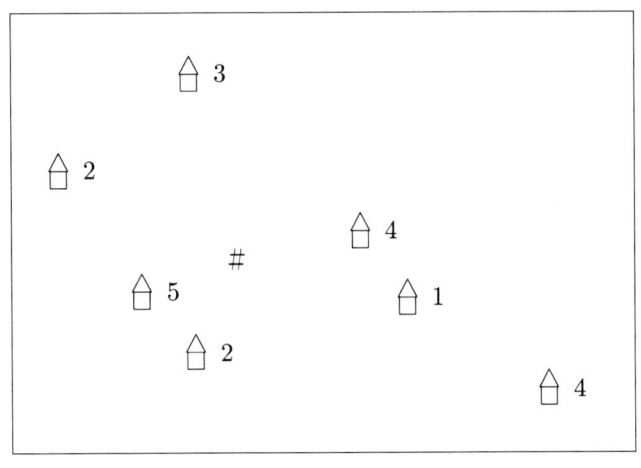

図 10.2　Weber 問題の最適解.

このように，二次錐制約は取扱いに注意を要するが，一方，非常に効率良く処理することができるため，うまく活用すれば強力な武器になる．以下の節では，二次錐制約に関してより深く調べていこう．

欄外ゼミナール 10

〈半正定値行列と凸二次関数〉

対称な $n \times n$ 行列 Q を考える．対称なので，$Q_{ij} = Q_{ji}$ が成り立っている．任意のベクトル $(v_1, v_2, \ldots, v_n)$ に対し，

$$\sum_{i=1}^{n}\sum_{j=1}^{n} Q_{ij} v_i v_j \geq 0$$

となるとき，Q は**半正定値行列** (positive semidefinite matrix) と呼ばれる．例えば単位（恒等）行列[3] I は半正定値行列の典型的な例である．Q が半正定値行列であるとき，Q の固有値が全て 0 以上であることが知られており，その逆もまた成り立つ．よって，固有値が全て 0 以上であることを半正定値行列の定義とすることもある．

Q が半正定値行列のとき，次の形の二次関数

$$f(x) = \sum_{i=1}^{n}\sum_{j=1}^{n} Q_{ij} x_i x_j + \sum_{j=1}^{n} c_j x_j + d$$

は $c_1, c_2, \ldots, c_n, d$ の取り方に関わらず凸関数になる．実際，$\lambda \in [0,1]$ に対し，

$$\lambda f(x) + (1-\lambda) f(y) - f(\lambda x + (1-\lambda) y) = \lambda(1-\lambda) \sum_{i=1}^{n}\sum_{j=1}^{n} Q_{ij}(x_i - y_i)(x_j - y_j)$$

と計算でき，Q の半正定値性からこれは非負である．

次節で述べるように，Q が半正定値行列のときには

---

[3] 対角成分に 1 が並び，他の要素はすべて 0 の正方行列

$$\sum_{i=1}^{n}\sum_{j=1}^{n}Q_{ij}x_ix_j + \sum_{j=1}^{n}c_jx_j + d \leq 0$$

という形の制約は二次錐制約として表現でき，効率良く処理できる．一方，行列 Q が半正定値行列でない場合には，f は凸関数にならない．このときには，上記の二次関数による制約は扱いにくいものとなる．Q が半正定値行列か否かで，制約の性質が異なってしまうので，半正定値行列でない場合には，Gurobi は入力を受け付けないことになっている．

先の例では，Gurobi は Q が半正定値行列であることを判定できなかったので，エラーメッセージを出して入力を受けつけなかった．このようなときには，線形制約によって変数や制約を簡略化し，Gurobi に Q が半正定値行列であることを知らせる必要がある．

10.2　二次錐制約と二次錐最適化問題

前節では3次元の二次錐を定義したが，ここでは n 次元の二次錐 $\mathcal{K}_\backslash$ を定義する．$n+1$ 次元の二次錐とは，以下の集合のことである．

$$\mathcal{K}_{n+1} = \left\{ (z, x_1, x_2, \ldots, x_n) \,:\, z \geq \sqrt{x_1^2 + x_2^2 + \ldots, + x_n^2} \right\}$$

変数（または式）のうち幾つかが k 次元の二次錐に入っている，という制約を**二次錐制約** (second-order cone constraint) と呼ぶ．Weber 問題においては，$(z_i, x_i - X, y_i - Y)$ が3次元の二次錐に入っている，という二次錐制約が全部で $|H|$ 個あった．

二次錐制約を含んだ最適化問題を**二次錐最適化** (second-order cone optimization) 問題と言う．二次錐最適化問題は近年研究が進んでおり，内点法[4]というアルゴリズムで線形最適化問題とほとんど同じように非常に効率良く解くことができる．

非線形な制約があるときに，すぐに二次錐制約とは気がつかなくても，うまく変換することによって二次錐制約に帰着できる場合が多々ある．Gurobi/Python の `addConstr` メソッドではそのようなもののうち，幾つかを直接取り扱えるようになっている．以下では Gurobi/Python で使用可能な二次錐制約と，少しの工夫で二次錐制約に帰着可能な制約を幾つか挙げる．

1. **二次錐制約** (second-order cone constraint) $\sum_{i=1}^{n} x_i^2 \leq y_i^2$（ただし y は非負変数）
   最も基本的な二次錐制約で，Gurobi はこの形を直接二次錐制約として認識できる．左辺の $\sqrt{\cdot}$ を取る代わりに y が非負変数であることを仮定していることに注意する．つまり，Gurobi への入力では $\sqrt{\cdot}$ を取る必要はない．

2. **凸二次制約** (convex quadratic constraint) $\sum_{i=1}^{n}\sum_{j=1}^{n} Q_{ij}x_ix_j + \sum_{i=1}^{n} c_i x_i \leq d$（ただし Q は対称半正定値）

---

[4] 179 ページの欄外ゼミナール参照．

この形も Gurobi で直接入力可能である．Q が対称半正定値でないときにはエラーが出る．

3. **回転つき二次錐制約** (rotated second-order cone constraint) $\sum_{i=1}^{n} x_i^2 \leq yz$ （ただし，y, z は非負変数）

   この制約も Gurobi の `addConstr` メソッドが直接処理できる形式である．ここで

   $$\begin{pmatrix} Y \\ Z \end{pmatrix} = \begin{pmatrix} -1/2 & 1/2 \\ 1/2 & 1/2 \end{pmatrix} \begin{pmatrix} y \\ z \end{pmatrix}$$

   と (y, z) を $-\pi/4$ 回転させ（て $\sqrt{2}$ 倍し）た変数 (Y, Z) を考える．すると，$n = 1$ の場合，

   $$x_1^2 \leq yz \Leftrightarrow x_1^2 + Y^2 \leq Z^2$$

   であることが確かめられる．この制約が回転つき二次錐制約と呼ばれるのはこのためである．

4. **分数制約** (fractional constraint) $1/y \leq z$ （ただし，$y > 0$）

   これは $1 \leq yz$ と等価であるので，$x_1 = 1$ とした場合の回転つき二次錐制約に帰着できる．

5. $xy/(x+y) \geq \beta$ （ただし $x > 0, y > 0$）

   もし $\beta \leq 0$ ならばこの制約は自明に成り立つので，以下では $\beta > 0$ を仮定する．この制約は $x + y$ を両辺にかけると

   $$xy \geq \beta(x+y) \Leftrightarrow (x-\beta)(y-\beta) \geq \beta^2$$

   であるので，$x_1 = \beta, X = x - \beta, Y = y - \beta$ とおけば

   $$x_1^2 \leq XY$$

   となり，回転つき二次錐制約に変換できる．

具体例として，8.3 節で見た経済発注量問題を上述のテクニックを用いて二次錐最適化問題に変換してみよう．経済発注量問題は以下のように定式化されていた．

$$\begin{aligned}
\text{minimize} \quad & \sum_{i \in I} \frac{F_i}{T_i} + \frac{h_i d_i T_i}{2} \\
\text{subject to} \quad & \sum_{i \in I} w_i d_i T_i \leq W \\
& T_i > 0
\end{aligned}$$

ここで目的関数の分数項に対し，それを上から押さえる変数 $c_i (> 0)$ を導入して，上の定式化を書き直す．

$$\begin{aligned}
\text{minimize} \quad & \sum_{i \in I} c_i + \frac{h_i d_i T_i}{2} \\
\text{subject to} \quad & \sum_{i \in I} w_i d_i T_i \leq W \\
& \frac{F_i}{T_i} \leq c_i \quad \forall i \in I \\
& T_i > 0
\end{aligned}$$

2番目の制約が c_i と元の目的関数の分数項との関係を表している．Weber 問題のところでも触れたように，c_i は2番目の制約と目的関数以外には現れていないので，最適解においては必ず

$$\frac{F_i}{T_i} = c_i \quad \forall i \in I$$

が成立している．よって，この問題の最適解はもとの問題の最適解を与えることが分かる．これは分数制約であるので，先に述べたように両辺を T_i (> 0) 倍すると以下の回転つき二次錐制約を得る．

$$F_i \leq c_i T_i$$

よって，経済発注量問題の二次錐最適化としての定式化を行う Gurobi/Python プログラムは，以下のように書ける．

```
def eoq_socp(I,F,h,d,w):
    model = Model("EOQ model using SOCP")
    T, c = {}, {}
    for i in I:
        T[i] = model.addVar(vtype="C")
        c[i] = model.addVar(vtype="C")
    model.update()
    for i in I:
        model.addConstr(F[i] <= c[i]*T[i])
    model.addConstr(quicksum(w[i]*d[i]*T[i] for i in I) <=W)
    model.setObjective(quicksum(c[i] + h[i]*d[i]*T[i]*T[i]/2. for i in I), GRB.MINIMIZE)
    model.update()
    model.__data = T, c
    return model
```

Gurobi では様々な二次錐制約を，二次錐が直接現れないような形，$\sqrt{\cdot}$ を取らない形の様々なインターフェースで取り扱っている．それにも関わらず，これらを二次錐制約と呼ぶのは，やはり $\mathcal{K}_n$ を扱うことがアルゴリズムとして重要だからである．当然ながら，Gurobi が提供するそれらの形式は，全て「線形制約＋基本二次錐制約」の形に変換可能であり，実際に解かれる際にはこの形に変換される．

注意してほしいのは，いかなる形にしても二次錐制約は凸制約であるので，制約の形が凸で

なければ，決して二次錐制約には変換できない，ということである．

いずれにしても，二次錐制約を用いる形で定式化するのはひとつのコツである．

欄外ゼミナール11

〈主双対内点法と二次錐最適化問題〉

1984年，Narendra Karmarkar は線形最適化問題に対する内点法というアルゴリズムを提案し，これが従来線形最適化問題に用いられて来た Dantzig の単体法よりはるかに高性能なアルゴリズムであると主張した．Karmarkar の仕事を皮切りとして内点法の研究が始められ，ある意味で彼の主張は正しく，内点法で巨大な線形最適化問題を解けることが徐々に実証されていった．中でも日本人研究者の小島政和，水野真治，吉瀬章子の3氏[11]は1980年代の終わりに主問題と双対問題を等しく扱う主双対内点法を提案し，これが理論的にも数値的にも非常に効率が良い解法として認められ，現在の内点法の主流となっている．

内点法の研究の主要なテーマとして「内点法は線形最適化問題を超えて，どのような最適化問題に適用可能か」ということがあった．これに対し，1989年頃に Yuri Nesterov と Arkadi Nemirovski(Nemirovsky)が**錐制約**[5](cone constraint) を用いた定式化とそれに対する内点法（主双対内点法に対比して主内点法と呼ばれる）を提案し，内点法の理論の標準となった．

それでは，主双対内点法も錐制約を持つ最適化問題に対して適用可能か，ということが次に問題となった．いろいろ研究が進んで1990年代の終わり頃にわかったことは，ある意味で主問題の錐と双対問題の錐が同じ性質を持つ「対称錐」という錐でなければ主双対内点法は適用できない，ということであった．ところが純粋数学の世界では，この対称錐は次の6つの錐の直積に限ることが，1920年代から知られていた；1. 非負半直線 $\{x \in \mathbb{R} : x \geq 0\}$，2. n 次元の二次錐，3. $n \times n$ の実対称半正定値行列の集合，4. $n \times n$ の複素エルミート行列の集合，5. $n \times n$ の四元数を成分に持つエルミート行列の集合，6. 3×3 の八元数を成分に持つエルミート行列の集合．このうち，1. の直積を用いたものが通常の線形最適化問題，2. が二次錐計画問題である．3. 以降に関しては，変数が行列になるということで理論的にもアルゴリズムの実装も格段に難しくなり，現在も研究段階である．実対称半正定値行列を変数とする最適化問題は**半正定値最適化問題** (semidefinite optimization problem) と呼ばれている．

10.3 ロバスト最適化

ここではまず，1.7節で学んだ混合問題をやや単純化した問題を考える．

---

[5]集合 C は，$x \in C$ ならば任意の $\lambda > 0$ に対して $\lambda x \in C$ となるとき，錐と呼ばれる．例えば，第一象限 $\{(x_1, x_2, \ldots, x_n) : x_1 \geq 0, x_2 \geq 0, \ldots, x_n \geq 0\}$ は典型的な錐である．ベクトルがある種の錐に入っている，という制約を錐制約と呼ぶ．

表 10.2 製品混合問題のデータ．各原料に含まれる成分 k の比率（％）．

成分	1	2	3
原料 1	25	15	20
原料 2	30	30	10
原料 3	15	65	5
原料 4	10	5	80

> 4 種類の原料を調達・混合して 1 種類の製品を製造している工場を考える．原料には，3 種類の成分が含まれており，成分 1 については 20% 以上に，成分 2 については 30% 以上に，成分 3 については 20% 以上になるように混合したい．各原料の成分含有比率は，表 10.2 のようになっている．原料の単価が 1 トンあたり 5, 6, 8, 20 万円であるとしたとき，どのように原料を混ぜ合わせれば，製品 1 トンを最小費用で製造できるだろうか？

原料 i の価格を p_i，原料 i に含まれる成分 k の比率を a_{ik}，製品に含まれるべき成分 k の比率の下限を LB_k とする．原料 i の混合比率を表す実数変数を x_i としたとき，今回の混合問題は，以下のように記述できる．

$$
\begin{aligned}
\text{minimize} \quad & \sum_{i=1}^{4} p_i x_i \\
\text{subject to} \quad & \sum_{i=1}^{4} x_i = 1 \\
& \sum_{i=1}^{4} a_{ik} x_i \geq LB_k \quad k = 1, 2, 3 \\
& x_i \geq 0 \quad i = 1, 2, 3, 4
\end{aligned}
$$

1.7 節では，各原料に含まれる成分の比率は確定値であると考えた．ところが実際の問題では，このように比率が正確に決まっていることは珍しく，いくらかの誤差を伴っているのが普通である．例えばカタログ上では原料 1 に成分 3 が 30% 含まれることになっているが，実際の原料ではそれが 29% かもしれないし，30.5% とか多いかもしれない．このように誤差を考慮し，最悪の誤差でも制約を満たすという条件の下で最適化することを**ロバスト最適化** (robust optimization) という．

ここでは成分の比率 a_{ik} が誤差 e_{ik} を持っている状況を考え，この誤差に関して次の仮定を置く．

> 実際の値が a_{ik} より常に上であったり，常に下であったりということはなく，a_{ik} が中心であるとする．

つまり誤差 e_{ik} は正の値も負の値も同じように取りうると仮定する．

また，誤差はそれほどは大きくないと考えなければこのような問題は解けるはずもないので，誤差の量に関して何らかのモデル化が必要である．ここでは次が成り立っているモデルを考える．

10.3 ロバスト最適化

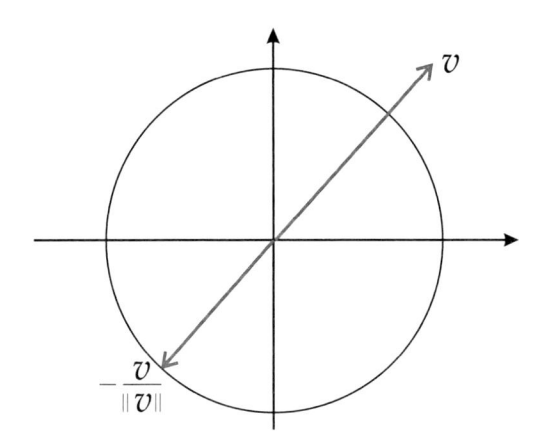

図 10.3 円上での $e_1v_1 + e_2v_2$ の最小化.

$$\sum_{i=1}^4 e_{ik}^2 \leq \epsilon^2, \qquad k=1,2,3$$

ただし，$\epsilon > 0$ は誤差の量を押さえるパラメータである．この ϵ が大きければ大きな誤差を見込むことになる．

さて，上記の誤差を考慮の上，製品に対しては成分の比率を保証しなければならない．元々の制約が $\sum_{i=1}^4 a_{ik}x_i \geq LB_k$ であったとすれば，誤差が含まれた制約は以下のように書ける．

$$\sum_{i=1}^4 (a_{ik} + e_{ik})x_i \geq LB_k$$

ここで誤差 e_{ik} は $\sum_{i=1}^4 e_{ik}^2 \leq \epsilon^2$ を満たすどんな値でも取りうることを考慮し，そのいずれに対しても成分は LB_k 以上なければならないので，ロバスト性に関する制約は次のようになる．

$$\min\left\{\sum_{i=1}^4 (a_{ik} + e_{ik})x_i \ :\ \sum_{i=1}^4 e_{ik}^2 \leq \epsilon^2\right\} \geq LB_k$$

あるいは誤差 e_{ik} に関連する項だけ左辺にまとめれば，以下のようにも書ける．

$$\min\left\{\sum_{i=1}^4 e_{ik}x_i \ :\ \sum_{i=1}^4 e_{ik}^2 \leq \epsilon^2\right\} \geq LB_k - \sum_{i=1}^4 a_{ik}x_i \tag{10.2}$$

ここで左辺の min を取っているところは 4 次元の半径 ϵ の球上で線形関数 $\sum_{i=1}^4 e_{ik}x_i$ を最小化している．ただし，変数は e_{ik} である．

4 次元空間は考えにくいので，図 10.3 で 2 次元の半径 1 の球 (= 円) 上での線形関数の最小化を考えてみよう．図より，円上で線形関数 $e_1v_1 + e_2v_2$ を最小にする点 (e_1, e_2) は以下の点となることがわかる．

第 10 章 二次錐最適化問題

$$(e_1, e_2) = -\frac{(v_1, v_2)}{\sqrt{v_1^2 + v_2^2}}$$

この事実から類推できるが，実際に (10.2) の左辺に現れる半径 ϵ の球上での線形関数の最小化問題の最適解は以下となることが知られている．

$$e_{ik} = -\epsilon \frac{x_i}{\|x\|} \quad i = 1, 2, 3, 4$$

ただし，$\|x\| = \sqrt{\sum_{i=1}^{4} x_i^2}$ である．よって，(10.2) の左辺は

$$\min \left\{ \sum_{i=1}^{4} e_{ik} x_i : \sum_{i=1}^{4} e_{ik}^2 \leq \epsilon^2 \right\} = -\epsilon \sum_{i=1}^{4} \frac{x_i^2}{\|x\|} = -\epsilon \|x\|$$

となり，結局 (10.2) 全体は以下の二次錐制約で表現できる．

$$\epsilon \|x_i\| \leq -LB_k + \sum_{i=1}^{4} a_{ik} x_i$$

まとめると，混合問題のロバスト最適化問題は以下の二次錐最適化問題として定式化できる．

$$
\begin{aligned}
\text{minimize} \quad & \sum_{i=1}^{4} p_i x_i \\
\text{subject to} \quad & \sum_{i=1}^{4} x_i = 1 \\
& \sqrt{\epsilon^2 \sum_{i=1}^{4} x_i^2} \leq -LB_k + \sum_{i=1}^{4} a_{ik} x_i \quad k = 1, 2, 3 \\
& x_i \geq 0 \quad i = 1, 2, 3, 4
\end{aligned}
$$

もし $\epsilon = 0$ とすれば，通常の線形最適化問題として元の混合問題に戻ることに注意しよう．

ロバスト最適化のモデルを作成するプログラムは以下のようになる．ここでも二次錐制約の右辺を rhs と置いている．

```
def prodmix(I, K, a, p, epsilon, LB):
    model = Model("robust product mix")
    x, rhs = {}, {}
    for i in I:
        x[i] = model.addVar(vtype="C")
    for k in K:
        rhs[k] = model.addVar(vtype="C")
    model.update()
    model.addConstr(quicksum(x[i] for i in I) == 1)
    for k in K:
        model.addConstr(rhs[k] == -LB[k]+ quicksum(a[i,k]*x[i] for i in I) )
        model.addConstr(quicksum(epsilon*epsilon*x[i]*x[i] for i in I) <= rhs[k]*rhs[k])
    model.setObjective(quicksum(p[i]*x[i] for i in I), GRB.MINIMIZE)
```

```
model.update()
model.__data = x, rhs
return model
```

再び，rhsに複雑な式を代入して単純化していることに注意してほしい．これを行わないと，Gurobiはこれを二次錐制約と理解しない．また，rhsは非負変数として宣言しなければならないことも注意が必要である．

これを用いて問題を解くと，最適値は約7.48, x1は0.53, x2は0.05, x3は0.32, x4は0.10となった．ちなみに同じ問題を，ロバスト最適化を用いないで通常の線形最適化問題として解くと，最適値は7.13, x1は0.60, x2は0, x3は0.32, x4は0.08となる．ロバスト最適化を行った方が安全を見込む分，最適値（費用）が大きくなっていることが分かる．

10.4 ポートフォリオ最適化問題

次の問題を考えよう．

> 100万円のお金を5つの株に分散投資したいと考えている．株の価格は，現在はすべて1株あたり1円だが，証券アナリストの報告によると，それらの株の1年後の価格と分散はそれぞれ表10.3のように確率的に変動すると予測されている．目的は1年後の資産価値を最大化することである．しかしながら，よく知られているように，1つの株式に集中投資するのは危険であり，大損をすることがある．「うまく」分散投資するにはどうすれば良いだろうか．

表10.3 各株式の1年後の価格の期待値と分散

株式	1	2	3	4	5
期待値 (r_i)	1.01	1.05	1.08	1.10	1.20
標準偏差 (σ_i)	0.07	0.09	0.1	0.2	0.3

この問題では，「うまく」分散投資をする，とあいまいに書かれているので，このままでは最適化問題として定式化することはできない．そこで以下では，この問題に対して2つのモデルを考える．1つめのモデルはMarkowitzモデルと呼ばれる，リスクを最小化する古典的なモデル，もう1つのモデルは損をする確率を直に扱うモデルである．この2つのモデルは，いずれも二次錐制約を持つ最適化問題に定式化される．

10.4.1 Markowitz モデル

> **Markowitz モデル [12]**
> 資産 M 円を持つとき，1年後の期待資産価値が αM 円以上（ただし $\alpha > 1$）という制約のもとで，「リスク」を最小化することを考える．ただし，株を $i = 1, 2, \ldots, n$ で表し，株 i の 1 年後の価値は期待値 r_i，分散 σ_i^2 の確率分布にしたがうと仮定する．

注：上の問題では，それぞれの株の 1 年後の価格が独立，すなわち，株 i と株 j とはお互いに関連がない，という仮定を置いている．A 社と B 社が同じ分野であったりすると，一般には A 社の株の価格と B 社の株の価格には（どちらかが上がるともう一方が下がるというような）関連がある．このような場合には，各株式 i の分散を考えるだけでは情報が足りず，株式 i と j の間の共分散 σ_{ij} を考える必要がある．共分散を考える場合についても，以下の議論を少し変えるだけで，やはり二次錐最適化問題に帰着されることが知られている．

株を $1, 2, \ldots, n$ とし，各株 i の 1 年後の価格を，確率変数 R_i で表す．ただし，R_i の期待値は r_i，分散は σ_i^2 とする．期待値をとる操作を $\mathbf{E}[\cdot]$ で書けば，次の関係が成り立っている．

$$\mathbf{E}[R_i] = r_i, \ \mathbf{E}[(R_i - r_i)^2] = \sigma_i^2 \ \forall i = 1, 2, \ldots, n$$

株 i に投資する割合を x_i とする．すると $x_1, x_2, \ldots, x_n$ は非負で和が 1 になっているはずである．

$$\sum_{i=1}^n x_i = 1, \quad x_i \geq 0, \ \forall i = 1, 2, \ldots, n$$

この投資比率で投資したとき，1 年後の財産価格は確率変数 R_i を用いて $M \sum_{i=1}^n R_i x_i$ と書けるので，期待値が αM 以上という制約は次のようになる．

$$M \sum_{i=1}^n r_i x_i \geq \alpha M$$

M は両辺に現れるので消去でき，結局以下のようになる．

$$\sum_{i=1}^n r_i x_i \geq \alpha$$

最後に「リスク」とは何かを考えなければならない．Markowitz は「リスク」とは期待値からのずれと解釈し，確率でいう「分散」をリスクと定義した．期待値からのずれの 2 乗の期待値は以下のように計算できる．

10.4 ポートフォリオ最適化問題

$$\mathbf{E}\left[\left(M\sum_{i=1}^{n}R_i x_i - M\sum_{i=1}^{n}r_i x_i\right)^2\right] = M^2 \mathbf{E}\left[\left(\sum_{i=1}^{n}(R_i - r_i)x_i\right)^2\right]$$

$$= M^2 \sum_{i=1}^{n} \mathbf{E}[(R_i - r_i)^2] x_i^2$$

$$= M^2 \sum_{i=1}^{n} \sigma_i^2 x_i^2$$

Markowitz のモデルではこれが最小化すべき関数であるが,やはり M は定数なので省略して良く,結局解くべき最適化問題は以下となる.

$$\begin{align*}
\text{minimize} \quad & \sum_{i=1}^{n} \sigma_i^2 x_i^2 \\
\text{subject to} \quad & \sum_{i=1}^{n} r_i x_i \geq \alpha \\
& \sum_{i=1}^{n} x_i = 1 \\
& x_i \geq 0 \quad \forall i = 1, 2, \ldots, n
\end{align*}$$

以下は上記の Markowitz のポートフォリオ最適化問題を Gurobi/Python で記述したものである.

```
def markowitz(I, sigma, r, alpha):
    model = Model("markowitz")
    x = {}
    for i in I:
        x[i] = model.addVar(vtype="C")
    model.update()
    model.addConstr(quicksum(r[i]*x[i] for i in I) >= alpha)
    model.addConstr(quicksum(x[i] for i in I) == 1)
    model.setObjective(quicksum(sigma[i]**2 * x[i] * x[i] for i in I), GRB.MINIMIZE)
    model.update()
    model.__data = x
    return model
```

最初の問題のデータに関して,$\alpha = 1.05$,つまり 5% 以上の利益を期待してこれを解くと,株式を 1 から順に 0.392, 0.270, 0.239, 0.063, 0.036 の割合で購入するのが最適となる.

ここで,上のモデルを二次関数である目的関数を線形関数に変換するテクニックを用いて二次錐最適化問題に変換しよう.つまり,補助変数 ρ を導入し,以下の等価な最適化問題を考える.

$$\begin{array}{rl} \text{minimize} & \rho \\ \text{subject to} & \sum_{i=1}^{n} \sigma^2 x_i^2 \leq \rho \\ & \sum_{i=1}^{n} r_i x_i \geq \alpha \\ & \sum_{i=1}^{n} x_i = 1 \\ & x_i \geq 0 \quad \forall i = 1, 2, \ldots, n \end{array}$$

10.2 節で述べたように最初の制約は二次錐制約であり，その他は線形制約であるので，この最適化問題は二次錐最適化問題である．

10.4.2 損をする確率を押さえるモデル

Markowitz のモデルは，リスクを分散で表現し，これを最小化する問題であった．しかし分散は，プラスの方向にもマイナスの方向にも等しく作用するので，たくさん損することを避けるために，たくさん得することも避けるモデルとなっている．これは少し納得しづらい状況である．

そこで少し考え方を変える．もっと直接的に確率を扱い，例えば 1 年後の資産価値が $0.95M$ 円以下になる確率を 5% 以下にしたいと考えてみよう．つまり，95% 以上の確率で 9 割 5 分の資産が残る，という条件のもと，期待資産価値を最大化する問題である．

上の問題を一般的に表すと次のようになる．

> 1 年後の資産価値が αM 円以下になる確率を β% 以下に抑えながら，1 年後の期待資産価値を最大化せよ．

先と同じように株式を $i = 1, 2, \ldots, n$ で表し，株式 i の一年後の価値が期待値 r_i，分散 σ_i の正規分布をすると仮定する．この確率変数を R_i と書く．各株式 i に投資する割合を x_i とすれば，やはり次を満たしている．

$$\sum_{i=1}^{n} x_i = 1, \quad x_i \geq 0 \quad \forall i = 1, 2, \ldots, n$$

今回の場合，期待利益を最大化したいので，目的関数は $\sum_{i=1}^{n} r_i x_i$ である．

難しいのは，「資産価値が αM 円以下になる確率を β 以下に押さえる」という条件である．この条件は，素直に書くと次のようになる．

$$\text{Prob}\left\{ \sum_{i=1}^{n} R_i x_i \leq \alpha \right\} \leq \beta$$

ここで，Prob$\{A\}$ は，A の起きる確率を表す．以下ではこの条件が二次錐制約で書かれるこ

とを示そう．

そのためには，正規分布に関するよく知られた以下の事実を使う．

1. X が平均 q，分散 s^2 の正規分布にしたがうとき，X に実数 t をかけたもの tX は平均 tq，分散 t^2s^2 の正規分布にしたがう．

2. X_1 が平均 q_1，分散 s_1^2，X_2 が平均 q_2，分散 s_2^2 の正規分布にそれぞれしたがうとき，$X_1 + X_2$ は平均 $q_1 + q_2$，分散 $s_1^2 + s_2^2$ の正規分布にしたがう．

さて，確率変数 R_i は平均 r_i，分散 σ_i^2 の正規分布にしたがうと仮定したので，$R_i x_i$ は平均 $r_i x_i$，分散 $\sigma_i^2 x_i^2$ の正規分布にしたがい，さらにその和 $\sum_{i=1}^n R_i x_i$ は平均 $\mu = \sum_{i=1}^n r_i x_i$，分散 $\sigma^2 = \sum_{i=1}^n r_i^2 x_i^2$ の正規分布にしたがう．よって，新たな確率変数を

$$R = \frac{\sum_{i=1}^n R_i x_i - \mu}{\sigma}$$

で定義すれば R は平均 0，分散 1 の正規分布にしたがうことになる．

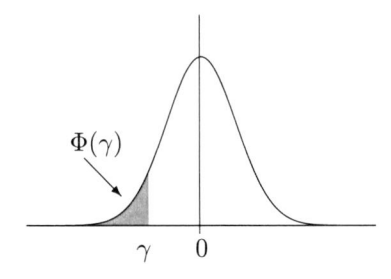

図 10.4 正規分布の確率密度関数．

図 10.4 に平均 0，分散 1 の正規分布の確率密度関数を示す．灰色の部分の面積 $\Phi(\gamma)$ はこの確率変数が γ 以下となる確率を表している．$\Phi(\gamma)$ は正規分布の確率分布関数と呼ばれる．$\Phi(\gamma)$ やその逆関数 Φ^{-1} は様々な数学ライブラリで提供されており，計算可能である．以下に Python によるプログラムを示す [1]．

```
def phi_inv(p):
    if p < 0.5:
        t = math.sqrt(-2.0*math.log(p))
        return ((0.010328*t + 0.802853)*t + 2.515517)/(((0.001308*t + 0.189269)*t +
            1.432788)*t + 1.0) - t
    else:
        t = math.sqrt(-2.0*math.log(1.0-p))
        return t - ((0.010328*t + 0.802853)*t + 2.515517)/(((0.001308*t + 0.189269)*t +
            1.432788)*t + 1.0)
```

さて，R は平均 0，分散 1 の正規分布にしたがうので

$$\mathrm{Prob}\left\{R \leq \frac{\alpha-\mu}{\sigma}\right\} = \Phi\left(R \leq \frac{\alpha-\mu}{\sigma}\right) \leq \beta \Leftrightarrow \frac{\alpha-\mu}{\sigma} \leq \Phi^{-1}(\beta)$$

$$\Leftrightarrow -\Phi^{-1}(\beta)\sqrt{\sum_{i=1}^{n}\sigma_i^2 x_i^2} \leq -\alpha + \sum_{i=1}^{n} r_i x_i$$

となる．図 10.4 からわかるように $\beta < 1/2$ のとき，$\Phi^{-1}(\beta) < 0$ であり，このとき上の制約は二次錐制約となる．

結局，以下の最適化問題に定式化されることになる．

$$\begin{array}{rl}
\text{maximize} & \rho \\
\text{subject to} & \sum_{i=1}^{n} r_i x_i = \rho \\
& \sum_{i=1}^{n} x_i = 1 \\
& x_i \geq 0 \quad \forall i = 1, \ldots, n \\
& \sqrt{\sum_{i=1}^{n} \bar{\sigma}_i^2 x_i^2} \leq \frac{\alpha - \rho}{\Phi^{-1}(\beta)}
\end{array}$$

この定式化による Gurobi/Python プログラムは以下のようになる．

```
def p_portfolio(I, sigma, r, alpha, beta):
    model = Model("p_portfolio")
    x = {}
    for i in I:
        x[i] = model.addVar(vtype="C")
    rho = model.addVar(vtype="C")
    rhoaux = model.addVar(vtype="C")
    model.update()
    model.addConstr(rho == quicksum(r[i]*x[i] for i in I))
    model.addConstr(quicksum(x[i] for i in I) == 1)
    model.addConstr(rhoaux == (alpha - rho)/phi_inv(beta))
    model.addConstr(quicksum(sigma[i]**2 * x[i] * x[i] for i in I) <= rhoaux * rhoaux)
    model.setObjective(rho, GRB.MAXIMIZE)
    model.update()
    model.__data = x
    return model
```

このモデルにおいて α を 95% に固定し，β を様々に変化させて解くと表 10.4 の結果が得られる．ただし最適解にの欄では，左から順番に株式 1，株式 2，$\cdots$，株式 5 となっている．最適値は，最適解における期待利益を表している．

β を小さく，すなわち損をする確率を小さくしていくと，投資がより安全な銘柄にシフトしていくとともに，期待利益が減少していくことが見てとれる．また 5% 損をする確率を 1% 以下に押さえることは不可能であることもわかる．最後に，この投資比率を Markowitz モデルと比べると，より大胆にリスクのある銘柄へ投資していることがわかる．

表 10.4　β を変化させたときの最適解の変化.

β	最適解					最適値
0.1	0	0	0.308	0.237	0.455	1.14
0.05	0	0.057	0.492	0.198	0.253	1.11
0.02	0.052	0.299	0.404	0.128	0.117	1.08
0.01	—許容解なし—					—

10.5　凹費用関数をもつ単一ソース制約付き施設配置問題

ここでは，8.5 節で述べた凹費用関数をもつ容量制約付き施設配置問題の変形を考える．

施設配置問題の実際問題においては，複数の施設から顧客がサービスを受けることを禁止したい場合がある．これは単一ソース制約と呼ばれ，サプライ・チェインの実務でしばしば現れる制約である．この制約が付加された凹費用関数をもつ容量制約付き施設配置問題は，二次錐最適化を用いて定式化できる．

顧客数を n，施設数を m とし，顧客を $i = 1, 2, \ldots, n$，施設を $j = 1, 2, \ldots, m$ と番号で表すものとする．顧客 i の需要量を d_i，顧客 i と施設 j 間に 1 単位の需要が移動するときにかかる輸送費用を c_{ij}，施設 j の容量を M_j とする．施設 j から輸送される量の合計 X_j に対して以下の凹費用関数がかかるものと仮定する．

$$f_j \sqrt{X_j}$$

8.5 節の定式化では実数変数を用いていたが，ここでは以下に定義される 0-1 変数 x_{ij} を用いる．

$$x_{ij} = \begin{cases} 1 & 顧客\ i\ の需要が施設\ j\ によって満たされるとき \\ 0 & それ以外 \end{cases}$$

単一ソース制約付きの施設配置問題は，以下のように定式化される．

$$\begin{aligned}
\text{minimize} \quad & \sum_{j=1}^{m} f_j \sqrt{\sum_{i=1}^{n} d_i x_{ij}} + \sum_{i=1}^{n} \sum_{j=1}^{m} c_{ij} d_i x_{ij} \\
\text{subject to} \quad & \sum_{j=1}^{m} x_{ij} = 1 & \forall i = 1, 2, \ldots, n \\
& \sum_{i=1}^{n} d_i x_{ij} \leq M_j & \forall j = 1, 2, \ldots, m \\
& x_{ij} \in \{0, 1\} & \forall i = 1, 2, \ldots, n; j = 1, 2, \ldots, m
\end{aligned}$$

目的関数の非線形項を二次錐制約として表すために，補助変数 u_j を導入する．

$$f_j \sqrt{\sum_{i=1}^n d_i x_{ij}} \leq u_j$$

x_{ij} は 0-1 変数であるため 2 乗しても値は変わらないので，x_{ij} を x_{ij}^2 で置き換えると上の制約は，二次錐制約になる．

$$\begin{aligned}
\text{minimize} \quad & \sum_{j=1}^m u_j + \sum_{i=1}^n \sum_{j=1}^m c_{ij} d_i x_{ij} \\
\text{subject to} \quad & \sum_{j=1}^m x_{ij} = 1 & \forall i = 1, 2, \ldots, n \\
& \sum_{i=1}^n d_i x_{ij} \leq M_j & \forall j = 1, 2, \ldots, m \\
& \sqrt{\sum_{i=1}^n f_j^2 d_i x_{ij}^2} \leq u_j & \forall j = 1, 2, \ldots, m \\
& x_{ij} \in \{0, 1\} & \forall i = 1, 2, \ldots, n; j = 1, 2, \ldots, m
\end{aligned}$$

これは，整数変数を含んだ二次錐最適化であるので，**混合整数二次錐最適化** (mixed integer second-order cone optimization) 問題と呼ばれる．

Gurobi/Python による定式化は以下のようになる．

```
def flp_nonlinear_socp(I, J, d, M, f, c):
    model = Model("nonlinear flp -- socp formulation")
    x, X, u = {}, {}, {}
    for j in J:
        X[j] = model.addVar(vtype="C", ub=M[j])
        u[j] = model.addVar(vtype="C")
        for i in I:
            x[i,j] = model.addVar(vtype="B")
    model.update()
    for i in I:
        model.addConstr(quicksum(x[i,j] for j in J) == 1)
    for j in J:
        model.addConstr(quicksum(d[i]*x[i,j] for i in I) == X[j])
        model.addQConstr(quicksum(f[j]**2*d[i]*x[i,j]*x[i,j] for i in I) <= u[j]*u[j])
    model.setObjective(quicksum(u[j] for j in J) + quicksum(c[i,j]*d[i]*x[i,j] for j in J
        for i in I), GRB.MINIMIZE)
    model.update()
    model.__data = x, u
    return model
```

単一ソース制約が付加された問題は，8.5 節の非線形施設配置問題より難しい問題となるが，混合整数二次錐最適化を使えば，区分的線形近似を行うより効率的に最適解を求めることができる．

付 録A　Python概説

　ここでは，本文で用いた超高水準プログラミング言語 Python（パイソン）について概説する．もちろん Python のすべてをこの限られた付録のスペースで紹介することはできないので，本文で用いた Python の文法を中心にして解説を行う．Python についての詳細は，以下のサイトを参照されたい．

日本語版の Python: `http://www.python.jp/`

英語版の Python: `http://www.python.org/`

　構成は次の通り．
　A.1 節　なぜ本書で Python を採用したかについて述べる．
　A.2 節　Python における基本データ型を紹介する．
　A.3 節　基本的な演算子を紹介する．
　A.4 節　分岐や反復などの制御フローに関する命令について述べる．
　A.5 節　関数（サブルーチン）の書き方を紹介する．
　A.6 節　クラスの設計法について述べる．
　A.7 節　モジュールの使用法と本文で用いた基本的なモジュールについて述べる．

A.1 なぜPythonか？

　Pythonは初学者に優しいプログラミング言語である．まず，Pythonの予約語（キーワード）は，他の高級プログラミング言語と比べて圧倒的に少ない．よって，初学者が覚える命令が少なくて済む．同時に，C(++)言語のようにおまじないを覚える必要がないという意味でも敷居が低い．

　たとえば，C++で画面に"Hello, world!"と出力しようと思ったら，

```
#include <iostream>
int main() {
    std::cout << "Hello, world!" << std::endl;
    return 0;
}
```

と，さっそく初学者に解説するのが困難な幾つかのキーワードが登場するが，Pythonだと，

```
print "Hello, world!"
```

と1行書くだけである．

　Pythonでは字下げ（インデント）によりブロックを指定し，実行文をグループ化する文法を採用している．これによって，否が応でも綺麗にプログラミングを行うことが強制され，万人が同じように読みやすいプログラムを書くことが可能になる．たとえば，C++だと

```
if (x > 1) { y=x+1;
  z=x+y; } else { y=0; z=0; }
```

とも書ける（行儀の悪い）プログラムも，Pythonだと誰が書いても，

```
# 最初の例
if x > 1:
    y=x+1
    z=x+y
else:
    y=z=0
```

となる．なおPythonでは，#の右に書かれた文章はコメント文で，その部分の右側（改行されるまで）は無視される．（上で使われた`if`や`else`の意味については，A.4.1節で解説する．）

　開発を短時間で終わらせたい実務家にとってもPythonは有効である．同じ内容のプログラミングをする際，Pythonで書かれたプログラムの行数は圧倒的に少なくなるからだ．（実は，これが本書でPythonを採用した一番の理由である．）これは，モジュール（A.7節参照）と呼ばれる部品がたくさん準備されているためである．

　他にも，Pythonは「お気楽」言語として，様々な便利な機能を搭載している．たとえば，変数の宣言が必要なく，メモリ管理も必要なく，多くのプラットフォームで動作し，オブジェクト指向であり，しかもフリーソフトである．以下，その文法を簡単に解説していこう．

A.2 データ型

Python では，整数型，長整数型，ブール型，浮動小数点数型，文字列型など，他のプログラミング言語でもお馴染みの基本データ型の他に，幾つかの複合型（リスト，タプル，辞書，集合）が準備されている．

A.2.1 数

最も基本的な数を表す型は，整数型である．この整数型は，32 ビットで表現される範囲の整数を表現する．Python では無限長の整数を保管するための長整数型も準備されている．長整数型の数値は，数字の後ろに L をつけて表す．たとえば，5L は長整数型の数値である．ブール型は，真 (True) もしくは偽 (False) を表現する．浮動小数点数型は，Python では倍精度の浮動小数を表現し，対応する数値は数字の後ろに小数点を付加して区別する．たとえば，10. や 3.14 は浮動小数点数型の数値である．

また，型を明示的に変換するためには，組み込み関数である int（整数型への変換），long（長整数型への変換），float（浮動小数点数型）などを用いる．たとえば，

  int(3.14); long(3.14); float(3.14)

の結果は，それぞれ 3，3L，3.14 となる．

A.2.2 文字列

文字列は，文字から成る**順序型**（sequence type；シーケンス型）である．（文字列の他の標準の順序型には，後述するリストやタプルがある．）文字列は，'abcd' のようにシングルクォートで囲むか，"abcd" のようにダブルクォートで囲むか，

  """ 解を評価する関数．以下の値を返す．
       − 目的関数値
       − 実行可能解からの逸脱量 """

のようにトリプルクォートで囲むことによって記述される．最後のトリプルクォートは，複数行にまたがる文字列を記述することができる．また，関数定義（A.5 節）の直後に，トリプルクォートで囲んだ説明を記述することによって，オンラインドキュメントを自動生成することもできる．

文字列は順序が付けられた型であるので，左から $0, 1, 2, \ldots$ と添え字付きの配列のように表記できる．たとえば，x= 'abcd' に対して，x[1] は 'b' となる．

文字列などの順序型に対しては，コロン（:）で区切られた 2 つの添え字で，区間を表す**スライス表記** (slicing) が適用できる．スライス表記 $i:j$ は，$i \leq k < j$ を満たす整数 k を表す．右端の j は含まないことに注意されたい．これは，$j-i$ を対応する区間の要素数にするためである．また，i が省略されると最初から，j が省略されると最後までの区間を表す．たとえば，x= 'abcd' に対して，x[1:3] は 'bc'，x[1:] は 'bcd' となる．'abcd' 全体は x[0:4] もしくは x[:] で表される．要素数を返す関数 len() を用いると，x= 'abcd' に対して len(x[1:3]) は 2 となり，$3-1$ に等しいことが確認できる．

添え字は，文字と文字の間の番号であると考えると分かりやすい．この関係を図 A-1(a) に示す．この図にも示されているように，右側から $-1, -2, \ldots$ と負の添え字で数えることもできる．たとえば，末尾

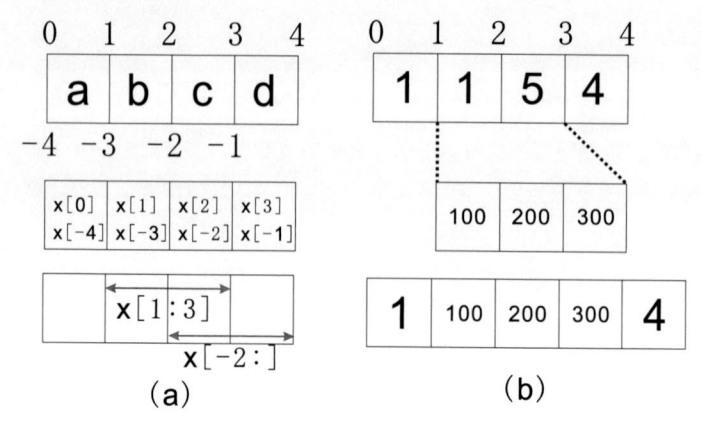

図 A-1　スライス表記の参考図．(a) 文字列 "abcd" における添え字（上）とスライス表記による範囲の選択（下）．(b) リスト L=[1,1,5,4] に対してスライス表記による代入 L[1:3]=[100,200,300] を行った結果．

の文字は-1の添え字で取り出すことができ，文字列 x の後ろから2番目以降を取り出すスライス表記は x[-2:] である．

A.2.3　リスト

リストは任意の要素から成る順序型である．リストは，大括弧 [ ] の中にカンマ (,) で区切って要素を並べることによって生成される．要素は異なる型でも良いし，入れ子にしても良い．たとえば，L=[1,5,"a"] や L=[1,[5,1,6],["a","b"]] はリストである．リストは，その中身を変更できる**可変**（mutable；変更可能）型である．ちなみに，文字列は中身を変えることのできない**不変**（immutable；変更不能）型である．

リストに対しても文字列と同じように，添え字を適用できる．たとえば，L=[1,1,5,4] に対して，L[2] は5であり，L[-1] は4である．スライス表記についても同様に，L[1:3] は [1,5] であり，L[2:] は [5,4] となる．

リストは（文字列とは異なり）可変型であるので，中身を代入によって変更することができる．たとえば，L=[1,1,5,4] に対して，L[1]=100 とすると，リストは L=[1,100,5,4] と変更される．スライス表記を用いると，指定した区間にリストの代入が可能である．たとえば，L=[1,1,5,4] に対して，L[1:3]=[100,200,300] とすると，リストは L=[1,100,200,300,4] と変更される（図 A-1(b) 参照）．長さ2の区間に長さ3のリストを代入したので，リストの長さが1つ増えていることに注意されたい．

また，空のリストを代入することによって，指定した区間の要素を削除することもできる．たとえば，L=[1,1,5,4] に対して，添え字2の要素 (5) を削除したいときには，L[2:3]=[] とすれば良い．リストは L=[1,1,4] と変更される．また，同様の操作をより簡単に行うための関数として del が用意されている．上と同様の添え字2の要素の削除は，del L[2]（もしくは del L[2:3]）とより簡単に記述することができる．

リストに対する主要なメソッド（"."の後ろにキーワードを記述する関数）を，表 A-1 に示す．

A.2.4　タプル

タプル（tuple；組）もリストと同様に任意の要素から成る順序型である．タプルは，カンマ (,) で区切って要素を並べることによって生成される．たとえば，T= 1,5,"a" はタプルである．タプルを入れ子

表 A-1 リスト L に対する主要なメソッド．例として L=[1,1,5,4] を用いる．

メソッド	説明と例
L.count(x)	L 内での x の生起回数を返す． L.count(1)⇒2
L.index(x)	L 内で x が最初に発生する添え字を返す．ない場合には例外を発生． L.index(5)⇒2
L.append(x)	L の最後に要素 x を追加する．L+=[x] と同じ効果． L.append(8)⇒L=[1,1,5,4,8]
L.insert(i,x)	L の i 番目の添え字に要素 x を挿入する．L[i:i]=[x] と同じ効果． L.insert(2,8)⇒L=[1,1,8,5,4]
L.remove(x)	L で最初に発生する x を削除する． L.remove(5)⇒L=[1,1,4]
L.pop(i)	L の i 番目の要素を削除する．i が省略された場合には最後の要素を削除． L.pop(3) もしくは L.pop()⇒L=[1,1,5]
L.reverse()	L を逆順にする． L.reverse()⇒L=[4,5,1,1]
L.sort()	L を小さい順に並べ替える． L.sort()⇒L=[1,1,4,5]

で定義する際には，小括弧 ( ) の中にまとめて記述する．たとえば，T=((1,5),("a","b",6)) のように記述する．タプルはリストと違って不変型であり，中身を変えることはできない．したがって，タプルは後述する辞書のキーにすることができる．タプルは，複数のものをまとめて扱う際に用いられ，C 言語の構造体のような役目を果たす．

タプルの概念を使うと，変数の交換が簡単に書ける．たとえば，a と b を交換したいとき，通常は，

temp=a
a=b
b=temp

と一時保管用の変数 temp を用いて書く必要があるが，Python では，タプル b,a のタプル a,b への代入と考え，

a,b = b,a

と 1 行で書くことができる．

A.2.5 辞書

辞書 (dictionary) は，**キー** (key) と **値** (value) の組から構成される型である．辞書はリストやタプルとは異なり，順序型ではない．値は任意の型をとることができるが，キーになれるのは不変型のみである．したがって，数値，文字列，（不変要素から成る）タプルなどをキーとして辞書は構築される．辞書は，中括弧 { } の中にカンマ (,) で区切って（キー : 値）を並べることによって生成される．たとえば，名前をキーとし，身長を値とした辞書は，以下のようになる．

D={ "Mary": 126, "Jane": 156, "Sara": 170}

表 A-2 集合 S に対する主要なメソッド. 例として S=set([1,2,3,4]), T=set([1,2]) を用いる.

メソッド	説明と例
S.add(x)	集合 S に要素 x を加える. S.add(8) ⇒ S= set([8,1,2,3,4])
S.pop()	集合 S から適当な要素を抽出し, その要素を削除する. S.pop() ⇒ (たとえば) 1 を返し, S= set([2,3,4])
S.remove(x)	集合 S から要素 x を削除する. S.remove(1) ⇒ S=set([2,3,4])
S.issubset(T)	集合 S が集合 T の部分集合であるとき真, そうでないとき偽を返す. S <= T と同じ効果. S.issubset(T) ⇒ False
S.issuperset(T)	集合 T が集合 S の部分集合であるとき真, そうでないとき偽を返す. S >= T と同じ効果. S.issuperset(T) ⇒ True
S.union(T)	集合 S と T の和集合を返す. S | T と同じ効果. S.union(T) ⇒ set([1, 2, 3, 4])
S.intersection(T)	集合 S と T の共通部分を返す. S & T と同じ効果. S.intersection(T) ⇒ set([1, 2])
S.difference(T)	集合 S と T の差集合を返す. S - T と同じ効果. S.difference(T) ⇒ set([3,4])

辞書に格納されている値は, キーを添え字として抽出することができる. (そのため, 辞書のキーは一意でなくてはならない.) たとえば, 上の身長を格納した辞書で, D["Sara"] は 170 を返す. キーを添え字として値を変更する際には, D["Sara"]=130 と代入すれば良い.

A.2.6 集合

集合 (set) は, 要素の重複を削除したり, 和集合 (union), 共通部分 (intersection), 差集合 (difference) などの集合に対する演算を行うときに用いられる型である. 可変 (変更可能な) 型である set と不変 (変更不能な) 型である frozenset が用意されている. 不変型の frozenset は, 辞書のキーとして用いることができる.

集合は, リストや文字列などの順序型から関数 set を用いて生成できる. たとえば, set("abcde") は文字列の個々の要素から成る集合 set(['a', 'c', 'b', 'e', 'd']) を返す. 集合に対する主要な (set と frozenset の両者に共通の) メソッド (".", の後ろにキーワードを記述する関数) を, 表 A-2 に示す.

A.3 演算子

演算は他のプログラミング言語と同様に, 括弧 (), べき乗 (指数演算) **, 乗算 * もしくは除算 / もしくは剰余 %, 加算 + もしくは減算 − の順で行われる. また, C 言語と同じように, 計算をしてから代入を行う複合演算子を使うことができる. つまり, x=x+10 と書くかわりに x+=10 と書くことができる.

割る数と割られる数が両方とも整数の場合には, 除算 / は整数除算で行われる. この場合には, 答え

は小数ではなく，整数に切り捨てられた結果を返す．たとえば，4/5 は 0 を返す．いずれか片方の数値が浮動小数点数型なら，結果は小数となる．たとえば，4./5 や 4/5.0 は 0.8 を返す．

文字列やリストに対しても数値と同様の加算や乗算を行うことができる．たとえば，S="abc"に対して，S+"d"は"abcd"を返し，S*2 は"abcabc"を返す．

if 文や while 文の中では，比較や論理条件を表す演算子が用いられる．<=は以下，>=は以上，==は等しい，!=は等しくないときに真になり，それ以外のとき偽になる演算子である．in は集合やリストなどの要素であるとき，not in は要素でないときに真になり，それ以外のとき偽になる演算子である．ブール演算子 and や or は，それぞれ論理積と論理和をとる演算子である．真を正の整数（通常は 1），偽を 0 としたとき，論理積は乗算，論理和は加算に対応する．たとえば，(1<4) or (5<4) は 1<4 が真なので，$1+0=1$ となるので，真になる．

A.4 制御フロー

ある程度長いプログラムは，分岐や反復などの制御フローから構成される．ここでは，そのような制御フローに関する文法について解説する．

A.4.1 分岐

「もし」このような条件を満たしていたら「・・・せよ」という命令によって，プログラムは分岐した処理を行うことができる．Python における分岐のための予約語（キーワード）は，if である．文型は以下のように書く．

 if 条件文:
   「・・・せよ」（条件文が真のときに実行される文）

Python の特徴として，字下げ（インデント）で命令群の開始や終了を表していることに注意されたい．たとえば，変数 x が負のときに "赤字だよ" と印刷するためには，以下のように記述すれば良い．

 if x<0:
   print "赤字だよ！"

条件を満たさないときにも，何か処理をしたい場合には，if の後に else を入れた文型になる．また，else の次に再び条件分岐をしたいときには，else: if... と書くかわりに，elif と短縮して（字下げをすることなしに）書くことができる．

 if 条件文1:
   「・・・せよ」（条件文1が真のときに実行される文）
 elif 条件文2:
   「・・・せよ」（条件文1が偽で2が真のときに実行される文）
 else:
   「・・・せよ」（条件文1,2が偽のときに実行される文）

A.4.2 反復

計算機に仕事をやらせる一番の動機は，人間には面倒な反復操作を行わせることだろう．そのため，プ

付録A Python概説

ログラミングでは反復を行うための命令は，頻繁に利用される．

最も良く使う反復は，for 文である．Python における for 文は，リストや辞書などの反復可能な型から，1つずつ要素を取り出して反復を行う．たとえば，リスト =[4,5,6,3] を順番に書き出したい場合には，以下のように記述する．

```
for x in L:
    print x
```

一般に，リストに対する for 文を用いた反復は，以下のように記述される．

```
for 反復ごとに代入される変数 in リスト:
    繰り返しをしたい文
```

反復したいものが単なる整数の並びである場合には，range() 関数を用いて，連続する数から構成されるリストを生成して，for 文とあわせて用いる．たとえば，range(5) はリスト [0,1,2,3,4] を返すので，0,1,2,3,4 を出力したいときには，

```
for x in range(5):
    print x
```

と書けばよい．一般には range(i,j) は，$i \leq k < j$ を満たす整数 k から成るリストを返す．スライス表記と同様に，j 未満の数を返すことに注意されたい．たとえば，range(1,3) は，[1,2] を返す．

辞書に対する for 文を用いた反復も，リストと同様に以下のように記述される．

```
for 反復ごとに代入されるキー in 辞書:
    繰り返しをしたい文
```

たとえば，A.2.5 節の例で用いた名前をキーとし，身長を値とした辞書に対して反復を行い，キーと対応する値を出力するプログラムは，以下のように書ける．

```
D={ "Mary": 126, "Jane": 156, "Sara": 170}
for x in D:
    print x, D[x]
```

上のプログラムの結果は，

```
Jane 156
Sara 170
Mary 126
```

となる．辞書の場合には，リストとは異なり，出力される順序が入力された順序と必ずしも一致しないことに注意されたい．

for 文はリストの中に記述することもできる．これは，**リスト内包表記** (list comprehension) とよばれ，リストをコンパクトに定義するためにしばしば用いられる．たとえば，

```
[ (x,x**2,2**x) for x in range(5)]
```

は，$x, x^2, 2^x$ から成るタプルのリスト [(0, 0, 1), (1, 1, 2), (2, 4, 4), (3, 9, 8), (4, 16, 16)] を返す．

リスト内包表記の for 文の後に if 文を使った条件式を入れることもできる．たとえば，

[(x,x**2,2**x) **for** x **in** range(5) **if** x % 2 ==0]

は，x が 2 で割り切れる場合に限定した $x, x^2, 2^x$ から成るタプルのリストであるので，[(0, 0, 1), (2, 4, 4), (4, 16, 16)] となる．

sum, min, max は，それぞれ引数として与えられたリストもしくはタプル内の数値の合計，最小，最大を返す関数であるが，リスト内包表記のように for 文で与えられた反復を入力とすることもできる．たとえば，1 から 10 までの整数の和は，

sum(x **for** x **in** range(11))

と書けば計算でき，結果は（もちろん）55 と返される．

もう1つの反復を表すキーワードとして，while がある．while は，一般に以下のように記述する．

while 真か偽を判定される式:
    繰り返しをしたい文

例として，変数 x が正の間だけ x^2 を出力するプログラムを示す．

```
x=10
while x>0:
   print x**2
   x =x−1
```

反復の途中でループから抜けるためのキーワードとして break と continue がある．両者とも必ず反復の中に記述し，break が実行されると反復から抜け，continue が実行されると次の反復処理に飛ばされる．

上の while の例題と同じプログラムを break を用いて記述すると，以下のようになる．

```
x=10
while True:
   print x**2
   x =x−1
   if x<=0:
      break
```

while や for による反復の直後に，else 文がある場合は，else 文のブロック内の処理が実行される．ただし，反復を break 文によって抜けた場合には，else 文のブロック内の処理は実行されない．

例として，11 が素数か否かを判定するプログラムを書いてみよう．11 は，2 から 10 までの整数で割りきれないときに素数と判定できる．つまり，割る数を 2 から 10 まで増やしながら，剰余 % をとり，剰余が 0 なら素数でないので break し（この場合には何も出力されない），一度も割り切れないときに，else 文のブロックで素数であることを出力するようにすれば良い．

```
y=11
for x in range(2,y):
    if y % x==0:
        break
else:
    print "素数だよ！"
```

A.5 関数

関数を定義するには，キーワード def を用い，以下のように記述する．

```
def 関数名(引数)：
    関数内で行う処理
```

関数名の後ろの () の中には，関数に渡す引数を記述する．引数が複数の場合には，カンマで区切って指定する．たとえば，与えられた引数 x,y の和を出力する関数 printSum は，以下のように書ける．

```
def printSum(x,y):
    print x+y
```

関数を呼び出す場合には，以下の書式で呼び出す．

関数名(引数1, 引数2, ...)

たとえば，関数 printSum を呼び出して，3 と 5 の和を出力するには，以下のように記述する．

printSum(3,5)

引数に規定値を与えることもできる．

```
def 関数名(名前=規定値）：
    関数内で行う処理

def printSum(x=0, y=0):
    print x+y
```

規定値を与えた引数は省略することができる（当然，その場合には規定値が引数に代入される）．この書式で関数を定義した場合には，名前を利用して引数を指定することもできる．たとえば，x を省略して，y だけを指定して呼び出すには，以下のように記述する．

printSum(y=10)

x には規定値の 0 が代入されるので，結果は 10 と出力される．

また，関数から何らかの返値を得たい場合には，関数内でキーワード return の後ろに返したい値を記述する．たとえば，以下の関数は，与えられた文字列を合体させてから，3 回繰り返したものを返す関数である．

```
def concatenate3(a,b):
    c=a+b
    return 3*c
```

上の関数を concatenate3("a","b") と呼び出すと，ababab が返される．

関数は自分で自分を呼び出すときに用いることもできる．これを**再帰** (recursion) と呼ぶ．例として，$n!$（n の階乗）を返す関数を考える．$n!$ は，非負の整数 n に対して，$n \times (n-1) \times \cdots \times 3 \times 2 \times 1$ を表し，急激に増大することで知られている．$n!$ は，$0! = 1$ という初期条件の下で，$n! = n \times (n-1)!$ と再帰的に定義できる．これは，再帰を用いて以下のように記述できる．

```
def factorial(n):
    if n==0:
        return 1
    else:
        return n*factorial(n-1)
```

文字列，リスト，タプル，辞書，集合に対しては，それに含まれる要素数（長さ，位数）を返す組み込み関数 len を適用できる．たとえば，文字列のスライス表記 (A.2.2 節) でも示したように len('abcd') は 4 を返す．リストに対しても同様に，len([1,4,3,6]) は 4 を返し，タプルでも同様に len((1,4,3,6)) は 4 を返す．

A.2.6 節で集合を生成するために用いた set も組み込み関数である．類似の組み込み関数としてリストを生成する list と sorted がある．list は名前の通りリストを返す関数である．たとえば，

list("kuma")

は，['k', 'u', 'm', 'a'] を返す．この関数は，本文では与えられたリスト（本文では解）のコピーをとって他のリスト（本文では最良解）に代入するときに頻繁に用いた．一方，sorted は昇順に（正確には非減少順に）並べ替えたリストを返す関数である．たとえば，

sorted([6,2,4,5,4])

は，[2, 4, 4, 5, 6] を返す．

A.6 クラス

我々はすでに，整数型，長整数型，ブール型，浮動小数点数型，文字列型，リスト，タプル，辞書，集合など，様々な Python の組み込み型について学んできた．ここでは，ユーザーが新しい型を設計するための仕組みであるクラスについて学んでいこう．

クラスを定義するには，キーワード class を用い，以下のように記述する．

```
class クラス名:
    クラスの中身
```

例として，2 次元の座標 (x, y) を表すクラスを考えよう．座標を保管するだけなら，以下のように「何もしない」クラスで十分である．

```
class Point:
    """ 2次元の座標を保管するためのクラス（ただのコメントだが，何も入れないとエラーするの
        で．．．）"""
```

上の Point クラスの型をもつ変数 p1 を作るためには，クラスを関数のように呼び出せば良い．

```
p1=Point()
```

これだけで，2次元の座標を保管するための準備ができた．ちなみに，生成された p1 は，クラスのインスタンス（instance）と呼ばれる．

座標 x, y を点クラスのインスタンス p1 に保管するためには，リストや集合で用いたメソッド（"."の後ろにキーワードを記述する関数）と同様に，p1 の後ろに "." をつけて，その後に x, y を書けばよい．たとえば，座標 $(100, 200)$ を p1 に保管するためには，以下のように記述する．

```
p1.x = 100
p2.y = 200
```

このように，"." の後ろに記述した変数（上の例では x, y 座標）を**属性**（attribute）と呼ぶ．また，"." の後ろに記述した関数はメソッドである．メソッドは，クラス内で通常の関数のように記述することによって定義される．

```
class クラス名:
    def メソッド名(self, 他の引数):
        メソッド内で行う処理
```

メソッドが通常の関数と異なる点は，最初の引数が自動的に呼び出したインスタンスになることである．この引数は自分自身であるので，Python ではキーワード self を用いるのが通例である．

たとえば，点クラスのインスタンス（自分自身であるので self）を引数として受け取り，その座標を出力するためのメソッド printMe は，以下のように記述できる．

```
class Point:
    def printMe(self):
        print self.x, self.y
```

上の関数のインスタンスを作成して，メソッド printMe を呼び出す際には，自分自身である第1引数は省略する．

```
p1=Point()
p1.x = 100
p2.y = 200
p1.printMe()
```

もちろん，出力は 100 200 となる．

self 以降の引数は，通常の関数と同じように記述すれば良い．たとえば，点の座標を右に right，上に up 移動させるメソッドは，right を第2引数に，up を第3引数にして呼び出す．

```
class Point:
```

```
        def move(self,right,up):
            self.x+=right
            self.y+=up
```

呼び出しの際には，第2引数から記述して，以下のように行う．

```
p1.move(10,20)
p1.printMe()
```

出力はやはり 110 220 となるはずである．

クラスには幾つかの特別なメソッドが準備されている．これらのメソッドは，他の（通常の）メソッドと区別するために，__で挟んでキーワードを記述する．

__init__ は，インスタンスが初めて作られたときに必ず呼び出される初期化のためのメソッドである．これはオブジェクト指向の用語では**コンストラクタ** (constructor) とよばれ，属性の初期設定などに用いられる．たとえば，うっかりとしたユーザーが x,y 座標を設定する前に printMe や move メソッドを呼び出すことを防ぐためには，インスタンス作成時に必ず座標を与えるようにすれば良い．そのためには，以下の __init__ メソッドを用いる．

```
class Point:
    def __init__(self,x,y):
        self.x=x
        self.y=y
```

上のクラスのインスタンスの作成の際には，x,y 座標を2つの引数として与える．

```
p1=Point(100,200)
```

この方が，前の空のクラスのときより，ずっとスマートだ．

__str__ は，クラスのインスタンスの文字列としての表現を返すためのメソッドである．(100,200) のような座標形式の文字列を返すためには，以下のような __str__ メソッドを書いておけばよい．

```
class Point:
    def __str__(self):
        return "("+str(self.x)+","+str(self.y)+")"
```

以前のように printMe メソッドを呼び出すのではなく，直接インスタンス p1 を print するだけで，より綺麗な出力 (100,200) が得られる．

```
p1=Point(100,200)
print p1
```

__add__ は，インスタンスに対して加算（+）が行われるときに呼び出されるメソッドである．第1引数は自分自身であり，加算される対象を第2引数とする．これらの和を座標とした新しい点クラスのインスタンスを返すメソッドは，以下のようになる．

```
class Point:
    def __add__(self,other):
        return Point(self.x+other.x,self.y+other.y)
```

以前のように move メソッドを呼び出すのではなく，2 つの座標の和の計算は，以下のようにスマートに記述することができる．

```
p1=Point(100,200)
p2=Point(10,20)
print p1+p2
```

このように，うまくクラスを設定すると，極めてクールなプログラムを書くことが可能になる．是非，色々と挑戦して欲しい．

A.7 モジュール

Python で長いプログラムを書く際には，ファイルを分割して保管しておくことが望ましい．分割して保管された Python のプログラムファイル（これをモジュールと呼ぶ）を読み込むには，キーワード import を用いて，

```
import ファイル名
```

と記述する．モジュールのファイル名は，必ず ".py" をつける必要がある．読み込みの際には，".py" は付けずに呼び出す．

自分が書いたプログラムだけでなく，他人の書いた便利なプログラムも同様に読み込んで使うことができる．本文のプログラムでは，乱数発生用のモジュール random，数学用のモジュール math などを読み込んで用いた．例として，数学用モジュール math を読み込んで，モジュール内の平方根を返す関数 sqrt() を呼び出して，$\sqrt{2}$ の計算結果（1.41421356237）を印刷してみる．

```
import math
print math.sqrt(2)
```

import 文ではモジュールを読み込むだけなので，平方根を計算するためには，math.sqrt(2) と記述する必要がある．これをさぼって sqrt(2) と書くだけで済ますには，

```
from ファイル名 import 関数名1, 関数名2, ・・・
```

と記述すればよい．関数名を書くのが面倒なときには，ワイルドカード * を用いて，

```
from ファイル名 import *
```

と書いても良い．たとえば，平方根の計算は，

```
from math import *
print sqrt(2)
```

と簡略化される．本書では，記述の簡略化のためにワイルドカード * を用いた記法を採用したが，実際には異なるモジュールで同じ名前を用いたオブジェクトがあると混乱するので，ワイルドカード * を用いない記法が推奨される．

random は擬似乱数発生のための便利な関数から成る標準モジュールである．代表的な関数を表 A-3 に示す．

表 A-3 random モジュールの主要な関数.

関数	説明と例
seed(x)	x を用いて乱数の初期化を行う. seed(156)
random()	$[0.0, 1.0)$ の一様ランダムな浮動小数点型の数を返す. random() $\Rightarrow$ 0.48777947886
randint(i,j)	整数 $i, j (i \leq j)$ に対して $i \leq k \leq j$ の一様ランダムな整数 k を返す. randint(-5,1) $\Rightarrow$ -3
shuffle(L)	リスト L の順序をランダムに混ぜる. L=[1,2,3,4], shuffle(L) $\Rightarrow$ L=[4, 1, 3, 2]
choice(L)	リスト L からランダムに 1 つの要素を選択する. L=[1,2,3,4], choice(L) $\Rightarrow$ 3

付録B　数理最適化ソルバーGurobi概説

　本文では，数理最適化ソルバー Gurobi をプログラミング言語 Python から呼び出して使うための方法を詳述した．ここでは，Gurobi の Python モジュール `gurobipy` を簡単に解説する．このモジュールの詳細については，Gurobi 社のホームページ `http://www.gurobi.com/` を参照されたい．

　構成は次のとおり．

B.1 節　Gurobi の代表的なオブジェクトについて解説する．

B.2 節　最適化の動作をコントロールするためのパラメータについて述べる．

B.3 節　オブジェクトの情報を変更したり計算結果を見るための属性について解説する．

B.4 節　モデルを記述するために用いられる Gurobi の諸拡張について述べる．

付録B 数理最適化ソルバー Gurobi 概説

B.1 オブジェクト

オブジェクトとは，Pythonにおいては，クラスとインスタンスを包括した呼び名である．本節ではGurobiのPyhthonモジュール gurobipy に含まれる諸オブジェクトについて解説する．

B.1.1 モデル

Guribiの最も重要なオブジェクトはモデルである．モデルのインスタンスは，モデルクラス Model を用いて生成される．モデルクラスのコンストラクタの引数はモデル名を表す文字列であり，以下の書式を用いる．

> モデルインスタンス=Model("モデル名")

モデルオブジェクトには様々なメソッドが準備されている．以下に代表的なメソッドとその引数についてまとめておく．

変数追加メソッド (addVar)：モデルに変数を追加するメソッドであり，返値は変数オブジェクトとなる．このメソッドの引数については，B.1.2節を参照．

制約追加メソッド (addConstr)：モデルに制約を追加するメソッドであり，返値は制約オブジェクトとなる．このメソッドの引数については，B.1.3節を参照．

切除平面追加メソッド (cbCut)：モデルに（分数解を切り落とすための）切除平面を追加するメソッドであり，コールバック関数において呼び出し場所 (where引数) が GRB.Callback.MIPNODE のときだけ意味をもつ．引数は，左辺 (lhs)，制約の向き (sense)，右辺 (rhs) である．

切除平面追加メソッド (cbLazy)：モデルに（元の問題に含まれていない）切除平面を追加するメソッドであり，コールバック関数において呼び出し場所 (where引数) が GRB.Callback.MIPNODE もしくは GRB.Callback.MIPSOL のときだけ意味をもつ．引数は，左辺 (lhs)，制約の向き (sense)，右辺 (rhs) である．

実行可能解探索メソッド (feasRelaxS)：モデルを実行可能解からの逸脱ペナルティの和を最小化するものに変更するメソッドであり，より高機能の feasRelax の簡易版である．引数は以下の通り．

relaxobjtype：制約の逸脱ペナルティの計算法を指定するパラメータであり，$0, 1, 2$ のいずれかから選択する．0 のときは逸脱量の和を最小化し，1 のときは逸脱量の二乗和を最小化し，2 のときは逸脱している制約の個数を最小化する．

minrelax：偽のとき制約の逸脱量を最小化した解を返し，真のとき逸脱量が最小の解の中で元の目的関数値を最小化するものを返す．

vrelax：変数の上下限制約の逸脱をペナルティとするとき真，それ以外のとき偽．

crelax：制約の逸脱をペナルティとするとき真，それ以外のとき偽．

最適化実行メソッド (optimize)：モデルの最適化を実行する．引数は**コールバック関数** (callback function) で省略可.

モデル更新メソッド (update)：モデルの変更を Gurobi に知らせる．変数を追加した後に制約を追加する前には，必ず呼び出す必要がある．またモデルをファイルに出力する前にも呼び出す必要がある．

変数リストメソッド (getVars)：変数オブジェクトを入れたリストを返す．

緩和メソッド (relax)：連続緩和問題を生成して返す．

既約不整合部分系計算メソッド (computeIIS)：実行不可能になっている原因の制約と変数から成る系（これを**既約不整合部分系** (Irreducible Inconsistent Subsystem：IIS) と呼ぶ）を計算する．

特殊順序集合追加メソッド (addSOS)：特殊順序集合 (Special Ordered Set：SOS) を追加する．特殊順序集合の役割と，このメソッドの引数については，B.1.6 節を参照．

目的関数指定メソッド (setObjective)：目的関数を指定する．引数は，目的関数を表す線形（二次）表現オブジェクト (expr)，目的関数の方向 (sense) であり，1（GRB.MINIMIZE; 規定値）は 最小化，-1(GRB.MAXIMIZE) は最大化を表す．

たとえば，目的関数として $y + z$ を最小化する場合には，以下のように記述する．

model.setObjective(y + z, GRB.MINIMIZE)

B.1.2 変数

変数オブジェクトは，モデルに含まれる形で生成される．変数のインスタンスは，モデルの変数追加メソッド (addVar) の返値として生成される．

変数インスタンス=Model.addVar(引数)

引数の名前と規定値は以下の通り．

lb：変数の下限値 (lower bound)．規定値は 0．

ub：変数の上限値 (upper bound)．規定値は GRB.INFINITY（無限大）．

obj：目的関数の係数．規定値は 0．

vtype：変数の種類で以下から選択する．

GRB.CONTINUOUS：連続変数；"C"でも可．

GRB.BINARY：2 値変数, 0-1 変数；"B"でも可．

GRB.INTEGER：整数変数；"I"でも可．

GRB.SEMICONT：0 もしくはある範囲内の連続変数；"S"でも可．

GRB.SEMIINT：0 もしくはある範囲内の整数変数；"N"でも可．

規定値は連続変数 (GRB.CONTINUOUS)．

name：変数の名前．規定値は空の文字列．

column：変数が含まれる列の情報．規定値はなし（Python の None 型）．

例として目的関数の係数に 15 をもつ連続変数 x_1 を追加するための 2 通りの方法を以下に示す．

```
x1 = m.addVar(obj=15,vtype='C',name="x1")   もしくは
x1 = m.addVar(0,GRB.INFINITY,15,GRB.CONTINUOUS,"x1")
```

上のプログラムは 5 ページの例で使われている．

B.1.3 制約

制約も変数と同様に，必ずモデルに関連した形で生成される．制約のインスタンスは，モデルの制約追加メソッド addConstr の返値として生成される．

制約インスタンス=Model.addConstr(引数)

引数の名前と規定値は以下の通り．

lhs：制約の左辺の情報．線形（二次）表現オブジェクトか定数．

sense：制約の向きの種類で以下から選択する．

GRB.LESS_EQUAL：制約が以下 $\leq$；"<"でも可．

GRB.EQUAL：制約が等号 $=$；"="でも可．

GRB.GREATER_EQUAL：制約が以上 $\geq$；">"でも可．

rhs：制約の右辺の情報．線形（二次）表現オブジェクトか定数．

name：制約の名前．規定値は空の文字列．

例として $2x_1 + x_2 + x_3 \leq 60$ という制約を追加する方法を以下に示す．

```
L1 = LinExpr([2,1,1],[x1,x2,x3])
m.addConstr(L1,"<",60)
```

最初の行で線形表現 L1 のオブジェクトを生成し，2 行目で制約を加えている．このプログラムは，6 ページの例で使われている．

なお，Gurobi のバージョン 4.6 以降では，同じ表現を以下のように簡潔に書くこともできる．

```
m.addConstr(2*x1+x2+x3 <= 60)
```

二次制約や二次錐制約を付加するためのメソッド addQConstr も準備されているが，addConstr でも代用できる．

B.1.4 線形表現

線形表現オブジェクトは，制約の右辺もしくは左辺を表すオブジェクトである．線形表現のインスタンスは，線形表現クラス LinExpr を用いて生成される．

線形表現インスタンス=LinExpr(引数)

　引数は省略しても良い（その場合には空の線形表現インスタンスが生成される）．引数の名前と規定値は以下の通り．

coeffs：線形表現に含まれる変数の係数もしくは係数のリスト．変数がない（Python における None 型の）場合には，1 つの係数は定数項とみなされる．省略可．

vars：線形表現に含まれる変数もしくは変数のリスト．リストの場合には上の coeffs と同じ長さでなければならない．省略可．

　以下に代表的なメソッドとその引数についてまとめておく．

項追加メソッド (addTerms)：線形表現に新しい項を追加するメソッド．引数は，上の LinExpr クラスのコンストラクタと同じであり，係数 (coeffs) と変数 (vars) になる．

和メソッド (add)：線形表現に第 1 引数 (expr) として与えた線形表現を加えるメソッド．加える表現の定数倍を加える場合には，第 2 引数 (mult) に乗じたい定数を与える．

　例として $2x_1 + x_2 + x_3$ という線形表現オブジェクト L1 を生成する方法を以下に示す．

　L1 = LinExpr([2,1,1],[x1,x2,x3])

　このプログラムは，6 ページの例で使われている．これは，以下のように空の線形表現を生成し，その後で項を 1 つずつ追加するのと同じである．

```
L1=LinExpr()
L1.addTerms(2,x1)
L1.addTerms(1,x2)
L1.addTerms(1,x3)
```

B.1.5　二次表現

　二次表現オブジェクトは，制約の右辺もしくは左辺を表すオブジェクトである．二次表現のインスタンスは，二次表現クラス QuadExpr を用いて生成される．

　　　二次表現インスタンス=QuadExpr(引数)

　引数は省略しても良い（その場合には空の二次表現インスタンスが生成される）．引数として線形表現オブジェクトを与えることもできる．

　以下に代表的なメソッドとその引数についてまとめておく．

項メソッド (addTerms)：二次表現に新しい項を追加するメソッド．引数は以下の通り．

coeffs：二次表現に含まれる変数の係数もしくは係数のリスト．変数がない（Python における None 型の）場合には，1 つの係数は定数項とみなされる．省略可．

vars：二次表現に含まれる第 1 変数もしくは第 1 変数のリスト．リストの場合には上の coeffs と

同じ長さでなければならない．

vars2：二次表現に含まれる第2変数もしくは第2変数のリスト．リストの場合には上の coeffs と同じ長さでなければならない．省略可．

和メソッド (add)：二次表現に第1引数 (expr) として与えた線形（二次）表現を加えるメソッド．加える表現の定数倍を加える場合には，第2引数 (mult) に乗じたい定数を与える．

B.1.6 特殊順序集合

特殊順序集合は，変数の集合に対して適用される制約であり，タイプ1とタイプ2の2種類がある．タイプ1の特殊順序集合は，集合に含まれる変数のうち，たかだか1つが0でない値をとることを規定する．これは通常，変数が0-1変数である場合に用いられ，幾つかのオプションから1つを選択することを表す．タイプ2の特殊順序集合は，順序が付けられた集合（順序集合）に含まれる変数のうち，（与えられた順序のもとで）連続するたかだか2つが0でない値をとることを規定する．特殊順序集合のオブジェクトは，モデルに含まれる形で生成される．特殊順序集合のインスタンスは，モデルの特殊順序集合追加メソッド (addSOS) の返値として生成される．

> 特殊順序集合インスタンス=Model.addSOS(引数)

引数の名前と規定値は以下の通り．

type：特殊順序集合の種類で以下から選択する．

　　GRB.SOS_TYPE1：タイプ1の特殊順序集合；1でも可．

　　GRB.SOS_TYPE2：タイプ2の特殊順序集合；2でも可．

vars：特殊順序集合に入れたい変数のリスト．

weight：特殊順序集合に入っている変数の重み．規定値は $1, 2, \cdots$．

特殊順序集合（タイプ1）は，4.3節のグラフ彩色問題で，特殊順序集合（タイプ2）は，8.2.1節の区分的線形近似で用いられている．

B.1.7 列

列オブジェクトは，モデルの列（変数とそれを含んだ制約の情報）を表すオブジェクトである．列のインスタンスは，列クラス Column を用いて生成される．

> 列インスタンス=Column()

引数は省略しても良い（その場合には空の列インスタンスが生成される）．引数の名前と規定値は以下の通り．

coeffs：列に含まれる項の係数もしくは係数のリスト．

constrs：列に含まれる制約もしくは制約のリスト．リストの場合には上の coeffs と同じ長さでなければならない．

以下に代表的なメソッドとその引数についてまとめておく．

項追加メソッド (addTerms)：列に新しい項を追加するメソッド．引数は，上の Column クラスのコンストラクタと同じであり，係数 (coeffs) と制約 (constrs) になる．

削除メソッド (remove)：列から引数として与えた制約を削除するメソッド．

列は，3.3 節の切断問題に対する列生成法で用いられている．

B.2 パラメータ

Gurobi に内在されている最適化ソルバーの動作は，パラメータ (parameter) を変更するすることによってコントロールできる．パラメータを変更するには，以下の 2 通りの方法がある．

    setParam("パラメータ名",値) もしくは
    model.Params.パラメータ名 =値

たとえば，混合整数最適化 (Mixed Integer Programming: MIP) の終了条件を指定するパラメータに相対誤差 (MIPGap) がある．これは相対誤差がこの値以下になったときに，下界と上界が十分に近いと判断して探索を終了させるためのパラメータであり，その規定値は 10^{-4} である．したがって，本当の最適解（相対誤差が 0 の解）を得たい場合には，このパラメータを 0 に設定し直す必要がある．これは，以下のようにすれば良い．

    setParam("MIPGap",0.0) もしくは
    model.Params.MIPGap=0.0

以下に代表的なパラメータとその意味を記す．

TimeLimit：計算時間上限（単位は秒）．

MIPGap：相対誤差上限（規定値は 10^{-4}）．

MIPFocus：混合整数最適化の探索戦略を決めるためのパラメータ．（0：バランス，1：暫定解改良，2：最適性の保証，3：限界値改良；規定値は 0 のバランス型探索）

SolutionNumber：探索中に発見された解の番号．

Method：線形最適化の解法を決めるためのパラメータ（0: 主単体法，1: 双対単体法，2: 障壁法（内点法），3: 同時実行, 4: 確定的同時実行；既定値は 1 の双対単体法）．

Cutoff：ここで指定された値より悪い解を探索しないようにするためのパラメータ．規定値は最小化の場合には ∞，最大化の場合には $-\infty$．

OutputFlag：計算の途中経過の出力を制御するためのパラメータ（0: 出力 Off, 1: 出力 On；規定値は 1 の出力 On）．

表 B-1 モデルの状態を表す定数（コード）の種類．

状態の定数	説明
1 LOADED	モデルの入力は完了しているが，まだ最適化されていない．
2 OPTIMAL	（許容誤差の範囲内で）最適解が見つかった．
3 INFEASIBLE	実行不可能（実行可能解が存在しない）．
4 INF_OR_UNBD	実行不可能もしくは非有界．
5 UNBOUNDED	非有界（解が無限に良くなってしまう）．
6 CUTOFF	パラメータ Cutoff で指定した値より良い解が存在しない．
7 ITERATION_LIMIT	単体法の反復がパラメータ IterationLimit で指定した回数を超えた．
8 NODE_LIMIT	分枝ノード数がパラメータ NodeLimit で指定した回数を超えた．
9 TIME_LIMIT	計算時間がパラメータ TimeLimit で指定した時間を超えた．
10 SOLUTION_LIMIT	発見された解の数がパラメータ SolutionLimit で指定した値を超えた．
11 INTERRUPTED	ユーザーによって計算が途中で止められた．
12 NUMERIC	数値エラーによって終了した．

B.3 属性

モデル，変数，制約や計算結果の情報は，オブジェクトの**属性** (attribute) に保管されている．オブジェクトの属性を変更するには，以下の 2 通りの方法がある．

```
オブジェクト.setAttr("属性名",値)   もしくは
オブジェクト.属性名 =値
```

たとえば，変数オブジェクト var の目的関数の係数を 100 に変更したい場合には，変数の係数を表す属性が Obj であるので，以下のようにすれば良い．

```
var.setAttr("Obj",100) もしくは
var.Obj=100
```

モデルオブジェクトの代表的な属性は以下の通り．

ObjVal：最適目的関数値（最適化後のみ）．

ModelSense：目的関数の方向（1: 最小化，-1: 最大化；規定値は 1 の最小化）．

Runtime：（最後の求解時の）計算時間．

Status：モデルの状態．全部で 12 種類ある．表 B-1 に状態の意味と定数を示す．

SolCount：探索で見つかった解の数．

変数オブジェクトの代表的な属性は以下の通り．

LB，UB：下限 (lower bound)，上限 (upper bound)．

Obj：目的関数の係数．

Vtype：変数の種類（"C":連続，"B":2 値 (0-1)，"I":整数，"S":半連続，"N":半整数）．

VarName：変数名.

X：最適解の値.

Xn：パラメータ SolutionNumber で指定された番号の解の値.

RC：被約費用（連続最適化のみ）.

制約オブジェクトの代表的な属性は以下の通り.

Sense：制約の向き. GRB.LESS_EQUAL（制約が以下 $\leq$；"<"でも可），GRB.EQUAL（制約が等号 $=$；"="でも可），GRB.GREATER_EQUAL（制約が以上 $\geq$；">"でも可）から選択する.

RHS：（変数をすべて左辺に移項した後の）右辺に相当する定数.

ConstrName：制約名を表す文字列.

Pi：双対変数（連続最適化のみ）.

Slack：余裕変数の値.

B.4 モデル記述のための拡張

Gurobi では，モデルを簡潔に記述するための幾つかの Python の拡張が準備されている．この機能は Gurobi のバージョン 4.6 以降で用いることができる．

モデルのデータを記述する際には，辞書を用いると便利である．その際，同じ添え字をもつ複数のデータを一度に設定できると便利である．multidict は，$n (\geq 1)$ 個の要素をもつリストを値とした辞書を引数として入力すると，第 1 の返値としてキーのリスト，2 番目以降の返値として各々の要素を値とした n 個の辞書を返す関数である．

例として，名前をキーとし，身長と体重から成るリストを値とした辞書は，multidict 関数によって，名前のリスト name，身長を表す辞書 height，体重を表す辞書 weight に分解される．

```
name, height, weight=multidict({"Taro":[145,30],"Hanako":[138,34],"Simon":[150,45]})
```

これは，以下のように個別にリストと辞書を定義するのと同じであるが，multidict 関数を用いた方が，より簡潔であり，入力ミスを避けることができる．

```
name   =['Hanako', 'Simon', 'Taro']
height={'Hanako': 138, 'Simon': 150, 'Taro': 145}
weight={'Hanako': 34, 'Simon': 45, 'Taro': 30}
```

quicksum は，Python の sum 関数を拡張したものであり，Gurobi の線形（二次）表現を効率良く記述するために用いられる．quicksum は，線形（二次）項を要素としたリストを引数として入力すると，項の和を表す線形（二次）表現オブジェクトを返す関数である．

例として $2x_1 + x_2 + x_3$ という線形表現オブジェクト L1 を生成する方法を以下に示す．

```
L1=quicksum([2*x1, x2, x3])
```

これは，以下のように線形表現クラス LinExpr を用いて生成するのと同じであるが，多少簡潔に表記できる．

```
L1 = LinExpr([2,1,1],[x1,x2,x3])
```

quicksum は，リストを引数として与えるかわりに，for 文で定義した反復を用いることもできる．たとえば，変数オブジェクトが長さ3のリスト x，各々の変数に対応する係数がリスト a=[2,1,1] に保管されているとき，上の線形表現オブジェクトは，以下のように生成できる．

```
L1=quicksum(a[i]*x[i] for i in range(3))
```

tuplelist は，Python のリスト (list) を拡張したものであり，名前の通りタプル (tuple) を要素としたリストを表す．このオブジェクトには，引数によって指定した条件を満たす要素を取り出す select メソッドが準備されている．select メソッドの引数では，"*"は任意の文字列を表す．

たとえば，子供の名前と好きな果物の組をタプルとして入れたリスト T を生成し，そこからリンゴが好きな子供と果物の組を抽出して出力するには，以下のように記述すれば良い．

```
T=tuplelist([("Sara","Apple"),("Taro","Pear"),("Jiro","Orange"),("Simon","Apple")])
print T.select("*","Apple")
```

結果は，

```
[('Sara', 'Apple'), ('Simon', 'Apple')]
```

となる．select メソッドによる複数の組からなる集合（多重集合）からの集合の切り出しは，大規模な数理最適化のモデリングでその威力を発揮する．

付 録C　制約最適化ソルバーSCOP概説

SCOP II (Solver for COnstraint Programing：スコープ Ver.2) は，大規模な制約最適化問題を高速に解くためのソルバーである．70 ページの欄外ゼミナールで触れたように，**制約最適化** (constraint programming) は数理最適化を補完する最適化理論の体系であり，組合せ最適化問題に特化した求解原理を用いるため，数理最適化ソルバーで解けない大規模問題に対しても，効率的に良好な解を探索することができる．SCOP II の詳細については，`http://www.logopt.com/scop.htm` を参照されたい．

ここでは，制約最適化ソルバー SCOP II を，Python 言語から直接呼び出して求解するためのモジュール (scop2) の使用法について解説する．

構成は次の通り．

C.1 節　SCOP II で対象とする重み付き制約充足問題について述べる．
C.2 節　SCOP II のオブジェクトについて解説する．
C.3 節　最適化の動作をコントロールするためのパラメータについて述べる．
C.4 節　オブジェクトに付随する属性について述べる．
C.5 節　簡単な例を用いて SCOP II の使用法を解説する．

C.1 制約充足問題

ここでは，SCOP II で対象とする重み付き制約充足問題について解説する．
一般に**制約充足問題** (constraint satisfaction problem) は，以下の 3 つの要素から構成される．

変数 (variable)：分からないもの，最適化によって決めるもの．制約充足問題では，変数は，与えられた集合（以下で述べる「領域」）から 1 つの要素を選択することによって決められる．

領域 (domain)：変数ごとに決められた変数の取り得る値の集合．

制約 (constraint)：幾つかの変数が同時にとることのできる値に制限を付加するための条件．

制約充足問題は，制約をできるだけ満たすように，変数に領域の中の 1 つの値を割り当てることを目的とした問題である．

SCOP II では，**重み付き制約充足問題** (weighted constraint satisfaction problem) を対象とする．ここで「制約の重み」とは，制約の重要度を表す数値であり，SCOP II では正数値もしくは無限大を表す文字列"inf"を入力する．"inf"を入力した場合には，制約は**絶対制約** (hard constraint) とよばれ，その逸脱量は優先して最小化される．重みに正数値を入力した場合には，制約は**考慮制約** (soft constraint) とよばれ，制約を逸脱した量に重みを乗じたものの和の合計を最小化する．すべての変数に領域内の値を割り当てたものを**解** (solution) と呼ぶ．SCOP II では，単に制約を満たす解を求めるだけでなく，制約からの逸脱量の重み付き和（ペナルティ）を最小にする解を探索する．

C.2 オブジェクト

SCOP II の Python モジュール (scop2) におけるオブジェクト（クラス，インスタンス）には，以下のものがある．

- モデル Model
- 変数 Variable
- 線形制約 Linear
- 二次制約 Quadratic
- 相異制約 Alldiff

本節では上の諸オブジェクトについて解説を行う．

> **注意**：
> SCOP II では変数（制約）名や値を文字列で区別するため重複した名前を付けることはできない．なお，使用できる文字列は，英文字 (a-z, A-Z)，数字 (0-9)，角括弧 ([ ])，アンダーバー (_)，および @ に限定される．

C.2.1 モデル

PythonからSCOP IIを呼び出して使うときに，最初にすべきことはモデルクラスのインスタンスを生成することである．SCOP IIでは引数なしで，以下のように記述する．

モデルインスタンス=Model()

モデルオブジェクトは，以下のメソッドをもつ．

変数追加メソッド (addVariable)：モデルに1つの変数を追加する．返値は変数オブジェクトである．引数の名前と意味は以下の通り．

  name：変数名であり文字列で与える．

  domain：変数のとりえる値の集合（領域）をリストとして与える．リストの要素は，文字列でも数値でもかまわない．

変数リスト追加メソッド (addVariables)：問題に複数の変数を同時に追加する．返値は変数オブジェクトのリストであり，その長さは第1引数の変数名リストと同じになる．引数の名前と意味は以下の通り．

  names：変数名（文字列）を入れたリストを与える．

  domain：変数のとりえる値の集合（領域）をリストとして与える．リストの要素は，文字列でも数値でもかまわない．

制約追加メソッド (addConstriant)：制約オブジェクトを問題に追加する．引数である制約オブジェクトは，制約クラスを用いて生成されたオブジェクトであり，以下の項で解説する線形制約，二次制約，相異制約のいずれかでなければならない．

最適化メソッド (optimize)：モデルの最適化を行う．返値は，解（変数名をキー，値を領域の要素とした辞書）と逸脱した制約（制約名をキー，逸脱量を値とした辞書）である．

モデルオブジェクトは，モデルの情報を文字列として返すことができる．たとえば，m1と名付けたモデルオブジェクトの情報（変数と制約の数，制約の種類と展開した式）は，

  print m1

で得ることができる．

C.2.2 変数

変数オブジェクトは，モデルに含まれる形で生成される．変数のインスタンスは，上述したモデルの変数追加メソッド (addVariable) もしくは変数リスト追加メソッド (addVariables) の返値として生成される．

  変数インスタンス=Model.addVariable(引数)

変数インスタンスのリスト=Model.addVariables(引数)

上のメソッドの引数については，C.2.1 節を参照されたい．

C.2.3 線形制約

最も基本的な制約は，線形制約である．線形制約は

$$線形項1 + 線形項2 + \cdots 制約の方向 (\leq, \geq, =) 右辺定数$$

の形で与えられる．ここで線形項は，

$$係数 \times x[変数,値]$$

で与えられ，$x[変数,値]$ は「変数」が「値」をとったとき 1，それ以外のとき 0 を表す**値変数** (value variable) である．また，係数，ならびに右辺定数は整数とし，制約の方向は以下 ($\leq$)，以上 ($\geq$)，等しい ($=$) から 1 つを選ぶ必要がある．

SCOP II における制約オブジェクトは，クラスから生成した後で，制約追加メソッド (addConstriant) でモデルに追加する必要がある．線形制約クラス Linear のインスタンスは，以下のように生成する．

線形制約インスタンス=Linear(引数)

引数の名前と意味は以下の通り．

- **name**：制約名を与える．制約名は，制約を区別するための名称であり，個有の名前を文字列で入力する必要がある．（名前が重複した場合には，前に定義した制約が無視される.）

- **weight**：制約の重みを与える．重みは，制約の重要性を表す正数もしくは文字列"inf"である．ここで"inf"は無限大を表し，絶対制約を定義するときに用いられる．重みは省略することができ，その場合の既定値は 1 である．

- **rhs**：制約の右辺定数を与える．省略可であり，規定値は 0．

- **direction**：制約の向きを示す文字列を与える．文字列は "<=", ">=", "="のいずれかとする．省略可であり，規定値は"<=".

Linear オブジェクトは，以下のメソッドをもつ．

- **setWeight(重み)**：制約の重みを設定する．引数は正数値もしくは文字列"inf"であり，"inf"は無限大を表し，絶対制約を定義するときに用いられる．

- **setRhs(右辺定数)**：線形制約の右辺定数を設定する．引数は整数値とする．

- **setDirection(制約の向き)**：制約の向きを設定する．引数は "<=", ">=", "="のいずれかとする．

- **addTerms(引数)**：線形制約（の左辺）に 1 つもしくは複数の項を追加するメソッドである．変数が値をとるときに 1，それ以外のとき 0 となる変数（値変数）を $x[変数,値]$ とすると，追加される項は，

$$\text{係数} \times x[\text{変数}, \text{値}]$$

と記述される．addTerms メソッドの引数は以下の通り．

coeffs：追加する項の係数もしくは係数リスト．係数もしくはリストの要素は整数．

vars：追加する項の変数オブジェクトもしくはの変数オブジェクトのリスト．リストの場合には，リスト coeff と同じ長さをもつ必要がある．

values：追加する項の値もしくは値のリスト．リストの場合には，リスト coeff と同じ長さをもつ必要がある．

線形制約クラス Linear は，制約の情報を文字列として返すことができる．たとえば，L1 と名付けた線形制約クラスのオブジェクトの情報（重みと展開した式）は，

print L1

で得ることができる．

C.2.4 二次制約

SCOP II では二次関数を左辺にもつ制約も扱うことができる．二次制約は，

$$\text{二次項}\,1 + \text{二次項}\,2 + \cdots \text{制約の方向}\,(\leq, \geq, =)\,\text{右辺定数}$$

の形で与えられる．ここで二次項は，

$$\text{係数} \times x[\text{変数}\,1, \text{値}\,1] \times x[\text{変数}\,2, \text{値}\,2]$$

で与えられ，$x[\text{変数}, \text{値}]$ は「変数」が「値」をとったとき 1，それ以外のとき 0 を表す値変数である．また，係数，ならびに右辺定数は整数とし，制約の方向は以下 ($\leq$)，以上 ($\geq$)，等しい ($=$) から 1 つを選ぶ必要がある．

二次制約クラス Quadratic のインスタンスは，以下のように生成する．

二次制約インスタンス=Quadratic(引数)

上のコンストラクタの引数は，線形制約クラス Linear と同じである．
Quadratic オブジェクトは，以下のメソッドをもつ．

setWeight(重み)：制約の重みを設定する．引数は正数値もしくは文字列"inf"であり，"inf"は無限大を表し，絶対制約を定義するときに用いられる

setRhs(右辺定数)：線形制約の右辺定数を設定する．引数は整数値である．

setDirection(制約の向き)：制約の向きを設定する．引数は "<=", ">=", "="のいずれかとする．

addTerms(引数)：二次制約（の左辺）に 2 つの変数の積から成る項を追加するメソッドである．変数名 i $(i=1,2)$ が値 i をとるときに 1，それ以外のとき 0 となる変数（値変数）を $x[\text{変数}\,i, \text{値}\,i]$ とす

ると，追加される項は，

$$係数 \times x[変数1, 値1] \times x[変数2, 値2]$$

と記述される．`addTerms` メソッドの引数は以下の通り．

coeffs：追加する項の係数もしくは係数のリスト．係数もしくはリストの要素は整数．

vars：追加する項の第一変数オブジェクトもしくは変数オブジェクトのリスト．リストの場合には，リスト `coeff` と同じ長さをもつ必要がある．

values：追加する項の第一変数の値もしくは値のリスト．リストの場合には，リスト `coeff` と同じ長さをもつ必要がある．

vars2：追加する項の第二変数の変数オブジェクトもしくは変数オブジェクトのリスト．リストの場合には，リスト `coeff` と同じ長さをもつ必要がある．

values2：追加する項の第二変数の値もしくは値のリスト．リストの場合には，リスト `coeff` と同じ長さをもつ必要がある．

また，二次制約クラス `Quadratic` は，制約の情報を文字列として返すことができる．たとえば，Q1 と名付けた二次制約クラスのオブジェクトの情報（重みと展開した式）は，

> print Q1

で得ることができる．

C.2.5 相異制約

相異制約は，変数の集合に対し，集合に含まれる変数すべてが異なる値をとらなくてはならないことを規定する．これは組合せ的な構造に対する制約であり，制約最適化の特徴的な制約である．

SCOP II においては，値が同一であるかどうかは，値の名称ではなく，変数のとりえる値の集合（領域）を表したリストにおける順番によって決定される．たとえば，変数 var1 および var2 の領域がそれぞれ $[A, B]$ ならびに $[B, A]$ であったとき，変数 var1 の値 A, B の順番はそれぞれ 0 と 1，変数 var2 の値 A, B の順番はそれぞれ 1 と 0 となる．したがって，相異制約を用いる際には，変数に同じ領域を与えることが（混乱を避けるという意味で）推奨される．

相異制約クラス `Alldiff` のインスタンスは，以下のように生成する．

> 相異制約インスタンス= Alldiff(引数)

引数の名前と規定値は以下の通り．

name：制約名を与える．制約名は，制約を区別するための名称であり，個有の名前を文字列で入力する必要がある．（名前が重複した場合には，前に定義した制約が無視される．）

varlist：相異制約に含まれる変数オブジェクトのリストを与える．これは，値の順番が異なることを要求される変数のリストであり，省略も可能である．その場合の既定値は，空のリストとなる．ここで

追加する変数は，モデルクラスに追加された変数である必要がある．

weight：制約の重みを与える．重みは，制約の重要性を表す正数もしくは文字列"inf"である．ここで"inf"は無限大を表し，絶対制約を定義するときに用いられる．重みは省略することができ，その場合の既定値は 1 である．

Alldiff オブジェクトは，以下のメソッドをもつ．

addVariable(変数オブジェクト)：相異制約の変数を 1 つ制約に追加する．

addVariables(変数オブジェクトのリスト)：相異制約の変数を複数同時に（リストとして）追加する．

setWeight(重み)：制約の重みを設定する．引数は正数値もしくは文字列"inf"であり，"inf"は無限大を表し，絶対制約を定義するときに用いられる．

相異制約クラス Alldiff は，制約の情報を文字列として返すことができる．たとえば，A1 と名付けた相異制約クラスのオブジェクトの情報（重みと式に含まれる変数）は，

 print A1

で得ることができる．

C.3 パラメータ

SCOP II に内在されている最適化ソルバーの動作は，パラメータ (parameter) を変更するすることによってコントロールできる．モデルオブジェクト model のパラメータを変更するには，モデルの Params 属性を用いて以下のように記述する．

 model.Params.パラメータ名 =値

たとえば，計算時間の上限 (TimeLimit) を 1 秒に変更したい場合には，

 model.Params.TimeLimit=1

とする．

以下に代表的なパラメータとその意味を記す．

RandomSeed：乱数系列の種を設定する．規定値は 1．

Target：目標とするペナルティ値を設定する．設定されたペナルティ以下の解が求まった時点でプログラムは終了する．規定値は 0．

TimeLimit：最大計算時間 (秒) を設定する．規定値は 600．

OutputFlag：計算の途中結果を出力させるためのフラグ．真 (1) のとき出力 On，偽 (0) のとき出力 Off．規定値は 0．

C.4 属性

モデル，変数，制約（線形制約，二次制約，相異制約）の情報は，オブジェクトの属性に保管されている．オブジェクトの属性は「オブジェクト.属性名」でアクセスできる．

たとえば，変数オブジェクト var の領域を [1,2] に変更した後で，3 を追加したい場合には，変数の領域を表す属性がリスト domain であるので，以下のようにすれば良い．

```
var.domain=[1,2]
var.domain.append(3)
```

モデルオブジェクトの代表的な属性は以下の通り．

variables：モデルに含まれる変数オブジェクトのリスト．

constraints：モデルに含まれる制約オブジェクトのリスト．

Params：モデルのパラメータオブジェクト．

変数の代表的な属性は以下の通り．

name：変数名．

domain：変数の領域を表す値のリスト．

制約の代表的な属性は以下の通り．

name：制約名．

weight：制約の重要度を表す重み（正数値もしくは"inf"）．

rhs：制約の右辺定数（線形・二次制約のみ）．

direction：制約の方向（線形・二次制約のみ）．

terms：制約の左辺を表す項のリスト．線形制約の場合には項は（係数, 変数オブジェクト, 値）のタプル，二次制約の場合には項は（係数, 第一変数のオブジェクト, 第一変数の値数, 第二変数のオブジェクト, 第二変数の値）のタプルである．

variables：制約に含まれる変数オブジェクトのリスト（相異制約のみ）．

C.5 例

ここでは，幾つかの簡単な例を用いて，scop2 モジュールの使用法を解説する．

C.5.1 仕事の割当 1

最初の例題は，3人の作業員 A,B,C を 3つの仕事 0,1,2 に割り当てる問題である．すべての仕事には，

1人の作業員を割り当てる必要があるが，作業員と仕事には相性があり，割り当てにかかる費用（単位は万円）は，以下のようになっている．

$$\begin{array}{c} & \begin{array}{ccc} 0 & 1 & 2 \end{array} \\ \begin{array}{c} A \\ B \\ C \end{array} & \left(\begin{array}{ccc} 15 & 20 & 30 \\ 7 & 15 & 12 \\ 25 & 10 & 13 \end{array} \right) \end{array}$$

総費用を最小にするような作業員の割り当てを決めることが問題の目的である．

まず，`scop2` モジュールを読み込み，モデルクラス `Model` のインスタンス `m` を生成する．

from scop2 import *
m=Model()

作業員はリスト `workers` で，割当費用はリストのリスト `Cost` に保管しておく．

workers=["A","B","C"]
Cost=[[15, 20, 30],[7, 15, 12],[25,10,13]]

次に，モデルオブジェクト `m` の変数追加メソッド `addVariables` を用いて，すべての作業員に同じ領域（値の集合）$0,1,2$ を設定する．これには，Python の `range()` 関数を用いれば良い．返値を変数オブジェクトのリスト `varlist` に保管しておく．

varlist=m.addVariables(workers,range(3))

続いて制約クラスのオブジェクトを生成する．この問題は，1人の作業員に1つの仕事を割り当てることを表す相異制約と，目的関数を表す線形制約で表現できる．まず，AD と名付けた相異制約 `con1` を作っておく．

```
1  con1=Alldiff("AD",varlist)
2  con1.setWeight("inf")
```

1行目では，制約の重みを省略しているので，重みは既定値の1となっている．2行目で `setWeight` メソッドを用いて重みを無限大（"inf"）に変更したので，この制約は絶対制約となる．もちろんこれは，以下のように1行で書いても良い．

con1=Alldiff("AD",varlist,"inf")

次に L と名付けた線形制約 `con2` を生成する．この制約の重みは規定値の1，右辺定数は規定値の0，制約の向きは既定値の<=であるので，引数 `weight,rhs,direction` は省略しても良い．その後の2行目から4行目では，`addTerms` メソッドを用いて，左辺に項を追加している．この項は，`i` 番目の作業員が仕事 `j` に割り当てられたときに費用 `Cost[i][j]` がかかることを表す．

```
1  con2=Linear("L",weight=1,rhs=0,direction="<=")
2  for i in range(len(workers)):
3      for j in range(3):
4          con2.addTerms(Cost[i][j],varlist[i],j)
```

最後に，生成した制約 con1, con2 をモデル m に addConstrant メソッドを用いて追加し（1,2 行目），Params 属性を通じて制限時間 1 秒で探索することを指定し（3 行目），optimize メソッドで解を探索する（4 行目）．

```
1  m.addConstraint(con1)
2  m.addConstraint(con2)
3  m.Params.TimeLimit=1
4  sol,violated=m.optimize()
```

optimize メソッドの返値は，解と逸脱した制約の辞書であるので，それぞれ sol, violated に保持している．これを表示するには，以下のように辞書のキーと値を標準出力に Python の print コマンドで出力すれば良い（ここで Python のバージョンは 2.x を仮定している．3.x の場合には，print() と関数で呼び出す必要がある）．

```
print "solution"
for x in sol:
    print x,sol[x]

print "violated constraint(s)"
for v in violated:
    print v,violated[v]
```

問題を確認するには，モデルクラスのオブジェクト m を print で表示させれば良い．

```
print m
```

これによって，以下の出力が得られる．

```
number of variables = 3
number of constraints= 2
variable A:[0, 1, 2]
variable B:[0, 1, 2]
variable C:[0, 1, 2]
AD: weight= inf   type=alldiff A B C ;
L: weight= 1 type=linear 15(A,0) 20(A,1) 30(A,2) 7(B,0) 15(B,1)
                         12(B,2) 25(C,0) 10(C,1) 13(C,2) <=0
```

上の Python プログラムを実行すると，結果は以下のように出力される．

```
solution
A  0
C  1
B  2
violated constraint(s)
L  37
```

結果から，作業員 A には仕事 0 を，作業員 B には仕事 2 を，作業員 C には仕事 1 を割り当てるのが最良であることが分かる．割り当てられた作業員と仕事の対に対応する費用を丸で囲んで表すと，以下のようになる．

$$\begin{array}{c} & 0 & 1 & 2 \\ A \\ B \\ C \end{array} \begin{pmatrix} ⑮ & 20 & 30 \\ 7 & 15 & ⑫ \\ 25 & ⑩ & 13 \end{pmatrix}$$

相異制約の逸脱量は 0 であるので，上では表示されていない．逸脱があるのは，線形制約 `linear_constraint` であり，逸脱量は 37，制約の重みは 1 であったので，費用は 37(= 15 + 12 + 10) 万円になることが分かる．

C.5.2 仕事の割当 2

次に，5 人の作業員 A,B,C,D,E を 3 つの仕事 0,1,2 に割り当てる問題を考える．ここでは，各仕事にかかる作業員の最低人数が与えられており，それぞれ 1,2,2 人必要であり，割り当ての際の費用（単位は万円）は，以下のようになっているものとする．

$$\begin{array}{c} & 0 & 1 & 2 \\ A \\ B \\ C \\ D \\ E \end{array} \begin{pmatrix} 15 & 20 & 30 \\ 7 & 15 & 12 \\ 25 & 10 & 13 \\ 15 & 18 & 3 \\ 5 & 12 & 17 \end{pmatrix}$$

作業員の最低人数は，線形制約として表現できる．これらの制約は絶対制約とするため，制約の重みは無限大 (`"inf"`) と設定する．

この問題を SCOP II を用いて解くための Python プログラムは，以下のように書ける．

```
1  from scop2 import *
2  m=Model()
3  workers=["A","B","C","D","E"]
4  Cost=[[15, 20, 30],[7, 15, 12],[25,10,13],[15,18,3],[5,12,17]]
5  LB=[1,2,2]
6  varlist=m.addVariables(workers,range(3))
7  LBC={} #dictionary for keeping lower bound constraints
8  for j in range(len(LB)):
9      LBC[j]=Linear("LB%s"%j,"inf",LB[j],">=")
10     coeffs=[1 for i in range(5)]
11     values=[j for i in range(5)]
12     LBC[j].addTerms(coeffs,varlist,values)
13     m.addConstraint(LBC[j])
14 con1=Linear("L")
```

```
15   for i in range(len(workers)):
16       for j in range(3):
17           con1.addTerms(Cost[i][j],varlist[i],j)
18   m.addConstraint(con1)
19   m.Params.TimeLimit=1
20   sol,violated=m.optimize()
21   print m
22   print "solution"
23   for x in sol:
24       print x,sol[x]
25   print "violated constraint(s)"
26   for v in violated:    print v,violated[v]
```

上のプログラムを実行すると，以下の結果が得られる．

```
number of variables = 5
number of constraints= 4
variable A:[0, 1, 2]
variable B:[0, 1, 2]
variable C:[0, 1, 2]
variable D:[0, 1, 2]
variable E:[0, 1, 2]
LB0: weight= inf type=linear 1(A,0) 1(B,0) 1(C,0) 1(D,0) 1(E,0) >=1
LB1: weight= inf type=linear 1(A,1) 1(B,1) 1(C,1) 1(D,1) 1(E,1) >=2
LB2: weight= inf type=linear 1(A,2) 1(B,2) 1(C,2) 1(D,2) 1(E,2) >=2
L: weight= 1 type=linear 15(A,0) 20(A,1) 30(A,2) 7(B,0) 15(B,1)
12(B,2) 25(C,0) 10(C,1) 13(C,2) 15(D,0) 18(D,1) 3(D,2) 5(E,0) 12(E,1) 17(E,2) <=0
solution
A 1
C 1
B 2
E 0
D 2
violated constraint(s)
L 50
```

結果から分かるように，作業員 A には仕事 1 を，作業員 B には仕事 2 を，作業員 C には仕事 1 を，作業員 D には仕事 2 を，作業員 E には仕事 0 を割り当てるのが最良であることが分かる．割り当てに対応する費用を丸で囲んで表すと，以下のようになる．

$$\begin{array}{c} & 0 & 1 & 2 \\ A \\ B \\ C \\ D \\ E \end{array} \left(\begin{array}{ccc} 15 & ⑳ & 30 \\ 7 & 15 & ⑫ \\ 25 & ⑩ & 13 \\ 15 & 18 & ③ \\ ⑤ & 12 & 17 \end{array} \right)$$

絶対制約の逸脱量は 0 であるので，すべての仕事の必要人数は確保され，割当費用の合計が 0 以下であると定義した考慮制約の逸脱量は 50 であるので，費用は 50(= 20 + 12 + 10 + 3 + 5) 万円になることが分かる．

C.5.3 仕事の割当 3

上の例題と同じ状況で，仕事を割り振ろうとしたところ，作業員 A と C は仲が悪く，一緒に仕事をさせると喧嘩を始めることが判明した．作業員 A と C を同じ仕事に割り振らないようにするには，どうしたら良いかを考えてみる．

作業員 A と C を同じ仕事に割り当てることを禁止する二次制約（重みは 100）は，以下のように記述される．

```
1  con2=Quadratic("Q",100)
2  for j in range(3):
3      con2.addTerms(1,varlist[0],j,varlist[2],j)
4  m.addConstraint(con2)
```

この制約を追加したプログラムを実行すると，以下の結果が得られる．

```
number of variables = 5
number of constraints= 5
variable A:[0, 1, 2]
variable B:[0, 1, 2]
variable C:[0, 1, 2]
variable D:[0, 1, 2]
variable E:[0, 1, 2]
LB0: weight= inf type=linear 1(A,0) 1(B,0) 1(C,0) 1(D,0) 1(E,0) >=1
LB1: weight= inf type=linear 1(A,1) 1(B,1) 1(C,1) 1(D,1) 1(E,1) >=2
LB2: weight= inf type=linear 1(A,2) 1(B,2) 1(C,2) 1(D,2) 1(E,2) >=2
L: weight= 1 type=linear 15(A,0) 20(A,1) 30(A,2) 7(B,0) 15(B,1) 12(B,2) 25(C,0)
        10(C,1) 13(C,2) 15(D,0) 18(D,1) 3(D,2) 5(E,0) 12(E,1) 17(E,2) <=0
Q: weight= 100 type=quadratic 1(A,0) (C,0) 1(A,1) (C,1) 1(A,2) (C,2) <=0

solution
A  0
```

```
C 1
B 2
E 1
D 2

violated constraint(s)
L 52
```

結果から分かるように，作業員 A には仕事 0 を，作業員 B には仕事 2 を，作業員 C には仕事 1 を，作業員 D には仕事 2 を，作業員 E には仕事 1 を割り当てるのが最良であることが分かる．割り当てに対応する費用を丸で囲んで表すと，以下のようになる．

$$\begin{array}{c} \\ A \\ B \\ C \\ D \\ E \end{array} \begin{pmatrix} 0 & 1 & 2 \\ ⑮ & 20 & 30 \\ 7 & 15 & ⑫ \\ 25 & ⑩ & 13 \\ 15 & 18 & ③ \\ 5 & ⑫ & 17 \end{pmatrix}$$

確かに，作業員 A と C は，異なる仕事に割り振られており，絶対制約の逸脱量は 0 であるので，すべての仕事の必要人数は確保され，割当費用の合計が 0 以下であると定義した考慮制約の逸脱量は 52 であるので，費用は $52 (= 15 + 12 + 10 + 3 + 12)$ 万円になることが分かる．

付 録D　スケジューリング最適化ソルバーOptSeq概説

　OptSeq II は，スケジューリング問題に特化した最適化ソルバーであり，実務における複雑な条件が付加されたスケジューリング問題に対して短時間で良好な解を探索することができる．OptSeq II の詳細については，http://www.logopt.com/OptSeq/OptSeq.htm を参照されたい．

　ここでは，スケジューリング最適化ソルバー OptSeq II を，Python 言語から直接呼び出して求解するためのモジュール (optseq2) の使用法について解説する．

　構成は次の通り．

　D.1 節　OptSeq II で対象とする資源制約付きスケジューリング問題について述べる．
　D.2 節　OptSeq II に内在するオブジェクトについて解説する．
　D.3 節　最適化の動作をコントロールするためのパラメータについて述べる．
　D.4 節　オブジェクトに付随する属性について述べる．
　D.5 節　簡単な例を用いて OptSeq II の使用法を解説する．

D.1 資源制約付きスケジューリング問題

ここでは，OptSeq II で対象とする資源制約付きスケジューリング問題について簡単に解説する．詳しくは OptSeq II 導入ガイドを参照されたい．

行うべき仕事（ジョブ，作業，タスク）を**活動** (activity) と呼ぶ．スケジューリング問題の目的は活動をどのようにして時間軸上に並べて遂行するかを決めることであるが，ここで対象とする問題では活動を処理するための方法が何通りかあって，そのうち 1 つを選択することによって処理するものとする．このような活動の処理方法を**モード** (mode) と呼ぶ．納期や納期遅れのペナルティ（重み）は活動ごとに定めるが，作業時間や資源の使用量はモードごとに決めることができる．

活動を遂行するためには**資源** (resource) を必要とする．資源の使用可能量は時刻ごとに変化しても良いものとする．また，モードごとに定める資源の使用量も作業開始からの経過時間によって変化しても良いものとする．通常，資源は作業完了後には再び使用可能になるものと仮定するが，お金や原材料のように一度使用するとなくなってしまうものも考えられる．そのような資源を**再生不能資源** (nonrenewable resource) と呼ぶ．

活動間に定義される**時間制約** (time constraint) は，ある活動（先行活動）の処理が終了するまで，別の活動（後続活動）の処理が開始できないことを表す先行制約を一般化したものであり，先行活動の開始（完了）時刻と後続活動の開始（完了）時刻の間に以下の制約があることを規定する．

$$\text{先行活動の開始（完了）時刻} + \text{時間ずれ} \leq \text{後続活動の開始（完了）時刻}$$

ここで，納期ずれは任意の整数値であり負の値も許すものとする．この制約によって，活動の同時開始，最早開始時刻，時間枠などの様々な条件を記述することができる．

OptSeq II では，モードを作業時間分の小作業の列と考え，処理の途中中断や並列実行も可能であるとする．その際，中断中の資源使用量や並列作業中の資源使用量も別途定義できるものとする．また，時刻によって変化させることができる**状態** (state) が準備され，モード開始の状態の制限やモードによる状態の推移を定義できる．

D.2 オブジェクト

OptSeq II の Python モジュール (optseq2) におけるオブジェクト（クラス，インスタンス）には，以下のものがある．

- モデル Model
- 活動 Attribute（活動は OptSeq 導入ガイドでは「作業」とよばれている．）
- モード Mode
- 資源 Resource
- 時間制約 Temporal
- 状態 State

本節では上の諸オブジェクトについて解説を行う.

> 注意:
> OptSeq II では活動,モード,資源名を文字列で区別するため重複した名前を付けることはできない.
> なお,使用できる文字列は,英文字 (a-z, A-Z),数字 (0-9),角括弧 ([ ]),アンダーバー (_),および @ に限定される.また,作業名は source, sink 以外,モードは dummy 以外の文字に限定される.

D.2.1 モデル

Python から OptSeq II を呼び出して使うときに,最初にすべきことはモデルクラスのインスタンスを生成することである.OptSeq II では引数なしで,以下のように記述する.

モデルインスタンス=Model( )

モデルオブジェクトは,以下のメソッドをもつ.

活動追加メソッド (addActivity):モデルに 1 つの活動を追加する.返値は活動オブジェクトである.引数の名前と意味は以下の通り.

  name:活動の名前を文字列で与える.ただし活動の名前に "source", "sink" を用いることはできない.

  duedate:活動の納期を 0 以上の整数もしくは,無限大 "inf" で与える.省略可で,既定値は無限大 "inf".

  weight:活動の完了時刻が納期を遅れたときの単位時間あたりのペナルティ.省略可で,規定値は 1.

資源追加メソッド (addResource):モデルに資源を 1 つ追加する.返値は資源オブジェクトである.引数の名前と意味は以下の通り.

  name:資源の名前を文字列で与える.

  capacity:資源の容量(使用可能量の上限)を辞書もしくは正数値で与える.正数値で与えた場合には,開始時刻は 0,終了時刻は無限大と設定される.辞書のキーはタプル(開始時刻, 終了時刻)であり,値は容量を表す正数値である.開始時刻と終了時刻の組を**区間** (interval) と呼ぶ.離散的な時間を考えた場合には,時刻 $t-1$ から時刻 t の区間を**期** (period)t と定義する.時刻の初期値を 0 と仮定すると,期は 1 から始まる整数値をとる.区間(開始時刻, 終了時刻)に対応する期は,「開始時刻 $+1$, 開始時刻 $+2$, ..., 終了時刻」となる(図 D-1).

  rhs:再生不能資源制約の右辺定数を与える.省略可で,規定値は 0.

  direction:再生不能資源制約の方向を示す文字列を与える.文字列は "<=", ">=" のいずれかとする.省略可であり,規定値は "<=".

  weight:再生不能資源制約を逸脱したときのペナルティ計算用の重みを与える.正数値もしくは無限大 "inf" を入力する.省略可で,規定値は無限大 "inf".

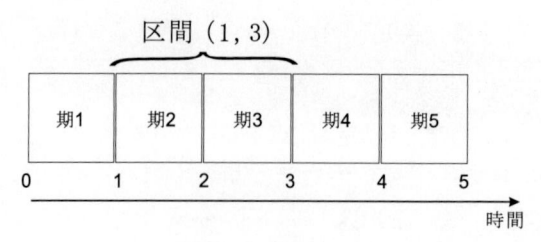

付録D スケジューリング最適化ソルバー OptSeq 概説

図 D-1 区間の例.

時間制約追加メソッド (addTemporal)：モデルに時間制約を1つ追加する．返値は時間制約オブジェクトである．時間制約は，先行活動と後続活動の開始（もしくは完了）時刻間の関係を表し，以下のように記述される．

$$\text{先行活動の開始（完了）時刻} + \text{時間ずれ} \leq \text{後続活動の開始（完了）時刻}$$

ここで**時間ずれ** (delay) は時間の差を表す整数値である．先行（後続）活動の開始時刻か完了時刻のいずれを対象とするかは，時間制約のタイプで指定する．タイプは，**開始時刻** (start time) のとき文字列"S"，**完了時刻** (completion time) のとき文字列"C"で表し，先行活動と後続活動のタイプを2つつなげて"SS"，"SC"，"CS"，"CC"のいずれかから選択する．引数の名前と意味は以下の通り．

pred：**先行活動** (predecessor) のオブジェクトもしくは文字列"source"を与える．文字列"source"は，すべての活動に先行する開始時刻0のダミー活動を定義するときに用いる．

succ：**後続活動** (successor) のオブジェクトもしくは文字列"sink"を与える．文字列"sink"は，すべての活動に後続するダミー活動を定義するときに用いる．

tempType：時間制約のタイプを与える．"SS"，"SC"，"CS"，"CC"のいずれかから選択し，省略した場合の規定値は"CS"（先行活動の完了時刻と後続活動の開始時刻）である．

delay：先行活動と後続活動の間の時間ずれを整数値（負の値も許すことに注意）で与える．規定値は0である．

状態追加メソッド (addState)：モデルに状態を追加する．引数は状態の名称を表す文字列であり，返値は状態オブジェクトである．

最適化メソッド (optimize)：モデルの最適化を行う．返値はなし．最適化を行った結果は，活動，モード，資源，時間制約オブジェクトの属性に保管される．

ガントチャートテキスト出力メソッド (write)：最適化されたスケジュールを簡易ガントチャート (Gantt chart)[1]としてテキストファイルに出力する．引数はファイル名 (filename) であり，その規定値は optseq.txt である．ここで出力されるガントチャートは，活動別に選択されたモードや開始・終了時刻を示したものであり，資源に対しては使用量と容量が示される．

ガントチャート Excel 用出力メソッド (writeExcel)：最適化されたスケジュールを簡易ガントチャートとしてカンマ区切りのテキスト (csv) ファイルに出力する．引数はファイル名 (filename) とス

---
[1] Henry Gantt によって100年くらい前に提案されたスケジューリングの表記図式．

ケールを表す正整数 (scale) である．ファイル名の規定値は optseq.csv である．スケールは，時間軸を scale 分の 1 に縮めて出力する．これは，Excel の列数が上限値をもつために導入されたパラメータであり，その規定値は 1 である．なお，Excel 用のガントチャートでは，資源の残り容量のみを表示する．

モデルオブジェクトは，モデルの情報を文字列として返すことができる．たとえば，m1 と名付けたモデルオブジェクトの情報は，

 print m1

で得ることができる．

D.2.2 活動

成すべき仕事（作業，タスク）を総称して**活動** (activity) と呼ぶ．活動オブジェクトは，モデルに含まれる形で生成される．活動インスタンスは，上述したモデルの活動追加メソッド (addActivity) の返値として生成される．

 活動インスタンス=Model.addActivity(引数)

上のメソッドの引数については，D.2.1 節を参照．

活動には任意の数のモード（活動の実行方法）を追加することができる．モードの追加は，以下のメソッドで行う．

モード追加メソッド (addModes)：活動にモードを追加するメソッド．引数は（任意の数の）モードオブジェクト．

D.2.3 モード

活動の処理方法を**モード** (mode) と呼ぶ．活動は少なくとも 1 つのモードをもち，そのうちのいずれかを選択して処理される．

モードのインスタンスは，モードクラス Mode から生成される．

 モードインスタンス=Mode(引数)

引数の名前と意味は以下の通り．

name：モードの名前を文字列で与える．ただしモードの名前に"dummy"を用いることはできない．

duration：モードの作業時間を非負の整数で与える．規定値は 0．

autoselect：モードを自動選択するか否かを表すフラグ．モードを自動選択するとき True，それ以外のとき False を設定する．規定値は False．状態によってモードの開始が制限されている場合には，`autoselect` を True に設定しておくことが望ましい．

モードオブジェクトは，以下のメソッドをもつ．

資源追加メソッド (addResource)：モードを実行するときに必要な資源とその量を指定する．引数と

意味は以下の通り．

resource：追加する資源のオブジェクトを与える．

requirement：資源の必要量を辞書もしくは正数値で与える．辞書のキーはタプル（開始時刻，終了時刻）であり，値は資源の使用量を表す正数値である．正数値で与えた場合には，開始時刻は0，終了時刻は無限大と設定される．

rtype：資源のタイプを表す文字列．"break","max"のいずれかから選択する．"break"を与えた場合には，中断中に使用する資源量を指定する．"max"を与えた場合には，並列処理中に使用する資源の最大量を指定する．省略可で，その場合には，並列処理中に資源使用量の総和を（並列で行った分だけ）使用する．

中断追加メソッド (addBreak)：モードは単位時間ごとに分解された作業時間分の小作業の列と考えられる．小作業を途中で中断してしばらく時間をおいてから次の小作業を開始することを**中断** (break) と呼ぶ．中断追加メソッド (addBreak) は，モード実行時における中断の情報を指定する．引数と意味は以下の通り．

start：中断可能な最早時刻を与える．省略可で，規定値は0．

finish：中断可能時刻の最遅時刻を与える．省略可で，規定値は0．

maxtime：最大中断可能時間を与える．省略可で，規定値は無限大 ("inf")．

並列追加メソッド (addParallel)：モードは単位時間ごとに分解された作業時間分の小作業の列と考えられる．資源量に余裕があるなら，同じ時刻に複数の小作業を実行することを**並列実行** (parallel execution) と呼ぶ．並列追加メソッド (addParallel) は，モード実行時における並列実行に関する情報を指定する．
引数と意味は以下の通り．

start：並列実行可能な最小の小作業番号を与える．省略可で，規定値は1．

finish：並列実行可能な最大の小作業番号を与える．省略可で，規定値は1

maxparallel：同時に並列実行可能な最大数を与える．省略可で，規定値は無限大 ("inf")．

状態追加メソッド (addState)：状態追加メソッド (addState) は，モード実行時における状態の値と実行直後（実行開始が時刻 t のときには，時刻 $t+1$）の状態の値を定義する．
引数と意味は以下の通り

state：モードに付随する状態オブジェクト．省略不可．

fromValue：モード実行時における状態の値．省略可で，規定値は0．

toValue：モード実行直後における状態の値．省略可で，規定値は0．

D.2.4 資源

資源オブジェクトは，モデルに含まれる形で生成される．資源インスタンスは，モデルの資源追加メソッド (addResource) の返値として生成される．

資源インスタンス=Model.addResource(引数)

上のメソッドの引数については，D.2.1 節を参照．
資源オブジェクトは，以下のメソッドをもつ．．

容量追加メソッド (addCapacity)：資源の容量を区間と量の辞書に追加する．引数と意味は以下の通り．

- **start**：資源容量追加の開始時刻（区間の始まり）．
- **finish**：資源容量追加の終了時刻（区間の終わり）．
- **amount**：追加する資源量．

setRhs(右辺定数)：線形制約の右辺定数を設定する．引数は整数値（負の値も許す）とする．

setDirection(制約の向き)：制約の向きを設定する．引数は "<=", ">=" のいずれかとする．

addTerms(引数)：再生不能資源制約（の左辺）に 1 つもしくは複数の項を追加するメソッドである．活動がモードで実行されるときに 1，それ以外のとき 0 となる変数（値変数）を $x[活動,モード]$ とすると，追加される項は，

$$係数 \times x[活動, モード]$$

と記述される．addTerms メソッドの引数は以下の通り．

- **coeffs**：追加する項の係数もしくは係数リスト．係数もしくは係数リストの要素は整数（負の値も許す）．
- **vars**：追加する項の活動オブジェクトもしくは活動オブジェクトのリスト．リストの場合には，リスト coeff と同じ長さをもつ必要がある．
- **values**：追加する項のモードもしくはモードのリスト．リストの場合には，リスト coeff と同じ長さをもつ必要がある．

D.2.5 時間制約

時間制約オブジェクトは，モデルに含まれる形で生成される．時間制約インスタンスは，上述したモデルの時間制約追加メソッド (addTemporal) の返値として生成される．

時間制約インスタンス=Model.addTemporal(引数)

上のメソッドの引数については，D.2.1 節を参照．

D.2.6 状態

状態オブジェクトは，モデルに含まれる形で生成される．状態インスタンスは，上述したモデルの状態追加メソッド (addState) の返値として生成される．

> 状態インスタンス=Model.addState(引数)

状態オブジェクトは，指定時に状態の値を変化させるためのメソッド addValue をもつ．

addValue(引数)：引数は状態を変化させる時刻 (time; 非負整数値) と変化後の値 (value; 非負整数値) である．

D.3 パラメータ

OptSeq II に内在されている最適化ソルバーの動作は，パラメータ (parameter) を変更することによってコントロールできる．モデルオブジェクト model のパラメータを変更するときは，以下の書式で行う．

> model.Params.パラメータ名 =値

たとえば，計算時間の上限 (TimeLimit) を 1 秒に変更したい場合には，

> model.Params.TimeLimit=1

とする．

以下に代表的なパラメータとその意味を記す．

RandomSeed：乱数系列の種を設定する．規定値は 1．

Makespan：最大完了時刻（一番遅く終わる活動の完了時刻）を最小にするとき True，それ以外のとき（各活動に定義された納期遅れの重み付き和を最小にするとき）False を設定する．規定値は False．

TimeLimit：最大計算時間 (秒) を設定する．規定値は 600．

OutputFlag：計算の途中結果を出力させるためのフラグ．True のとき出力 On，False のとき出力 Off．規定値は False．

D.4 属性

モデル，活動，モード，資源，時間制約の情報は，オブジェクトの属性に保管されている．オブジェクトの属性は「オブジェクト.属性名」でアクセスできる．

たとえば，活動オブジェクト act の納期を 10，重みを 2 に変更したい場合には，納期を表す属性が duedate，重みを表す属性が weight であるので，以下のようにすれば良い．

> act.duedate=10
> act.weight=2

D.4 属性

モデルオブジェクトの代表的な属性は以下の通り．

activities：モデルに含まれる活動名をキー，オブジェクトを値とした辞書．

modes：モデルに含まれるモード名をキー，オブジェクトを値とした辞書．

resources：モデルに含まれる資源名をキー，オブジェクトを値とした辞書．

temporals：モデルに含まれる時間制約の先行作業名と後続作業名のタプルをキー，オブジェクトを値とした辞書．

Params：モデルのパラメータオブジェクト．

活動の代表的な属性は以下の通り．

name：活動名．

duedate：活動の納期．0以上の整数もしくは無限大"inf"．

weight：活動の完了時刻が納期を遅れたときの単位時間あたりのペナルティ．

modes：活動に付随するモードオブジェクトのリスト．

モードの代表的な属性は以下の通り．

name：モード名．

duration：モードの作業時間．

requirement：通常の作業中の資源の必要量を表す辞書．辞書のキーはタプル（開始時刻,終了時刻）であり，値は資源の使用量を表す正数値．

breakable：中断中の資源の必要量を表す辞書．辞書のキーはタプル（開始時刻,終了時刻）であり，値は資源の使用量を表す正数値．

parallel：並列作業中の資源の最大量を表す辞書．辞書のキーはタプル（開始時刻,終了時刻）であり，値は資源の使用量を表す正数値．

autoselect：モードを自動選択するとき True，それ以外のとき False を設定する．規定値は False．

資源の代表的な属性は以下の通り．

name：資源名．

capacity：資源の容量（使用可能量の上限）を表す辞書．辞書のキーはタプル（開始時刻,終了時刻）であり，値は容量を表す正数値である．

rhs：再生不能資源制約の右辺定数．

direction：再生不能資源制約の方向．

表 D-1　4 活動 3 機械スケジューリング問題のデータ．

	作業 1	作業 2	作業 3
活動 1	機械 1 / 7 日	機械 2 / 10 日	機械 3 / 4 日
活動 2	機械 3 / 9 日	機械 1 / 5 日	機械 2 / 11 日
活動 3	機械 1 / 3 日	機械 3 / 9 日	機械 2 / 12 日
活動 4	機械 2 / 6 日	機械 3 / 13 日	機械 1 / 9 日

terms：再生不能資源制約の左辺を表す項のリスト．各項は (係数 , 活動オブジェクト , モードオブジェクト) のタプルである．

時間制約の代表的な属性は以下の通り．

pred：先行活動のオブジェクト．

succ：後続活動のオブジェクト

type：時間制約のタイプを表す文字列．"SS"（開始，開始），"SC"（開始，完了），"CS"（完了，開始），"CC"（完了，完了）のいずれかである．

delay：時間制約の時間ずれを表す整数値．

D.5　例

例として，4 活動 3 機械のスケジューリング問題を考える．各活動はそれぞれ 3 つの子活動（これを以下では作業と呼ぶ）1, 2, 3 から成り，この順序で処理しなくてはならない．各作業を処理する機械，および処理日数は，表 D-1 の通り．

このように，活動によって作業を行う機械の順番が異なる問題は，**ジョブショップ** (job shop) とよばれ，スケジューリングモデルの中でも難しい問題と考えられている．

目的は最大完了時刻最小化とする．ここでは，さらに以下のような複雑な条件がついているものと仮定する．

1. 各作業の初めの 2 日間は作業員資源を必要とする操作がある．この操作は平日のみ，かつ 1 日あたり高々 2 個しか行うことができない．
2. 各作業は，1 日経過した後だけ，中断が可能．
3. 機械 1 での作業は，最初の 1 日は 2 個まで並列処理が可能．
4. 機械 2 に限り，特急処理が可能．特急処理を行うと処理日数は 4 日で済むが，全体で 1 度しか行うことはできない．
5. 機械 1 において，作業 1 を処理した後は作業 2 を処理しなくてはならない．

この問題は，機械および作業員資源を再生可能資源とした 12 活動のスケジューリングモデルとして OptSeq II で記述できる．

まず，モデルオブジェクト m1 を生成し，機械を表す資源を追加する．このとき，機械資源の容量（使用可能量の上限）を 1 と設定しておく．

```
m1 = Model()
machine={}
for j in range(1,4):
    machine[j]= m1.addResource("machine[%s]"%j,capacity={(0,"inf"):1})
```

作業員も資源であり，この場合には，1 日あたり高々 2 個しか行うことができないので，資源の容量は，平日は 2，休日は 0 名と設定する（ただし最初の日は月曜日と仮定する）．

```
manpower = m1.addResource("manpower")
for t in range(9):
    manpower.addCapacity(t*7,t*7+5,2)
```

最後に，特急処理が高々 1 回しか行うことができないことを表すために，予算 budget と名付けた再生不能資源を追加し，制約の右辺 rhs を 1 に設定しておく．

```
budget = m1.addResource("budget_constraint",rhs=1)
```

次に，活動とモードに関する記述を行う．

まず，表 D-1 のデータを保管するために，活動の番号と作業の番号のタプルをキー，機械番号と作業時間のタプルを値とした辞書 JobInfo を以下のように準備しておく．

```
JobInfo ={ (1,1):(1,7),  (1,2):(2,10),  (1,3):(3,4),
          (2,1):(3,9),  (2,2):(1,5),   (2,3):(2,11),
          (3,1):(1,3),  (3,2):(3,9),   (3,3):(2,12),
          (4,1):(2,6),  (4,2):(3,13),  (4,3):(1,9)
        }
```

特急処理を行うモード express を準備しておく（これは機械 2 に限定した処理で作業時間は 4 である）．

```
1    express = Mode("Express",duration=4)
2    express.addResource(machine[2],{(0,"inf"):1},"max")
3    express.addResource(manpower,{(0,2):1})
4    express.addBreak(1,1)
```

活動とモードは辞書 act,mode に保管する（1,2 行目）．6 行目は，並列作業中でも 1 単位の機械資源を使用することを表し，7 行目は，作業員が最初の 2 日間だけ必要なことを表し，8 行目は，1 日経過後に 1 日だけ中断が可能なことを表す．また，機械 1 上では並列処理が可能であり（9,10 行目），機械 2 に対しては通常モードと特急モード express を追加し，さらに特急モードで処理した場合には予算資源 budget を 1 単位使用するものとする（11 から 13 行目）．

```
1    act={}
2    mode ={}
3    for (i,j) in JobInfo:
4        act[i,j]= m1.addActivity("Act[%s][%s]"%(i,j))
```

```
5       mode[i,j]=Mode("Mode[%s][%s]"%(i,j),duration=JobInfo[i,j][1])
6       mode[i,j].addResource(machine[JobInfo[i,j][0]],{(0,"inf"):1},"max")
7       mode[i,j].addResource(manpower,{(0,2):1})
8       mode[i,j].addBreak(1,1)
9       if JobInfo[i,j][0]==1:
10          mode[i,j].addParallel(1,1,2)
11      if JobInfo[i,j][0]==2:
12          act[i,j].addModes(mode[i,j],express)
13          budget.addTerms(1,act[i,j],express)
14      else:
15          act[i,j].addModes(mode[i,j])
```

先行制約（作業の前後関係）を表す時間制約を同じ活動に含まれる作業間に設定しておく．

```
for i in range(1,5):
    for j in range(1,3):
        m1.addTemporal(act[i,j],act[i,j+1])
```

条件「機械1において，作業1を処理した後は作業2を処理しなくてはならない」を記述するためには，多少のモデル化のための工夫が必要となる．この制約は，直前先行制約とよばれ，以下のようにしてモデル化を行うことができる．

1. 処理時間 0 のダミーの（仮想の）作業 dummy（以下のモデルファイルでは d_act）を導入し，時刻 0 で中断可能と設定する．そして，中断中，資源「機械1」を消費し続けるものと定義する．

2. 時間制約を用いて，(作業1の完了時刻) = (dummy の開始時刻) および (dummy の完了時刻) = (作業2の開始時刻) の 2 つの制約を追加する．

この結果，活動1・作業1 act[1,1] の完了後，活動2・作業2 act[2,2] が開始されるまで機械1の資源は消費され続けることになり，他の作業を行うことはできないことになる．

```
d_act=m1.addActivity("dummy_activity")
d_mode=Mode("dummy_mode")
d_mode.addBreak(0,0)
d_mode.addResource(machine[1],{(0,0):1},"break")
d_act.addModes(d_mode)
m1.addTemporal(act[1,1],d_act,tempType="CS")
m1.addTemporal(d_act,act[1,1],tempType="SC")
m1.addTemporal(d_act,act[2,2],tempType="CS")
m1.addTemporal(act[2,2],d_act,tempType="SC")
```

最後に，目的である最大完了時刻最小化をパラメータ Makespan で設定し，計算時間上限 1 秒で求解した後でガントチャートをファイル chart1.txt に出力する．

```
m1.Params.TimeLimit=1
m1.Params.Makespan=True
m1.optimize()
m1.write("chart1.txt")
```

実行したときの出力例を以下に示す．プログラム終了時に，探索で得られた最良スケジュール（完了時刻は 38）が表示される．たとえば，Act[2][2] の開始時刻は 9 で，まず時刻 9～10 の間に 2 つの小作業が並列処理された後 (9–10[2])，残りの小作業が時刻 13 まで行われる．

```
--- best solution ---
source,---, 0 0
sink,---, 38 38
Act[3][2],---, 23 23--32 32
Act[1][3],---, 32 32--33 35--38 38
Act[2][1],---, 0 0--9 9
Act[2][3],Mode[2][3], 21 21--32 32
Act[4][2],---, 10 10--23 23
Act[1][2],Mode[1][2], 8 8--9 10--19 19
Act[3][3],Express, 32 32--33 35--38 38
Act[3][1],---, 14 14--15[2] 15--16 16
Act[4][3],---, 23 23--32 32
Act[2][2],---, 9 9--10[2] 10--13 13
Act[4][1],Mode[4][1], 2 2--8 8
Act[1][1],---, 0 0--7 7
dummy_activity,---, 7 9
```

最適解を簡易ガントチャートで示したもの (chart1.txt) は，次ページの図 D-2 のようになる．

付 録 D スケジューリング最適化ソルバー OptSeq 概説

```
activity         mode        duration | 1| 2| 3| 4| 5| 6| 7| 8| 9|10|11|12|13|14|15|16|17|18|19|20|21|22|23|24|25|26|27|28|29|30|31|32|33|34|35|36|37|38|
Act[1][1]        Mode[1][1]         7 |==|==|==|==|==|==|==|
Act[1][2]        Mode[1][2]        10
Act[1][3]        Mode[1][3]         4
Act[2][1]        Mode[2][1]         9 |==|==|==|==|==|==|==|==|==|
Act[2][2]        Mode[2][2]         5                         |==|*2|==|==|==|
Act[2][3]        Mode[2][3]        11
Act[3][1]        Mode[3][1]         3                                                       |*2|==|
Act[3][2]        Mode[3][2]         9
Act[3][3]        Express            4                      |==|==|==|==|
Act[4][1]        Mode[4][1]         6                         |==|==|==|==|==|==|
Act[4][2]        Mode[4][2]        13
Act[4][3]        Mode[4][3]         9                                        |==|==|==|==|==|==|==|==|==|
dummy_act        dummy_mode         0                                                                                             |..|..|

resource usage/capacity            |
machine[1]                         | 1| 1| 1| 1| 1| 1| 1| 1| 1| 1| 1| 1| 1| 1| 1| 0| 1| 1| 1| 0| 0| 0| 0| 0| 0| 0| 0| 0| 0| 0| 0| 0| 0| 0| 1| 1| 1| 1|
                                   | 1| 1| 1| 1| 1| 1| 1| 1| 1| 1| 1| 1| 1| 1| 1| 1| 1| 1| 1| 1| 1| 1| 1| 1| 1| 1| 1| 1| 1| 1| 1| 1| 1| 1| 1| 1| 1| 1|
machine[2]                         | 0| 1| 1| 1| 1| 1| 1| 1| 1| 1| 1| 1| 1| 1| 1| 1| 0| 1| 1| 1| 0| 1| 0| 1| 1| 1| 0| 1| 1| 1| 1| 1| 1| 1| 1| 1| 1| 1|
                                   | 1| 1| 1| 1| 1| 1| 1| 1| 1| 1| 1| 1| 1| 1| 1| 1| 1| 1| 1| 1| 1| 1| 1| 1| 1| 1| 1| 1| 1| 1| 1| 1| 1| 1| 1| 1| 1| 1|
machine[3]                         | 1| 1| 1| 1| 1| 1| 1| 1| 1| 1| 0| 1| 1| 1| 1| 0| 1| 1| 1| 1| 0| 0| 0| 0| 0| 0| 0| 0| 0| 1| 1| 1| 1| 1| 1| 1| 1| 1|
                                   | 1| 1| 1| 1| 1| 1| 1| 1| 1| 1| 1| 1| 1| 1| 1| 1| 1| 1| 1| 1| 1| 1| 1| 1| 1| 1| 1| 1| 1| 1| 1| 1| 1| 1| 1| 1| 1| 1|
manpower                           | 2| 2| 1| 1| 0| 0| 0| 0| 1| 1| 0| 0| 0| 0| 0| 0| 0| 0| 0| 0| 1| 1| 2| 1| 0| 0| 0| 0| 0| 2| 0| 0| 2| 0| 0|
                                   | 2| 2| 2| 2| 2| 2| 2| 2| 2| 2| 2| 2| 2| 2| 2| 2| 2| 2| 2| 2| 2| 2| 2| 2| 2| 2| 2| 2| 2| 2| 2| 2| 2| 2| 2|
```

図 D-2 例題のガントチャート表示. ==は活動を処理中, ..は中断中, *2 は並列で処理中を表す.

関連図書

[1] M. Abramowitz and I. A. Stegun, editors. *Handbook of Mathematical Functions*. Dover Books on Mathematics, 1964.

[2] P. Afentakis and B. Gavish. Optimal lot-sizing algorithms for complex product structures. *Operations Research*, Vol. 34, No. 2, pp. 237–249, 1986.

[3] I. Barany, R.J. Van Roy, and L.A. Wolsey. Strong formulations for multi-item capacitated lot-sizing. *Management Science*, Vol. 30, pp. 1255–1261, 1984.

[4] G. B. Dantzig, D. R. Fulkerson, and S. Johnson. Solution of a large scale traveling salesman problem. *Operations Research*, pp. 393–410, 1954.

[5] J. Du and J. Y. -T. Leung. Minimizing total tardiness on one machine is NP-hard. *Mathematics of Operations Research*, Vol. 15, pp. 483–495, 1990.

[6] P. C. Gilmore and R. E. Gomory. A linear programming approach to the cutting-stock problem. *Operations Research*, Vol. 9, No. 6, pp. 849–859, 1961.

[7] P. C. Gilmore and R. E. Gomory. A linear programming approach to the cutting stock problem–Part II. *Operations Research*, Vol. 11, No. 6, pp. 863–888, 1963.

[8] M. Grötschel, L. Lovász, and A. Schrijver. *Geometric Algorithms and Combinatorial Optimization*. Springer-Verlag, 1988.

[9] G. Handler and I. Zang. A dual algorithm for the constrained shortest path problem. *Networks*, Vol. 10, pp. 293–310, 1980.

[10] F. W. Harris. How many parts to make at once. *Factory, The Magazine of Management*, Vol. 10, No. 2, pp. 135–136, 152, 1913.

[11] M. Kojima, S. Mizuno, and A. Yoshise. *In Progress in Mathematical Programming: Interior Point and Related Methods*, N. Megiddo, ed, A Primal-Dual Interior Point Algorithm for Linear Programming, pp. 29–47. Springer-Verlag, 1989.

[12] H. Markowitz. Portfolio selection. *Journal of Finance*, Vol. 7(1), pp. 77–91, 1952.

[13] C. E. Miller, A. W. Tucker, and R. A. Zemlin. Integer programming formulation of traveling salesman problems. *Journal of ACM*, pp. 326–329, 1969.

[14] M. Queyranne and A. S. Schulz. Polyhedral approaches ot machine scheduling. Technical Report Report No 408, Fachbereich Mathematik, November 1994.

[15] W. E. Smith. Various optimizer for single-stage production. *Naval Research Logistics Quarterly*, pp. 59–66, 1956.

[16] J. P. Vielma, S. Ahmed, and G. Nemhauser. Mixed-integer models for nonseparable piecewise-linear optimization: Unifying framework and extensions. *Operations Research*, Vol. 58, pp. 303–315, 2010.

[17] 久保幹雄. ロジスティクスの数理. 共立出版, 2007.

[18] 久保幹雄. ロジスティクス工学. 朝倉書店, 2001.

[19] 久保幹雄. サプライ・チェイン最適化ハンドブック. 朝倉書店, 2007.

索　引

記号・数字・英字

1 機械総納期遅れ最小化問題 one machine total weighted tardiness problem	112
2 分割 bipartition ⇒ 分割	69
activities	239
add	196, 211
addActivity	233
addBreak	236
addCapacity	237
addConstr	6, 209, 210
addConstraint	219
addParallel	236
addQConstr	210
addResource	233, 235
addSOS	209, 212
addState	234
addTemporal	234
addTerms	211, 213, 221, 222, 237
addValue	238
addVar	5, 209
addVariable	219, 223
addVariables	219, 223
Alldiff	222
append	194
Big M	46
break	199
breakable	239
capacity	239
cbCut	209
cbLazy	209
choice	205
class	201
Column	213
column	210
computeIIS	39, 209
constraints	224
ConstrName	215
continue	199
count	194
def	200
delay	234, 240
difference	196
direction	220, 224, 233, 239
domain	224
duedate	239
duration	239
elif	197
else	197
EOQ 公式 EOQ formula	151
feasRelax	39, 209
feasRelaxS	39, 209
float	193
for	198
frozenset	196
getVars	7, 209
Gray コード Gray code	145
GRB.BINARY B	209
GRB.CONTINUOS C	5, 209
GRB.EQUAL =	210
GRB.GREATER_EQUAL >	210
GRB.INFINITY	5
GRB.INTEGER I	209
GRB.LESS_EQUAL <	210
GRB.LESS_EQUAL 〈	6
GRB.SEMICONT S	209
GRB.SEMIINT N	209
GRB.SOS_TYPE1 1	212
GRB.SOS_TYPE2 2	212
Gurobi	4
Harris の公式 Harris' formula	151
Harris のモデル Harris' model	149
if	197
IISConstr	39
import	204
in	197
index	194
insert	194
int	193
intersection	196
issubset	196
issuperset	196
K 彩色 K coloring	73
k-センター問題 k-center problem	49
K 分割 K partition	73
k-メディアン問題 k-median problem	48

索 引

LB	215
lb	5, 209
len	193, 201
lhs	6, 210
Linear	220
LinExpr	6, 211
list	201
long	193
LP フォーマット LP format	31
Makespan	238
max	199
Method	213
Miller-Tucker-Zemlin(MTZ) 制約	
Miller-Tucker-Zemlin constraint	88
min	199
MIPFocus	213
MIPGap	213
Model	208, 219, 233
ModelSense	214
modes	239
MPS フォーマット Mathematical Programming	
System(MPS)format	31
multidict	13, 215
name	5, 210
not in	197
$\mathcal{NP}$-困難 $\mathcal{NP}$-hard	3
Obj	215
obj	209
ObjVal	7, 214
optimize	7, 209, 219, 234
OutputFlag	213, 223, 238
parallel	239
Params	213, 224, 239
Pi	215
pop	194, 196
pred	234, 240
Python	4, 191
QuadExpr	211
Quadratic	221
quicksum	14, 215
randint	205
random	204
RandomSeed	223, 238
range	198
RC	215
relax	209
remove	194, 196, 213
requirement	239
resources	239
return	200
reverse	194
RHS	215
rhs	6, 210, 220, 224, 233, 239
RunTime	214
scale	235
seed	205
Sense	215
sense	6, 210
set	196
setAttr	214
setDirection	220, 221, 237
setObjective	209
setParam	213
setRhs	220, 221, 237
setWeight	220, 221, 223
shuffle	205
Slack	215
SolutionNumber	213
sort	194
sorted	201
Status	28, 214
succ	234, 240
sum	199
Target	223
temporals	239
tempType	234
terms	224, 239
TimeLimit	213, 223, 238
tuplelist	216
tuplelist.select	216
type	240
UB	215
ub	5, 209
union	196
update	5
var2	211
variables	224, 239
VarName	7, 215
vars	212
Vtype	215
vtype	5, 209
Weber 問題 Weber problem	173
weight	212, 239
while	199
write	234
writeExcel	235
WSPT ルール weighted shortest processing time	
rule	107
X	215
Xn	215

索引

あ

値 value　12, 195
値変数 value variable　220
安定集合 stable set　71, 85
安定集合問題 stable set problem　85
位数 cardinality　69
1 機械リリース時刻付き重み付き完了時刻和問題 one machine weighted completion time minimization problem with release time　102
色クラス color class　73
インスタンス instance　202
運搬車 vehicle　97
栄養問題 diet problem　35
エシェロン在庫 echelon inventory　134
エシェロン在庫費用 echelon inventory cost　134
枝 edge, arc　68
凹 concave　137
オブジェクト object　208
重み付き制約充足問題 weighted constraint satisfaction problem　218

か

解 solution　4, 218
開始時刻 start time　234
回転つき二次錐制約 rotated second-order cone constraint　177, 178
下界 lower bound　33
確率分布関数 probability distribution function　187
確率密度関数 probability density function　187
活動 activity　232, 235
カットセット制約 cutset constraint　82
可変 mutable　194
関数 function　200
完全グラフ complete graph　72
ガントチャート Gantt chart　234
完了時刻 completion time　234
緩和問題 relaxation problem　33
キー key　12, 195
期 period　110, 233
既約不整合部分系 Irreducible Inconsistent Subsystem：IIS　39, 209
行 row　60
区間 interval　233
区分的線形関数 piecewise linear function　139
クラス class　201
グラフ graph　68
グラフ彩色問題　73
グラフ分割問題 graph partitioning problem　68
クリーク clique　72
経済発注量問題 economic lot sizing problem　149
限定 bounding　35
後続活動 successor　234
考慮制約 soft constraint　218
コールバック関数 callback function　84, 209
混合整数最適化 mixed integer optimization　3
混合整数二次錐最適化 mixed integer second-order cone optimization　190
混合問題 product mix problem　23, 179
コンストラクタ constructor　203

さ

再帰 recursion　201
在庫ゼロ発注性 zero inventory ordering property　150
在庫保管比率 holding cost ratio　157
最大安定集合問題 maximum stable set problem　71
最大クリーク問題 maximum clique problem　72
最適解 optimal solution　4
最適値 optimal value　4
最適目的関数値 optimal objective function value　4
incumbent solution　34
時間ずれ delay　234
時間制約 time constraint　232
時間枠付き巡回セールスマン問題 traveling salesman problem with time windows　93
資源 resource　232
資源制約付きスケジューリング問題 resource constrained scheduling problem　118, 232
資材所要量計画 Material Requirement Planning：MRP　132
辞書 dictionary　12, 195
次数 degree　68
次数制約 degree constraint　81
施設配置問題 facility location problem　42
下半連続 lower semicontinuous　147
実行可能解 feasible solution　4
実行不可能 infeasible　36, 169
実数変数 real variable　3
集合 set　196
主問題 master problem　63
主問題 primal problem　17
巡回セールスマン問題 traveling salesman problem　80
　対称 symmetric　81
　非対称 asymmetric　81
順序型 sequence type　193
順序づけ sequencing　101
順列フローショップ問題 permutation flowshop problem　114
上界 upper bound　33
状態 state　232

索 引

障壁法 barrier method　　8
正味補充時間 net replenishment time　　157
ジョブショップ job shop　　240
数理最適化 mathematical optimization　　2
スカラー化 scalarization　　161
スケジューリング scheduling　　101
スケジューリング問題 scheduling problem
　　資源制約付き— resource constrained—　　118, 232
スライス表記 slicing　　193
整数最適化 integer optimization　　10
整数最適化 integer optimization　　3
整数ナップサック問題 integer knapsack problem　　61
制約 constraint　　3, 218
　　非負— non-negative —　　3
制約最適化 constraint optimization　　70, 120
制約最適化 constraint programming　　217
制約式 constraint　　3
制約充足問題 constraint satisfaction problem　　218
制約プログラミング constraint programming　　70, 120
切除平面 cutting plane　　86
切除平面法 cutting plane method　　82, 85
接続 incident　　68
絶対制約 hard constraint　　218
線形 linear　　2, 4
線形緩和問題 linear relaxation problem　　33
線形計画 linear programming　　2, 8
線形最適化 linear optimization　　2, 4
線形最適化問題 linear optimization problem　　2, 4
線形順序付け定式化 linear ordering formulation　　113
線形制約（コンストラクタ）Linear　　220
線形表現 linear expression　　6
線形表現（コンストラクタ）LinExpr　　210
先行活動 predecessor　　234
潜在価格 shadow price　　18
センター問題 center problem　　49
相異制約（コンストラクタ）Alldiff　　222
双対価格 dual price　　18
双対変数 dual variable　　18
双対問題 dual problem　　17
属性 attribute　　214, 224, 238
側面 facet　　86
疎性 sparsity　　19

た

対称巡回セールスマン問題 symmetric traveling salesman problem　　81
怠惰な更新 lazy update　　5
楕円体法 ellipsoid method　　8, 111
多制約 0-1 ナップサック問題 multi-constrained 0-1 knapsack problem　　29
多段階動的ロットサイズ決定問題 multi-stage dynamic lot sizing problem　　132
妥当不等式 valid inequality　　86, 128
多品種フロー定式化 multi-commodity flow formulation　　92
多品種輸送問題 multi-commodity transportation problem　　19
タプル tuple　　13, 194
多面体 polytope　　85
単一品種フロー定式化 single commodity flow formulation　　90
単体法 simplex method　　8
中断 break　　236
強い定式化 strong formulation　　47
定式化 formulation　　9
　　強い strong　　47
　　弱い weak　　47
デポ depot　　96
点 vertex, node　　68
動的ロットサイズ決定問題 dynamic lot sizing problem
　　多段階— multi-stage—　　132
等分割 uniform partition, eqipartition　　69
特殊順序集合 Special Ordered Set: SOS　　75, 141, 209, 212
凸 convex　　137
凸関数 convex function　　176
凸結合 convex combination　　139
凸結合定式化 convex combination formulation　　140
凸二次制約 convex quadratic constraint　　176

な

内点法 interior point method　　8
二次最適化 quadratic optimization　　3
二次錐 second-order cone　　171
二次錐最適化 second-order cone optimization　　176
二次錐制約 second-order cone constraint　　174, 176
二次制約（コンストラクタ）Quadratic　　221
二次表現（コンストラクタ）QuadExpr　　211

は

パイソン Python　　191
箱詰め問題 ⇒ ビンパッキング問題　　56
パラメータ parameter　　213, 223, 238
Pareto 最適解 Pareto optimal solution　　160
半正定値行列 positive semidefinite matrix　　175, 176
半正定値最適化問題 semidefinite optimization problem　　179
非常に大きな数 ⇒ Big M　　46
非線形最適化 nonlinear optimization　　3

非対称巡回セールスマン問題 asymmetric traveling salesman problem　81
被覆 cover　51
非負制約 non-negative constraint　3
被約費用 reduced cost　18
非有界 unbounded　36, 169
非劣解 nondominated solution　160
品種 commodity　90, 92
ビンパッキング問題 bin packing problem　56
部品展開表 Bill Of Materials: BOM　132
部分巡回路除去制約 subtour elimination constraint　81
不変 immutable　194
分割 partition　69
分枝 branching　34
分枝カット法 branch and cut method　84, 86
分枝限定法 branch and bound method　33
分枝ノード branching node　34
分数制約 fractional constraint　177
分離問題 separation problem　82, 129
並列実行 parallel execution　236
変数 variable　3, 218
　　実数— real —　3
　　連続— continuous —　3, 5
補充リード時間 replenishment lead time　157
保証リード時間 guaranteed lead time, guaranteed service time　156
ポテンシャル制約 Miller-Tucker-Zemlin constraint　88

ま

メソッド
　　addVar—　5, 209
　　getVars—　7
　　optimize—　7
メソッド method　194, 196, 202
メディアン問題 median problem　48

モード mode　232, 235
モード（コンストラクタ）Mode　235
目的関数 objective function　3, 160
目的関数ベクトル objective function vector　160
モジュール module　204
文字列 string　193
持ち上げ lifting　88
モデル（コンストラクタ）Model　208, 219, 233
問題例 instance　12

や

有効フロンティア efficient frontier　160
優先ルール priority rule, dispatching rule　107
輸送問題 transportation problem　11
容量制約付き配送計画問題 capacitated vehicle routing problem　96
余裕変数 slack variable　16
弱い定式化 weak formulation　47

ら

リスト list　6, 194
リスト内包表記 list comprehension　14, 198
離接制約 disjunctive constraint　104
離接定式化 disjunctive formulation　103
リード時間 lead time
　　補充— replenishment—　157
　　保証— guaranteed—　156
領域 domain　70, 218
隣接 adjacent　68
列 column　60
列（コンストラクタ）Column　213
連結成分 connected components　82
連続変数 continuous variable　3, 5
ロバスト最適化 robust optimization　180

著者紹介

久保 幹雄 (Mikio Kubo)
専門は，サプライ・チェインならびに組合せ最適化．早稲田大学理工研究科卒，博士（工学）．早稲田大学助手，東京商船大学助教授，ポルト大学招聘教授などを歴任，現在 東京海洋大学教授．代表的な著書として，「離散構造とアルゴリズム IV」近代科学社，「巡回セールスマン問題への招待」朝倉書店，「組合せ最適化とアルゴリズム」共立出版，「ロジスティクス工学」朝倉書店，「実務家のためのサプライ・チェイン最適化入門」朝倉書店，「ロジスティクスの数理」共立出版，「メタヒューリスティックスの数理」共立出版，「サプライ・チェイン最適化ハンドブック」朝倉書店，「サプライ・チェイン最適化の新潮流-統一モデルからリスク管理・人道支援まで-」朝倉書店などがある．

ジョア ペドロ ペドロソ (João Pedro Pedroso)
専門は，組合せ最適化，シミュレーションベースの最適化，近似最適化．Université catholique de Louvain 卒，博士（数理工学），現在，ポルト大学准教授ならびに同 INESC 研究所シニア研究員．著書として「メタヒューリスティックスの数理」共立出版がある．

村松 正和 (Masakazu Muramatsu)
専門は連続最適化，錐線形最適化．総合研究大学院大学数物科学研究科卒，博士（学術），上智大学助手，電気通信大学助教授を歴任，現在 電気通信大学 情報理工学研究科 教授．代表的な著書として，「最適化法」（共立出版）がある．

アブドゥール レイス (Abdur Rais)
専門は，離散最適化，多面体解析に基づく厳密解法．パデュー大学卒，博士（経営工学）．現在，ミンホ大学アルゴリズム研究所研究員．

あたらしい数理最適化
Python 言語と Gurobi で解く

© 2012 Mikio Kubo, Joâo Pedro Pedroso,
　　　　Masakazu Muramatsu, Abdur Rais　　Printed in Japan

2012 年 11 月 30 日　初版第 1 刷発行
2016 年 3 月 31 日　初版第 4 刷発行

著　者　久保幹雄
　　　　ジョア ペドロ ペドロソ
　　　　村松正和
　　　　アブドゥール レイス
発行者　小山　透
発行所　株式会社 近代科学社
　　　　〒162-0843　東京都新宿区市谷田町 2-7-15
　　　　電話　03-3260-6161
　　　　振替　00160-5-7625
　　　　http://www.kindaikagaku.co.jp

大日本法令印刷
ISBN978-4-7649-0433-0
定価はカバーに表示してあります．

【本書の POD 化にあたって】
近代科学社がこれまでに刊行した書籍の中には、すでに入手が難しくなっているものがあります。それらを、お客様が読みたいときにご要望に即してご提供するサービス／手法が、プリント・オンデマンド（POD）です。本書は奥付記載の発行日に刊行した書籍を底本として POD で印刷・製本したものです。本書の制作にあたっては、底本が作られるに至った経緯を尊重し、内容の改修や編集をせず刊行当時の情報のままとしました（ただし、弊社サポートページ https://www.kindaikagaku.co.jp/support.htm にて正誤表を公開／更新している書籍もございますのでご確認ください）。本書を通じてお気づきの点がございましたら、以下のお問合せ先までご一報くださいますようお願い申し上げます。

お問合せ先：reader@kindaikagaku.co.jp

Printed in Japan
POD 開始日　2021 年 4 月 30 日
発　　　行　株式会社近代科学社
印刷・製本　京葉流通倉庫株式会社

・本書の複製権・翻訳権・譲渡権は株式会社近代科学社が保有します。
・ JCOPY ＜（社）出版者著作権管理機構 委託出版物＞
本書の無断複写は著作権法上での例外を除き禁じられています。
複写される場合は，そのつど事前に（社）出版者著作権管理機構
（https://www.jcopy.or.jp, e-mail: info@jcopy.or.jp）の許諾を得てください。